CHRISTOFORO RUSSO

SCHÄDEN AN BAUWERKEN

MIT EINEM VORWORT VON EMILIO MARRULLIER

NACH DER DRITTEN AUFLAGE ÜBERSETZT
VON
DIPL.-ING. F. HÄUSLER

ÜBERARBEITET UND MIT BEITRÄGEN VERSEHEN
VON
DR.-ING. K. SCHÄFER
FRANKFURT A. M.

MÜNCHEN UND BERLIN 1932

VERLAG VON R. OLDENBOURG

Druck von R. Oldenbourg, München und Berlin.

Vorwort.

Von EMILIO MARRULLIER.

Ich bin glücklich, den Fachleuten des Bauwesens dieses sorgfältige Werk von Christoforo Russo ankündigen zu können.

Dieses Buch stellt einen ersten und gelungenen Versuch dar, die verschiedensten Schäden, die sich an Bauwerken zeigen können, deren Standsicherheit irgendwie gelitten hat, zu erkennen und zu klassifizieren. Es wird bis zu den allerersten Ursachen vorgedrungen, um dann diejenigen Maßnahmen anzugeben, die sofort zu ergreifen sind, um den Schaden aufzuhalten und diejenigen Methoden, die für die endgültige Wiederherstellung in Frage kommen.

Das Buch könnte für sich das Motto in Anspruch nehmen »Aus der Praxis für die Praxis«, da es die Frucht vieljähriger Erfahrung, verbunden mit persönlichen Studien ist. Es ist deshalb eine bedeutende Hilfe selbst für den erfahrenen Fachmann, der in die Lage kommt, in Fällen befragt zu werden, deren Beurteilung eine schwere Verantwortung nach sich zieht.

Den ausschließlich praktischen Anweisungen und Ratschlägen des Verfassers sind durchsichtige, einfache und klar geführte Beweise beigegeben, welche für jedermann verständlich sind. Jede unnötige Anhäufung von Formeln, die üblich ist, wird hier vermieden.

Die Urteile des Verfassers sind trotzdem gefestigt durch die vielen angeführten Beispiele und durch die sprechenden Illustrationen. Die durch Erdbeben verursachten Schäden nehmen ein besonderes Kapitel ein, welches die Erfahrungen enthält, die der Verfasser an Ort und Stelle selbst geschöpft hat anläßlich der Katastrophe von Massica.

Das Buch ist seinem Inhalt nach ein praktischer Führer, die einzelnen Kapitel gehen, ohne schreiende Titel, geraden

Sinnes auf das Ziel zu und bauen auf gewissenhafte und sorgfältige Vorstudien und auf klare Einsichten. Der Erfolg wird ihm nicht fehlen, nicht deswegen, weil ich ihn ihm von ganzem Herzen wünsche, sondern um seines tiefen Wertes und seiner zweifellos bedeutenden Beiträge willen, die es zu äußerst wichtigen Problemen liefert, ebenso wegen seiner Tendenz, der Verbreitung und sinngerechten Anwendung von erprobten und nützlichen Kenntnissen und Methoden zu dienen.

Mai 1915.

Vorwort zur ersten Auflage.

Die Untersuchung der Schäden, die an Baukonstruktionen aufgetreten sind, gehört zu den schwierigsten Aufgaben des Ingenieurs. Zu deren gewissenhafter Lösung wissenschaftliche Kenntnisse nicht ausreichen, es gehören eine lange Praxis und viele Erfahrungen dazu, die an den oft unüberwindlichen Schwierigkeiten gewonnen werden, denen man beim Wiederherstellen von Bauwerken gegenübersteht, die durch das Alter gelitten haben, durch Umbauten gefährdet wurden oder durch Erdbewegungen die Standsicherheit eingebüßt haben.

Um die Ursachen dieser Zerstörungen erkennen zu können, ist es unbedingt erforderlich, daß man sich den unfehlbaren Sinn des sicheren Diagnostikers aneignet, der durch zahlreiche Arbeiten erprobt ist. Der Techniker befindet sich in der Tat häufig vor so schweren und dringenden Fällen daß ihm zu einer gründlichen Untersuchung gar keine Zeit gelassen wird, jede Verzögerung der geeigneten Maßnahmen kann die schwersten Folgen nach sich ziehen.

Es ist darum nicht jedem gegeben, in kürzester Zeit eine Diagnose zu stellen für einen stummen und weit ausgedehnten Organismus.

Das gegenwärtige Werk macht keinen Anspruch darauf, vollständig zu sein, aber es ist das erste, das diesen Stoff behandelt. Es bringt in übersichtlicher Einordnung und Klassifikation (in vernunftgemäßer Systematisierung, die auch dem Konstrukteur verständlich ist) Erscheinungen, die in langer Berufstätigkeit bei der Ausführung von bedeutenden Wiederherstellungsarbeiten an alten und beschädigten Bauwerken beobachtet und erprobt werden.

Es enthält außerdem viele praktische Anweisungen, Früchte langer persönlicher Erfahrungen, die, nach meinem Dafürhalten, dem Baupraktiker ebenso nützlich sein werden wie dem Ingenieur.

Gewisse praktische oder theoretische Anweisungen sind in Fußnoten angebracht, in der Meinung, daß dieselben innerhalb des Textes eher stören als die Aufmerksamkeit auf sich ziehen würden. Wird meine Arbeit von Nutzen sein können?

Rom, im Mai 1915.

CHRISTOFORO RUSSO.

Vorwort für die deutsche Ausgabe.

In dem vorliegenden Buche, welches nach der III. Auflage des italienischen Originals bearbeitet wurde[1]), haben die Beobachtungen und Erfahrungen von Russo, Rom, ihren Niederschlag gefunden. Der in Frage stehende Gegenstand hat in Deutschland bis jetzt noch keine zusammenfassende Darstellung erlebt. Daher dürfte jeder Baufachmann diese Ersterscheinung, welche versucht zu systematisieren und zu klären, begrüßen. Es ist darauf hinzuweisen, daß bei der Beschreibung und Erklärung der Schäden durch Russo, mehr das praktische Gefühl als die deduktive, strenge Methode führend gewesen ist. Dem kritisch eingestellten Ingenieur ist hier weites Tätigkeitsfeld und viele Anregung geboten. Daneben soll aber auch gerade der Bausachverständige Nutzen und Anregung finden.

Es geht hier nicht um die betrachteten Gegenstände allein, sondern auch um Rechts- und ähnliche Fragen, die bei Schäden und Unglücksfällen auftreten. Hier, so will es scheinen, ist noch manches dunkel. Manche Sachverständige haben statt klaren Urteils nur Meinungen, und es wäre zu begrüßen, wenn in irgendeiner Form dieses Buch ein Meilenstein wird, auf dem Wege zu einem Überblick und klarer Erkenntnis.

Zu bemerken ist noch, daß die Übersetzung des Buches von Herrn Dipl.-Ing. F. Häusler besorgt wurde. Ich selbst trage für einige Umarbeitungen — sie zu nennen, erscheint zunächst nicht wesentlich — sowie den Schlußabschnitt die Verantwortung.

Dr.-Ing. Karl Schäfer.

---

[1]) Die erste italienische Auflage dieses Buches erschien 1915, die vierte 1930.

Inhaltsverzeichnis.

Erster Teil.

Einteilung und Beschreibung der Schäden.

Zweiter Teil.

Ursachen der statischen Störungen.

Dritter Teil.

Erster Teil.

Einteilung und Beschreibung der Schäden.

Allgemeines.

Gegenstand, Aufbau und Zweck des Buches.

Das vorliegende Werk behandelt die irgendwie gearteten statischen Gefährdungen, die an Bauten beliebiger Art auftreten können.

Als Symptome, welche anzeigen, daß die Festigkeit eines Bauwerkes gelitten hat, treten Risse verschiedenster Art in den Stützkonstruktionen oder im Mauerwerk auf.

Solche Risse (Brüche) werden Schäden genannt und werden mit verschiedenen Bezeichnungen belegt, je nach Art der Schäden, zu welcher sie gehören.

Die gegenwärtige Abhandlung hat zur Aufgabe, für alle statischen Störungen, die entsprechenden Schäden und deren Ursachen festzustellen sowie die Folgen und Abhilfsmaßnahmen zu untersuchen.

Zur Vervollständigung und um die Behandlung des Stoffes noch brauchbarer zu gestalten, sind die Abhilfsmittel — wesentlicher Zweck aller Untersuchungen der beschädigten Bauwerke — in zwei Kategorien unterteilt (unter dem Gesichtspunkte der verfügbaren Zeit, in denen sie ausgeführt sein müssen):

a) sofort zu ergreifende, eilige oder provisorische Maßnahmen, die dazu dienen, die öffentliche Sicherheit zu gewährleisten oder das Leben und das Gut der Gebäudeinsassen zu sichern;

b) durchgreifende oder endgültige Vorkehrungen, die dazu führen, die Festigkeit einer beschädigten Konstruktion wieder herzustellen.

Einteilung der Schäden.

Die hauptäschlichsten Schäden der Bauwerke können in die folgenden sechs Klassen oder Kategorien untergebracht werden:

1. Schäden durch Setzungen,
2. » » Senkungen,
3. » » Zerdrückungen,
4. » » Verdrehungen (Überhängen),
5. » » Rutschungen,
6. » » Erderschütterungen.

Als Zusatz:

7. Beschädigungen an Kuppeln.

Beschädigungen durch Setzungen.

Begriffserklärung.

Die Setzung eines Bauwerkes stellt die Gesamtheit der Bewegungen des Mauerwerks eines Neubaues bis zur Erreichung der endgültigen Ruhelage dar.

Ursachen.

Da das Mauerwerk aus Baustoffen besteht, die durch Mörtel untereinander verbunden werden, und da es auf eine Gründungsfläche aufgesetzt wird, haben wir zweierlei Setzungen zu unterscheiden:

1. Setzung (Schwinden) des Mörtels,
2. Setzung des Baugrundes.

Setzung des Mörtels.

Es ist absolut nötig, daß sich der Techniker immer vor Augen hält, daß bei Untermauerung von altem Mauerwerk möglichst dünne Mörtelfugen die hauptsächlichste Garantie für das Gelingen der Arbeit bieten.

Starke Schichten der Bindematerialien haben unverhältnismäßig große Setzungen zur Folge, welche die Güte der Wiederherstellungsarbeiten beträchtlich gefährden.

Dieses führt zu den folgenden Überlegungen:

Theorie und Praxis bestätigen, daß die Stärke der Mörtelfugen zwischen den für Mauerwerk verwendeten Ziegeln 15 mm nicht übersteigen soll, bei Untermauerungen bei Wiederherstellungsarbeiten soll dieses Maß nicht mehr als 5 mm betragen.

Nehmen wir an, eine alte Mauer werde abschnittweise wiederhergestellt, indem Mörtelfugen von 0,02 m Stärke ausgeführt werden.

Wenn z. B. diese Mauer eine Höhe von 16 m aufweist (eine Höhe, die nicht außergewöhmlich ist, da dieselbe kaum genügt für ein Haus mit einem Erdgeschoß und drei Obergeschossen), so ergeben sich 200 Ziegelschichten und mithin ebensoviele Fugen[1]).

Das heißt bei der Mauerhöhe von 16 m haben wir

eine Steinhöhe von	$200 \cdot 0{,}06 =$	12,0 m
und eine Mörtelhöhe von . .	$200 \cdot 0{,}02 =$	4,0 m
		16,0 m

Wenn wir jedoch, wie es eine gute Handwerksregel verlangt, Mörtelfugen von 0,005 m Stärke ausführen, so bekommen wir

$$n = \frac{16{,}0}{0{,}06 + 0{,}005} = 243,$$

und demnach beträgt die Gesamthöhe sämtlicher ausgeführten Fugen

$$243 \cdot 0{,}005 = 1{,}22 \text{ m}.$$

Daraus geht mit aller Klarheit hervor, daß die Setzung bei 4 m Mörtelhöhe bedeutend größer sein muß als bei 1,22 m Gesamthöhe der Fugen.

---

[1]) Für n = Gesamtzahl der Ziegelschichten,
= Zahl der Fugen,
α = Stärke der Steine = 0,06 m,
x = Stärke der Fugen = 0,02 m,
h = Mauerhöhe

ist

$$n = \frac{h}{a + x}.$$

Bei Einsetzung der Werte ergibt sich

$$n = \frac{16{,}0}{0{,}06 + 0{,}02} = 200.$$

Noch geringfügiger werden die Folgen der Mörtelsetzung, wenn wir statt der 243 Schichten 258 unterbringen, dann wird die Stärke einer Mauerfuge (in der Fußnote mit x bezeichnet) kaum 2 mm.

Jetzt beläuft sich die Gesamthöhe des Mörtels auf

$$258 \cdot 0{,}002 = 0{,}516 \text{ m.}$$

Die Höhe des Mörtels erreicht also in diesem Fall nur den achten Teil derjenigen, die wir beim ersten Fall angenommen haben, d. h. bei Ausführungen von Mörtelfugen von 0,02 m Stärke.

Man kann einwenden, daß Fugen von 2 mm Stärke außerhalb des Üblichen liegen, wir treffen jedoch auch Neubauten in Backsteinausführung, bei roh belassenen oder für Verputz hergerichteten Ansichtsflächen, mit derart dünnen Fugen.

Als Bestätigung der vorstehenden Ausführungen mögen Erfahrungen dienen, die der Verfasser gemacht hat bei der Wiederherstellung einer gemeinsamen Mauer eines Doppelhauses in der via Panisperna in Rom (Mauerhöhe 17,0 m Wiederherstellung in Backsteinen von 0,06 m Stärke in Kalkpuzzolane-Mörtel, mittlere Fugenstärke 2 cm). Sechs Monate nach Fertigstellung des Neubaues wurde im mittleren Stockwerk eine Senkung von 0,076 m gemessen; d. i. ein sehr großes Maß im Verhältnis zu den dünnen Mörtelfugen, das zur Folge hatte, daß sich auch die Auflagerschwellen senkten, die an der Mauer angebracht waren und daß demnach die Fußböden eine Neigung nach der ausgewechselten Mauer hin erhalten haben, die dasselbe Maß von 0,076 m erreichen mußte.

Als Folge einer so wesentlichen Senkung traten eine große Reihe von Störungen auf: Veränderung der Mauerauflager der Hauptunterzüge, Loslösen der Kappen, die zwischen die Eisenträger eingebracht waren, Rissigwerden und Abfallen des Deckenputzes, Beschädigung der gegenüberliegenden Mauer, auf welche die Unterzüge eine Klemmwirkung ausübten, Unregelmäßigkeiten in den Treppensteigungen usw.

Zur Ausbesserung aller dieser schädlichen Folgen war eine nicht unbedeutende Ausgabe erforderlich.

Hiernach sind die Nachteile von zu starken Mörtelfugen bei Wiederherstellung von Mauerwerk in die Augen springend.

Zur Vermeidung von Schäden wäre die rechnerische Beherrschung des Schwindens der Mörtelfugen erwünscht. Von besonderem Vorteil wären Versuche und Beobachtungen, welche sich auf Mörtel verschiedenster Art und Beschaffenheit zu erstrecken hätten. Ebenso wird es sich vielleicht als notwendig erweisen, diese Beobachtungen auch auf das zur Verwendung gelangende Steinmaterial auszudehnen.

Setzung des Baugrundes.

Die Setzung des Baugrundes hängt ab von der Bodenbeschaffenheit, der Zusammendrückbarkeit der Erde und von der Belastung.

Die Setzung ist um so geringer, je fester der Baugrund ist oder je mehr er verdichtet wurde durch Befestigungsmaßnahmen, von denen später gesprochen wird.

Das Maß dieser Setzungen kann nicht mit Sicherheit bestimmt werden, es setzt sich aus zu vielen, ganz oder teilweise unsichern Beiträgen zusammen, welche dasselbe mehr oder minder groß anwachsen lassen.

Die eigentliche Setzung des Baugrundes (die also Senkungen und Setzungen des Mauerwerks hervorruft) ist diejenige, die als Folge der molekularen Zusammenpressung auftritt, ohne daß dabei Umlagerungen innerhalb der tragenden Masse vorkommen. Diese molekulare Verdichtung erstreckt sich nur auf die oberen Schichten des beanspruchten Bodens.

Tritt jedoch eine Senkung auf, bei der Umlagerungen in dem gedrückten Baugrunde vorkommen, so handelt es sich nicht um eine eigentliche Setzungserscheinung, sondern um eine Absackung, von welcher im folgenden Kapitel die Rede ist.

Die Summe der beiden Setzungen — diejenige, die als Folge des Schwindens des Mörtels auftritt und diejenige, welche dem Setzen des Baugrundes zuzuschreiben ist — ergibt das Maß der Gesamtsetzung, die an einem Neubau beobachtet wird. Diese verschiedenen Ursachen haben ebenso verschiedenartige Wirkungen je nach der Menge und der Tragfähigkeit des Mörtels, des Zusammenhangs in den obersten Erdschichten des Baugrundes und nach der Sorgfalt der Ausführung.

Wirkungen.

Die beiden im vorstehenden beschriebenen Setzungserscheinungen erzeugen in dem Mauerwerk Risse und sonstige schwere Schäden.

Anzeichen und Abhilfsmittel.

Diese Schäden, welche gegebenenfalls sofort oder kurz nach Fertigstellung des Neubaues oder einer fehlerhaften Reparaturarbeit in Erscheinung treten, sind um so erheblicher

A. je weniger Sorgfalt auf die Mauerwerksarbeiten verwendet wurde,

B. je langsamer die Mörtel abgebunden haben.

In der Mehrzahl der Fälle wurden diese Schäden an folgenden Stellen beobachtet:

a) an den Gebäudeecken,

b) an den Mauerkreuzungen,

c) an Bögen und Stürzen.

Neben starkem Zusammenpressen der Mörtelfugen kann auch die ungleichmäßige Erhärtung eines sonst einwandfreien Mörtels die Ursache von Setzrissen bilden.

Um das Setzen der Gründungssohle in unschädlichen Grenzen zu halten muß bei deren Wahl mit aller Sorgfalt vorgegangen werden, und falls sie sich nicht genügend tragfähig erweist, sind geeignete Befestigungsmaßnahmen anzuwenden.

Um Ungleichmäßigkeiten beim Erhärten des Mörtels zu vermeiden, sind die Mauern derart hochzuführen, daß dieselben in jedem Zeitpunkt an allen Stellen dieselbe Höhe erreichen.

Bei alten Gebäuden, bei denen einzelne Unterstützungsglieder ersetzt worden sind, zeigen sich die Risse in der Regel im alten Mauerwerk, das sich auf die neu eingezogenen Konstruktionen abstützt. Die Hauptursachen derselben sind:

a) Die Veränderung des Mörtelvolumens während des Erhärtens. Um Schäden diesen Ursprungs zu vermeiden oder in gewissen Grenzen zu halten, sind für solche Arbeiten schnellbindende Mörtel unter Zementzusatz zu verwenden.

b) Die zu große Stärke der Mörtelfugen (im neuen Mauerwerk); man vermeidet Risse aus dieser Ursache, wenn man die Größe der Fugen 5 mm nicht übersteigen läßt.

c) Das schlechte Ineinandergreifen von neuem und altem Mauerwerk; solche Schäden lassen sich fast vollständig vermeiden, wenn auf das Einbinden des neuen Mauerwerks in das vorhandene die gewissenhafteste Sorgfalt verwendet wird. Diesem Zwecke dienen entweder eingelegte Verbindungshölzer, die während der Abbindezeit des Mörtels zur Anwendung kommen, oder es kann eine Verbindung mit Hilfe von harten Natursteinen oder ausgewählten Klinkern hergestellt werden, welche in reinem Zementmörtel zu vermauern sind.

Im allgemeinen gefährden solche Schäden (wir wiederholen, es sind solche Schäden, die unmittelbar oder kurz nach Herstellung des Neubaues oder der Wiederherstellungsarbeit in Erscheinung treten) die Standsicherheit des Gebäudes nicht, sie sind z. T. naturgemäß durch die Materialeigenschaften bedingt. Trotzdem sind sie innerhalb einer gewissen Zeit zu verfolgen.

Schäden als Folge von Senkungen.

Begriffserklärung.

Unter der Senkung wird hier das Nachgeben des Baugrundes verstanden. Diese Erscheinung tritt auf bei Störung des Gleichgewichtes zwischen Auflast und Bodenreaktion[1]).

Die ungenügende Widerstandskraft des Bodens kann sich bei folgenden Umständen zeigen:

a) Mangelnde Erfahrung bei der Wahl des Baugrundes.

Der Konstrukteur hat, bevor er eine Entscheidung fällt, mit aller Sorgfalt den Boden zu untersuchen und sich auch über die frühere Beschaffenheit des Geländes zu erkundigen.

[1]) Der Vollständigkeit wegen seien hier die Werte von Garuffa erwähnt. Als guter Baugrund wird bezeichnet: Fels, Tuff, nicht rutschiger, steiniger Boden, Sand mit Kies, feiner Sand, Kreide mit Sand vermengt in Schichten von 4 bis 6 m Stärke. Als schlechter Baugrund wird bezeichnet: Nasser Lehm oder Sand, rutschendes sumpfiges Gelände. Die Ziffern für die zulässige Beanspruchung sind: Für Fels: 5 bis 15 kg/cm², Kies mit Sand: 2,5 kg/cm²; Lehm mit Sand: 2 bis 3 kg/cm².

Das Fehlen von Angaben über den alten Zustand wird oft Ursache von unangenehmen und kostspieligen Überraschungen, die auf alle Fälle vermieden werden sollten.

Die Ausdehnung der Städte über die ehemaligen Stadtgrenzen hinaus führt oft dazu, daß auf Gelände gebaut werden muß, welches Jahre hindurch als Ablagerungsort gedient hat und das nur aus aufgeschüttetem Boden besteht.

Das Bauen auf solches Terrain zieht eine unabsehbare Reihe von Unannehmlichkeiten jeder erdenklichen Art nach sich; es ist in diesem Fall erforderlich:

a) daß man entweder die Gründungssohle tiefer legt (falls dieses keine unverhältnismäßigen Kosten verursacht) bis man auf tragfähigen Grund kommt, der in der Praxis als fester oder gewachsener Boden bezeichnet wird,

b) oder daß man den Boden durch eine geeignete Methode befestigt, wovon später die Rede sein wird.

Die Untersuchung des Untergrundes hat dann eine noch größere Bedeutung, wenn ein wichtiges Bauwerk zu errichten ist.

Es ist dann nötig, durch Probelöcher, Brunnen, Bohrungen die verschiedenen Schichten des Terrains zu untersuchen, damit deren Tragfähigkeit mit den aufzunehmenden Lasten verglichen werden kann. Die Unfälle, die als Folge von unrichtiger Wahl der Gründungssohle oder ungenügender Befestigung des Bodens herrühren, sind weit häufiger als man glaubt.

Der Techniker, der sich Rechenschaft geben will über die Struktur des Untergrundes der Fundamente, stößt dabei auf die merkwürdigsten Überraschungen, wie es die folgenden Beispiele zeigen.

Die Probebohrung an der Stelle des neuen Palazzo do Monticitorio in Rom zeigte eine Lehmschicht von 7 m Stärke und eine wasserführende Schicht in 11 m Tiefe.

Die Sondierung des Untergrundes für den Turm von S. Marco in Venedig ergab für 8,8 m Tiefe das folgende Resultat:

1. Aufschüttungen 0,8 m,
2. leichter, schwarzer Lehm 2,0 m,
3. Lehm mit Sand 1,0 m,

4. Lehm mit Schalen von Meerestieren 2,0 m,
5. rötlicher, mit Lehm durchsetzter Sand 1,5 m,
6. grober, bläulicher, mit Lehm durchsetzter Sand 1,5 m.

Die Schichtung des Capitolino, auf welchem das Denkmal Victor-Emanuels errichtet ist, ergibt folgendes Bild:

An der rechten Seite bei Blickrichtung nach dem Reiterstandbild und von oben angefangen:

1. Lehmschicht von 7 bis 9 m Stärke,
2. kreidiger, tuffiger Boden 2,0 m,
3. andere Art von kreidiger, tuffiger Erde 2,0 m,
4. Puzzolano 2,0 m,
5. Tuff von einer kompakten Schicht überdeckt 5,0 m.

In dieser Tiefe wurde die Gründung vorgenommen. Darauf folgt:

6. tuffige Masse ca. 9,0 m,
7. wasserführende Ader.

An der linken Seite bei Blickrichtung auf das Reiterstandbild: Schichten 1., 2., 3. und 4. wie an der rechten Seite,

5. sandiger, außerordentlich zusammendrückbarer Boden, ca. 16,0 m,
6. mit Kieseln durchsetzter Boden ca. 2,0 m,
7. wasserführende Ader.

Die Pflasterung der Piazzo Venezia liegt etwa 6 bis 7 m über dem unterirdischen Wasserbecken.

Anmerkung.

Nach den eingezogenen Erkundigungen sind wir überzeugt, daß die am Denkmal Victor-Emanuels aufgetretenen Risse, von welchen der bedeutendste vom oberen Abschluß der Säulenhalle bis hinunter in das Fundament hineinführt, von Bodensenkungen herrühren.

Als Beweis dafür, daß es sich um Absackungen handelt, kann die Tatsache gelten, daß die Erscheinungen zum Stillstand gekommen sind, als die gegenwärtige Bauverwaltung die Stützmauer an der Seite der Via Marforco um 4 m verstärkte, nachdem sie das ursprüngliche Projekt, die linksseitigen Fundamente zu unterfangen, aufgegeben hatte, welche Arbeiten nicht nur sehr schwierig gewesen wären, sondern auch große, nicht vorherzusehende Kosten hätten nach sich ziehen können. Nachdem der Sand auf diese Weise durch Mauerwerk ersetzt war, vergrößerten sich die Risse nicht mehr, während sie vorher dauernd wuchsen.

Die 9 m starke Stützmauer und die zukünftige Terrasse, die an dieselbe angebaut werden soll, bilden einen mächtigen Bremsklotz, der zukünftige Gleiterscheinungen des Untergrundes des linken Fundamentteiles aufhalten wird; deren Ursache offenbar in der unrichtigen Wahl der Gründungstiefe zu suchen ist.

Wäre man nicht mit den linken Pfeilern (im Mittel) in 13 m Tiefe von Terrainoberkante in der kreidigen Schicht, welche auf sandigem Boden aufruht, liegen geblieben, sondern bis in das Grundwasser hinuntergegangen, und hätte man daselbst Pfähle gerammt, deren Köpfe unter Wasser verblieben und mit einer horizontalen Betonplatte verbunden worden wären, so hätten die heutigen Schäden nicht entstehen können.

In der Tat haben die Gründungen der rechten Seite, die auf 24 m Tiefe hinuntergeführt werden, um auf die Tuffschicht aufgesetzt werden zu können, keine feststellbaren Risse zur Folge gehabt.

Die Gewohnheit, ein Gebäude direkt auf einen ehemaligen Tuffbruch zu stellen, ist nicht neu.

Trotzdem eine Tuffschicht von 4 m Stärke bekanntlich genügt, um eine große Mauerwerkskonstruktion aufzunehmen, kommt es doch manchmal vor, daß Absprengungen durch eindringendes Wasser vorkommen, die in der Folge die Standsicherheit der aufzustellenden Gebäude ernstlich gefährden.

Es ist daher erforderlich, in jedem Fall die Struktur eines solchen Tuffbruches genau zu untersuchen und an den Stellen, die von Fundamenten beansprucht werden, geeignete Mauerverstärkungen anzubringen, wenn Spalte, Auswaschungen, feuchte Stellen usw. vorhanden sind.

Die gleichen Vorsorgen sind zu treffen, wenn auf ein Tuffmassiv gebaut werden soll, das für sich isoliert liegt oder in irgendeiner Weise inmitten einer Ebene vorkommt.

In solchen Fällen ist das Tuffmassiv mit geeigneten Mauerwerksabstrebungen zu umgeben, um Rutschungen zu vermeiden und in außerordentlichen Fällen aufzuhalten.

Kürzlich ereignete sich ein Unglück in Valmontone (Rome), einer Örtlichkeit, die auf einem Hügel aus vulkanischem Tuff in 300 m Höhe ü. M. liegt.

In der Weihnachtsnacht 1914 kam ein gewaltiger Tuffbrocken in Bewegung und rutschte auf der kreidigen Unterlage, die durch eingedrungenes Wasser aufgeweicht war, ab, indem er 8 Häuser in den Abgrund hinunterriß.

Es kommt öfters vor, daß in der Nähe von im Betrieb stehenden Puzzolane-Gruben gebaut wird.

Da dann die Gruben nicht mehr in die Breite ausgedehnt werden können ist es logisch, daß sie nach der Tiefe hin ausgebeutet werden. Dieses ruft in einer gewissen Umgebung mit Notwendigkeit Rutschungen in dem Gelände hervor, auf dem die Gebäude errichtet sind. Diese verlieren an einer oder mehreren Stellen die Unterlage und geben schließlich mit mehr oder weniger großen Schäden nach.

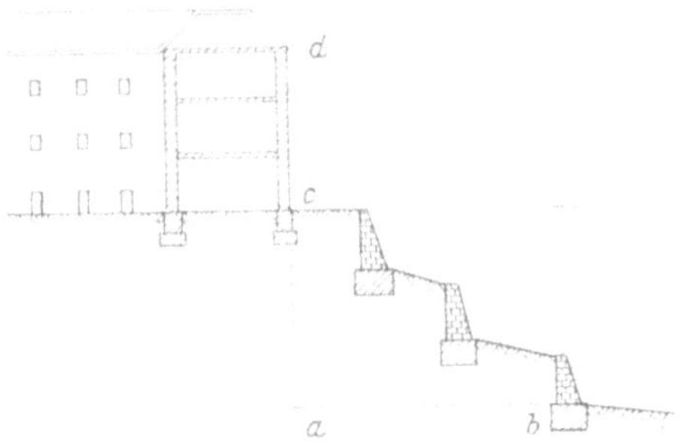

Abb. 1.

Solchen Gefahren muß begegnet werden durch Errichtung geeigneter Stützmauern, in gleichmäßigen Abtreppungen auf einer Basis *a—b*, die zum mindesten der Höhe *c—d* des Gebäudes entspricht (Abb. 1).

b) Ungenügende Festigkeit des Baugrundes, fehlerhafte Ausführung des Gründungsmauerwerks.

Oft ist man genötigt, in einem Gelände zu bauen, bei welchem der Grundwasserspiegel nahe an die Oberfläche heranreicht.

Wir sahen schon Ausführungen von Gründungen im Wasser, die genau so hergestellt wurden, wie es im Trockenen üblich ist, ohne jegliche Vorkehrungen für eine Befestigung oder Entwässerung des Baugrundes.

Eine solche primitive, schnelle und billige Methode führt immer zu Setzungen, die nachher bedeutende Auslagen verursachen, besonders dann, wenn das Gebäude einige Höhe erreicht.

Gründungen im Wasser sind, falls nicht Druckluftgründung und besondere Materialien angewendet werden, wie folgt zu behandeln:

1. Einrammung von Pfählen von 20 bis 30 cm Dmr. zur Verdichtung des Bodens; es sind so viele Pfähle einzutreiben als der Boden aufnimmt.
2. Auf die Pfählköpfe ist eine Betonplatte von entsprechender Stärke aufzubringen. Der Beton ist in Puzzolane mit Kalk und Schotter oder Ziegelstücken herzustellen, besser jedoch in Zement und Schotter in einem Verhältnis von 1 Teil Puzzolane oder Zement und 2 Teilen Schotter (Kies).
3. Auf diese Betonplatte wird das gewöhnliche Mauerwerk nach den üblichen Regeln der Baukunst aufgesetzt.

Mit diesem soll nicht eine feste Regel aufgestellt werden, sondern nur eine der Methoden für Gründungen unter Wasser erwähnt werden, eine Methode, die mit gutem Erfolg vom Verfasser in vielen Fällen angewendet worden ist.

Die Baumeister der Polosine und noch mehr die von Venedig haben es zu einer überragenden Meisterschaft gebracht in der Herstellung von Pfahlgründungen für Gebäude, die in das Wasser eintauchen oder auf Sumpfgelände stehen.

Als Beispiel für den in Frage stehenden Gegenstand bringen wir die Daten und eine Abbildung von den Wiederherstellungsarbeiten an der Fundierung eines Turmes in Venedig.

Die technisch-künstlerische Kommission entschloß sich, vorsichtigerweise die Gründungsfläche zu verbreitern, um die Beanspruchung des Pfahlwerkes unter das gewohnte Maß herabzusetzen.

Die Erweiterung der Plattform wurde mit Hilfe einer soliden Pfahlgründung aus Lärchenpfählen[1]) mit einem mittleren Durchmesser von 0,31 m und 4,0 m Länge erreicht.

Abb. 2.

Zwischen die Pfähle kam eine Schüttung von Zementbeton, auf dieser wurde ein Rost aus drei Lagen Eichenschwellen erstellt, zwei Lagen wurden parallel zu den beiden Seiten des alten Fundamentmassivs angeordnet, die dritte, oberste Lage in radialem Sinn in bezug auf die Turmachse. Das Ganze wurde mit einem in das Holzwerk eindringenden Zementbeton ausgefüllt.

Darauf wurde massives Quadermauerwerk aus bestem Steinmaterial, das ungefähr 2,0 m tief in das alte Fundamentmassiv eingreift, aufgeführt (Abb. 2).

---

[1]) Lärchenholz hat sich in bezug auf Festigkeit und Haltbarkeit besser als Eiche erwiesen.

c) Wassereindringungen in die Fundamentsohle.

Schlechte oder schlecht unterhaltene Anlagen für die Abführung der in den Häusern und Fabriken entstehenden Abwässer usw. können unterirdische Abflüsse zur Folge haben, welche sich der Beobachtung entziehen und daher unkontrollierbare Schädigungen an den Fundamenten ausüben. Sie dringen in die Mauerfugen ein, lösen den Mörtel auf und waschen ihn aus oder versickern in den Baugrund und weichen diesen auf. Die Folgen äußern sich dann in einem Setzen von Gebäudeteilen u. a. m.

Dieselben Schädigungen von Gründungen verursachen die Kanalisationen der Städte, wenn die Abwässer wegen zu geringem Gefälle oder ungenügendem Spülwasser in den Sammelschächten stehen. Letztere sind unzähligen Beschädigungen ausgesetzt durch das Verlegen von Gas- und Wasserleitungen, von elektrischen Kabeln, Rohrpostanlagen, das Erstellen von Untergrundbahnen, Unterführungen u. a. m.

Ebenso kann bei ungenügenden Leitungsquerschnitten der Entwässerungen austretendes Regenwasser Ursache von Setzungen werden.

Um die schädlichen Einwirkungen von eindringendem Wasser in die Gründungen zu vermeiden, ist eine gute und ständig beaufsichtigte Abwasseranlage für sämtliche im Gebäude vorkommenden Abflüsse notwendig.

Unterspülungen können auch dann hervorgerufen werden (und das sind die gefährlichsten), wenn Überschwemmungen eintreten durch Flüsse oder Kanäle, welche durch die Stadt führen.

Die Herstellung sehr solider Gründungen auf vorsichtig befestigter Gründungssohle ist absolute Voraussetzung für die Standsicherheit von Gebäuden, die an das Flußufer zu stehen kommen und deren Fuß unter dem Hochwasserstand des Flusses oder Kanales liegen soll.

Die Schäden, welche die Überschwemmung des Tiber im Februar 1915 in Rom hervorgerufen hat, bei der so viele Straßen und Keller unter Wasser kamen und die Standsicherheit vieler Gebäude gefährdet wurde, sind noch in lebhafter Erinnerung.

d) Erhöhungen der Auflasten.

Es ist nichts Außergewöhnliches, daß Hausbesitzer einfach deswegen, weil sie solid gebaute und gut unterhaltene Häuser haben, glauben, auf diese ohne weiteres ein oder zwei Stockwerke aufsetzen zu können. Sie denken nicht daran, daß eine solche Aufstockung die Bodenpressung über das zulässige Maß hinaus treiben und eine Setzung der Gründungssohle hervorrufen kann[1]).

Es ist aber klar, daß eine Grundfläche, die gerade eine bestimmte Auflast im Gleichgewicht halten kann, keine mehr oder weniger vergrößerte Auflast aufzunehmen vermag.

Kommt aber ein solcher Fall vor, daß man also das Gleichgewicht zwischen Auflast und Bodenwiderstand stört, so muß naturnotwendig eine Senkung des Baugrundes eintreten und damit Beschädigungen im nachsackenden Mauerwerk.

Leon Battista Alberti (De re cedificatoria, lib. III cap. II) schreibt: »Konstruktionsfehler in allen anderen Teilen des Gebäudes sind weniger gefährlich und leichter zu beheben, als die in den Gründungen.«

Aufstockungen.

Die erste Aufgabe des Technikers, der mit einer Aufstockung beauftragt wird, ist also, daß er rechnerisch nachprüft, ob die vorhandene Gründungsfläche genügt, um die vergrößerte Auflast aufzunehmen[2]).

---

[1]) Dieser Fall bezieht sich mehr auf neue Gebäude, bei alten treten vor oder gleichzeitig mit der Setzung des Baugrundes verschiedenartige andere Erscheinungen auf.

[2]) Bei der Nachprüfung der Bodenpressungen hat der Techniker folgendes zu beachten:

1. Die Werte der zulässigen Bodenpressungen sind genau zu erfassen,
2. daß unter den Ecken, wo sich die Last konzentriert, das Sicherheitsmaß nicht überschritten werden darf,
3. daß alle auf das Fundamentmauerwerk wirkenden Auflasten und Schübe der Balken, Gewölbe usw. eingerechnet werden,
4. daß ein guter Baugrund ein solcher ist, der über die ganze Gründungsfläche hinweg dieselbe Zusammendrückbarkeit aufweist,
5. daß eine gewisse Zusammendrückbarkeit, auch dann, wenn diese etwas größer ist als die normale, nicht gefährlich ist,

Ist die erforderliche Grundfläche nicht vorhanden und wird auf das Aufstocken nicht verzichtet (das immer in leichtem Material auszuführen ist, Hohlziegel usw.), so muß eine Verbreiterung der Fundamente vorgenommen werden.

Für Gründungen geeignete Bodenarten.

Fels ist ein ausgezeichneter Boden für Gründungen,

a) wenn er in zusammenhängenden, horizontal gelagerten Bänken von genügender Mächtigkeit vorkommt,

b) wenn in demselben keine Aushöhlungen vorhanden sind, wie im Dolomit, in dem des öfteren das Wasser nach und nach Höhlen auswäscht.

Kiesbänke. Kieslagen bilden gute Gründungsflächen, wenn sie in Schichten von nicht weniger als 3 bis 4 m vorkommen. Liegt die Gründung jedoch unter Wasser, was zu Bewegungen des Kieses führen kann, so ist es zu empfehlen, die Mauern auf eine Betonplatte aufzustellen.

Der Sand bildet ebenfalls einen guten Untergrund, vorausgesetzt, daß er in kompakten Bänken vorliegt.

Liegt aber die Gründungssohle unter Wasser, so ist das aufgehende Mauerwerk auf eine Betonplatte aufzubringen, welche die Zugänge von Wasserversickerungen verschließt und auf diese Weise das Wegschwemmen des Sandes verhindert.

Die Tragfähigkeit einer gewachsenen Sandschicht erhöht sich mit deren Mächtigkeit, und zwar nimmt nach Hagen die Tragfähigkeit im Verhältnis der Quadrate der Schichtstärke zu.

Sandschüttungen von 1 bis 3 m Stärke, die in dünnen Lagen eingeschwemmt werden, verhindern nicht im absoluten Sinne ein Setzen der Gründungen, aber dieses erfolgt dadurch so gleichmäßig, daß im Bauwerk keine Schäden erzeugt werden.

Aus den Beispielen für wohlgelungene Gründungen auf Sandschüttung sind zu erwähnen: das Schlachthaus von Hamburg, ein Bahnhof in Berlin, der Kanal St. Martin in Paris usw.

---

wenn sie über die ganze Grundfläche hin gleich ist und wenn die Auflasten gleichmäßig verteilt werden, um überall gleiche Setzungen zu erzeugen.

Trockener Lehm von hellgelber Farbe, mit Sand und Steinen vermischt, bildet ebenfalls guten Baugrund, wenn die Schicht nicht dünner als 3 bis 4 m ist.

Allgemeine Regeln für die Verteilung der Bodenpressungen.

Wir halten es für nützlich, diejenigen Regeln über das wichtige Problem der Lastverteilung im Untergrund zusammenzustellen, die eine Garantie bieten für die Standsicherheit und sich auch vereinigen lassen mit den Sparsamkeitsgründen der Bauherrschaften.

I.

Es wirkt nicht immer die ganze Auflagerfläche zur Herstellung des Gleichgewichtes bei einer gegebenen Auflast.

Um ermitteln zu können, wie sich die Lastverteilung gestalten wird, ist es deshalb nötig, außerhalb der Auflast, die auf irgendeiner Grundfläche aufruht, auch die Lage der Stützlinie der Belastungen zu kennen.

Nur wenn die Lage der Stützlinie bestimmt ist, kann festgestellt werden, ob die Resultierende der Auflagerkräfte nicht aus dem Kern der Grundfläche herausfällt und ob demnach die ganze Auflagerfläche mitarbeitet.

II.

Wird eine Konstruktion nur von lotrechten Lasten beansprucht, so kann im allgemeinen erreicht werden, daß die Resultierende innerhalb des Kernes der Gründungsfläche fällt.

Wenn hingegen außer den lotrechten Lasten auch horizontale Kräfte mitwirken, so muß darauf geachtet werden, daß — aus Gründen der Standsicherheit — die Resultierende höchstens den Kernrand erreicht.

Wenn die Resultierende außerhalb der Auflagerfläche liegt, müssen (um die großen Kosten einer starken Verbreiterung der Gründung zu vermeiden) die horizontalen Kräfte durch geeignete Anker aufgenommen werden.

III.

Bei Konstruktionen mit durchgehender Gründung sind die Innenmauern am stärksten belastet, dann folgen diejenigen Außenwände, die auch durch das Dach und die Balkenlagen belastet sind und schließlich als die wenigst belasteten Mauern, diejenigen Außenwände, die nur ihr Eigengewicht tragen.

Bei Konstruktionen mit Gründungen auf Pfeilern und Bögen sind immer die inneren die am meisten beanspruchten, dann folgen die Eckpfeiler und schließlich die anderen Außenpfeiler.

Alles das gilt für Bauten mit nahezu symmetrischem Grundriß.

IV.

Wenn hingegen (wie in solchen Städten, wo es üblich ist, die oberen Stockwerke über das Erdgeschoß auskragen zu lassen, oder bei Ecktürmen von Häusern und bei ausgebauten Kirchtürmen) das Gebäude einzelne Überhöhungen hat, oder wenn einzelne Mauern stärker ausgebildet sind als die übrigen, dann befindet sich die größte Belastung unter den höchsten Bauteilen oder unter den stärksten Mauern.

Konsequenterweise muß die Stärke des Mauerwerks ebenso wie die Breite der Gründung mehr oder minder groß gewählt werden, je nach der Höhe des Gebäudeteiles, der aufzunehmen ist.

In einem Wort, die Mauerstärken und die Fundamentbreiten sind den Auflasten anzupassen, wovon sie ja augenscheinlich Funktionen sind.

Es ist deshalb ein Fehler, wenn die Breite der Gründungssohle für ein Gebäude durchwegs gleich beibehalten wird.

Wird die Mauerstärke und die Fundamentbreite für das ganze Gebäude nach dem am meisten belasteten Teil bemessen, so ergibt sich eine Materialverschwendung und also auch eine unnötige Ausgabe.

Geschieht die Bemessung für eine mittlere Auflast, so steuert man direkt auf ungleichmäßige Setzungen zu, die der Standsicherheit des Gebäudes nicht selten verhängnisvoll werden.

Es gehört also zu den ersten Aufgaben des Konstrukteurs, daß er den spezifischen Druck im Mauerwerk und die Bodenpressung mit aller Genauigkeit berechnet (indem er die zulässige Beanspruchung des Mauerwerks und des Untergrundes beachtet) und für jede Zone, Mauerstärke und Fundamentgröße bestimmt, und daß er dafür sorgt, daß die Resultierende der Auflasten symmetrisch auf die Gründungsfläche auftrifft.

Grundplatte in Eisenbeton.

Eines der wirksamsten Mittel zur Befestigung einer Gründungssohle ist das Einziehen einer Eisenbetonschwelle unter das bestehende Mauerwerk. Die stationäre Untersuchung erfolgt nach anerkannten Regeln der Baukunst, welche ihren Niederschlag in den entsprechenden, als bekannt vorausgesetzten Bestimmungen gefunden haben. Mit Rücksicht auf die Bedeutung der Aufgabe und Fehler, welche hier evtl. unterlaufen können, möge in Kürze der bei entsprechenden Untersuchungen einzuschlagende Weg an zwei Beispielen gezeigt werden.

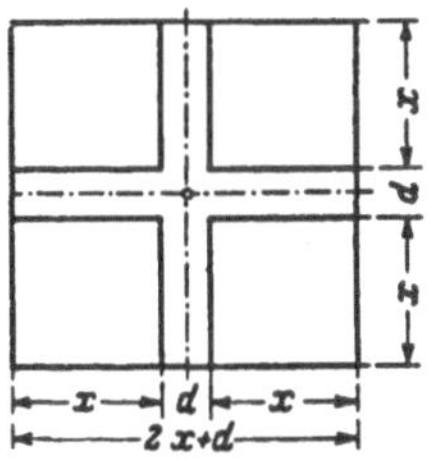

Abb. 3.

Beispiel 1. Es liege die Unterfangung einer Mauerkreuzung entsprechend Abb. 3 vor. Die sich kreuzenden Mauern haben die gleiche Stärke d und gleiche Belastung q (einschließlich des Eigengewichts der Eisenbetonplatte) für die Längeneinheit. Die Platte wird so angeordnet, daß ihr Schwerpunkt mit dem der sich kreuzenden Mauern im Grundriß zusammenfällt. Ist σ die zulässige Bodenpressung, so ergibt sich die einzige Unbekannte x aus der Gleichgewichtsbedingung für die lotrechten Kräfte:

$$(2x + d)^2 \cdot \sigma - q(4x + d) = 0 \quad \ldots\ldots \quad (\Sigma V = 0),$$

deren allgemeine Auflösung liefert

$$\boxed{x = \frac{q - \sigma d}{2\sigma}\left[1 + \sqrt{\frac{q}{q - \sigma d}}\right]} \quad \ldots\ldots \quad (1)$$

Betrage z. B. entsprechend der Abb. 3 nach besonderer Ermittlung

$$q = 32{,}0 \text{ t/m} = 320{,}0 \text{ kg/cm}, \quad \sigma = 1{,}0 \text{ kg/cm}^2; \quad d = 80{,}0 \text{ cm},$$

so folgt für

$$x = \frac{320 - 80}{2}\left[1 + \sqrt{\frac{320}{240}}\right] = 259{,}0 \text{ cm}.$$

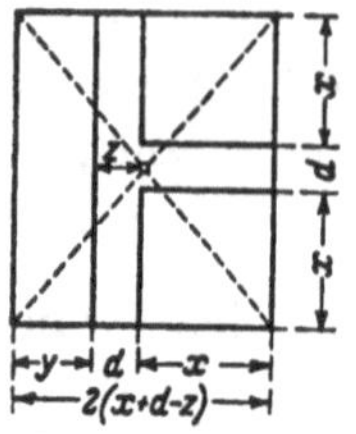

Abb. 4.

Beispiel 2. Hier sei der Zusammenstoß einer Mittel- mit einer Außenmauer entsprechend der Abb. 4 betrachtet. Die Grundplatte wird wieder so angeordnet, daß ihr Schwerpunkt mit dem des T-förmigen und mit x veränderlichen Mauerquerschnittes zusammenfällt. Für die Ermittlung der unbekannten Größen y, z, x stehen dann folgende drei Gleichungen zur Verfügung.

1) $y + z = x + d - z$ (Schwerpunkte von Mauerwerk und Platte liegen übereinander),

2) $2\,(x + d - z)\;(2\,x + d)\,\sigma = q\,(3\,x + d)$ . . $(\Sigma\,V = 0)$,

3) $d\,(2\,x + d)\left(z - \frac{d}{2}\right) = d \cdot x\left(d + \frac{x}{2} - z\right)$ . . $(\Sigma\,M = 0)$.

Die Auflösung dieser Gleichungen erfolgt nach Eintragung von Zahlenwerten für die bekannten Größen, am einfachsten durch Probieren. Mit den Annahmen betreffs σ und q, wie in Beispiel 1, würde man die in Abb. 4 angegebenen Werte für x, y und z finden, doch ist der Fall, daß q für die sich kreuzenden Mauern gleich und konstant ist, in der Praxis nur selten denkbar.

Der Wert der angegebenen Beispiele bestehe in dem Hinweis, daß unter Berücksichtigung der Überschneidung des Belastungsfeldes an den Kreuzungsstellen der Mauern erheblich größere Breiten gegenüber den bei einfachen Mauern notwendigeu entstehen. Weiter sei darauf hingewiesen, daß bei schlechtem Baugrund großen und Gebäudelasten eine Plattenfundierung wirtschaftlicher als eine Schwellenfundierung sein kann.

Stärke der Grundschwelle.

Liegt eine der Größe nach bekannte (s. z. B. Abb. 5) Eisenbetonschwelle vor, so hat deren Stärkenbemessung nach den als bekannt vorausgesetzten Regeln des Eisenbetonbaues zu erfolgen. Stärke und Bewehrung der Plattenteile wird man so bestimmen, daß die Gesamtkosten — in denen also alle jene Kosten einbegriffen sind, welche von der zu wählenden Stärke beeinflußt werden — so gering wie möglich werden. Betreffs der Durchführung der statischen Untersuchung erscheinen folgende Hinweise angebracht. Bei einem Schnitt in Richtung *A—A* tritt das größte Moment nicht an dem Mauerrand, sondern — Symmetrie vorausgesetzt — in der Mitte der Mauer

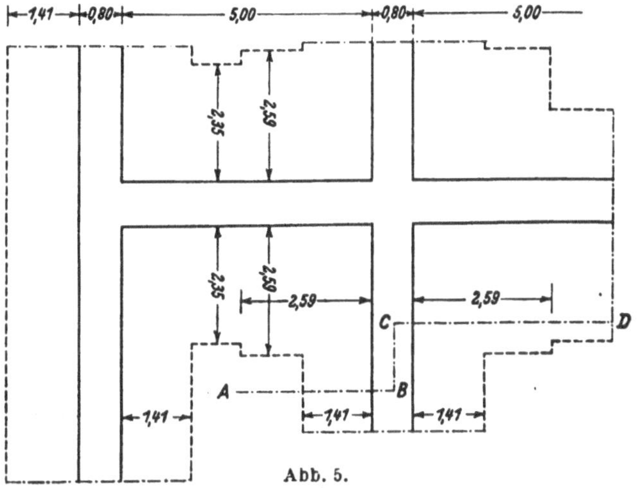

Abb. 5.

auf, welche mit dem Nullpunkt der Querkraft zusammenfällt. Ist wie in Abb. 6 dargestellt *a* die Stärke des aufgehenden Mauerwerkes, *b* die Breite der symmetrisch zur Mauermitte angeordneten Grundplatte, dann gilt für das größte Biegemoment für einen Plattenstreifen von 1,0 m Tiefe, bei einer Gesamt belastung *q* für die Tiefeneinheit:

$$M_{\max} = q\,\frac{(b - a)}{8}.$$

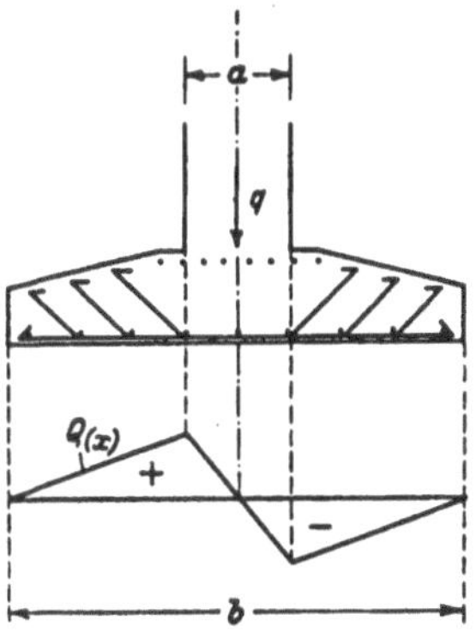

Abb. 6.

Die Ausbildung der Bewehrung in der Zugzone und derjenigen für die schrägen Hauptzugkräfte kann entsprechend der Abb. 6 erfolgen. Mit Rücksicht auf ungleiches Setzen in der Tiefenrichtung der Mauer sowie auf die an den Kreuzungsstellen sicher vorhandene Plattenwirkung — also als zweidimensionales Tragwerk — ist es zweckmäßig, noch Verteilungseisen, oben und unten, einzulegen, wie es ebenfalls in Abb. 6 angedeutet ist. Daneben muß den Schubspannungen besondere Aufmerksam keit geschenkt werden, da dieselben in der Regel hier ziemlich hoch zu sein pflegen. Wie unter Be-

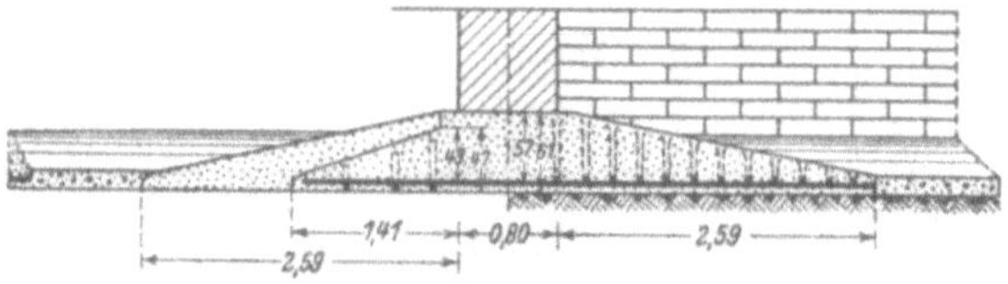

Abb. 7.

rücksichtigung dieser Umstände die Ausbildung der Platte erfolgen kann ist auch aus Abb. 7 zu ersehen. Wird der Tragquerschnitt entsprechend der Verschiedenheit der Biegemomente in veränderlicher Stärke, wie in Abb. 7 ausgeführt, so erleidet die Spannungsberechnung und die Querschnittsbemessung eine entsprechende Modifikation, über die man sich am einfachsten in den bekannten Werken von Mörsch unterrichten kann.

Form der Setzungsschäden.

Bei durchgehenden Grundmauern ohne Öffnungen entstehen im aufgehenden Mauerwerk bei Setzungen des Untergrundes Risse von annähernd parabolischem Verlauf (vgl. Abb. 8). Eine wissenschaftlich befriedigende Erklärung der Bruchform ist erst dann möglich, wenn unter Berücksichtigung aller Verhältnisse der in der Mauer auftretende Spannungszustand bekannt ist. Dieser kompliziert sich hier noch insofern,

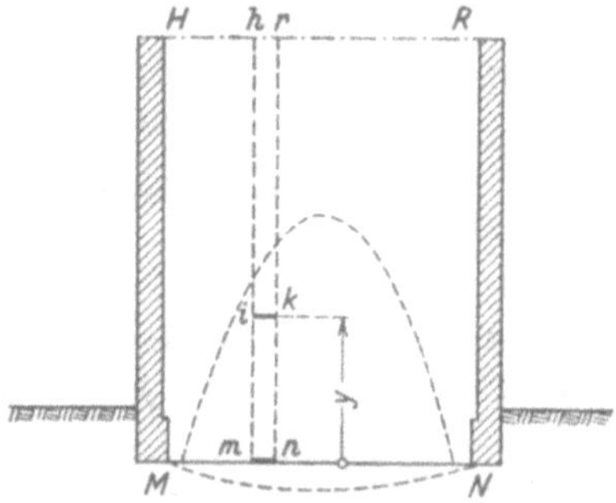

Abb. 8.

als er auch von der Baugeschichte abhängig sein wird, worunter diejenigen Spannungs- und Formänderungsbilder verstanden werden sollen, welche in ständigem Wechsel während der Bauzeit aufeinanderfolgen und offenbar nicht vernachlässigt werden dürfen, wenn für einen bestimmten späteren Zustand irgendwelche Schlüsse gezogen oder Aussagen gemacht werden sollen. Eine einigermaßen zutreffende Erklärung für die mitunter zu beobachtende Rißbildung und den dabei auftretenden Kräfteverlauf dürfte die folgende sein: Die Wandfläche $MNRH$ sei an den Fundamentecken M und N fest gestützt oder nach erfolgter, erster Setzung zur Ruhe gekommen, während das Mauerwerk über der Strecke MN infolge Nachgebens des entsprechenden Erdreichs sich noch in Bewegung, d. h. in einer Absackung befinde. Hierbei gerät das Mauerwerk in eine Art Schwebezustand, denn an den als fest vorausgesetzten Mauerecken MH und NR entstehen durch die Festigkeit des Mauerwerks Kräfte, welche dem Absacken entgegengerichtet sind, und die Beobachtung zeigt, daß hierbei eine Gewölbewirkung zustandekommt. Das Gewicht des Mauerstreifens über $m\ n$ wird nun zum Teil von dem sich bildenden Gewölbe aufgenommen, und der Rest verteilt sich mit Rücksicht auf die sicher vorhandene Balkenwirkung des abgebrochenen Teils irgendwie über die Bodenfläche zwischen $M\,N$. Bevor es zum Bruch kam, herrschte in den verschiedenen Flächenelementen, deren Höhenlage jeweils durch y bestimmt sei, etwa folgender Spannungszustand. Für $y = 0$ an der Bodenfuge wird irgendeine Druckspannung vorhanden sein; dieselbe verringert sich unter dem Einfluß der Bodensenkung und der Gewölbewirkung, um schließlich bei einer bestimmten y in eine Zugspannung überzugehen. Ist nun einerseits die Nachgiebigkeit des Bodens und anderseits die Starrheit der sich bildenden Gewölbe so groß, daß die auftretenden Zug- bzw. Hauptspannungen die entsprechenden Materialfestigkeiten überschreiten, dann reißt der untere Teil in irgendeiner Kurve, d. h. in den zu beobachtenden Rißlinien ab.

Die rechnerische Ermittlung der Bruchlinie, welche für die Folge als Parabel angesehen werden soll, dürfte mit Rücksicht auf die Größen, welche in dieselbe eingehen, sehr schwierig und unsicher sein und im übrigen nur geringen praktischen Wert haben. In der Abb. 8 ist daher die Bruchlinie nur schematisch eingezeichnet, unter der Annahme, daß der am höchsten gelegene Riß in z auftrete. Dieser Punkt z kann höher steigen oder tiefer liegen, je nach den oben erwähnten Verhältnissen.

Oft kann es vorkommen, daß man in der aufgetretenen Beschädigung keine Parabelform erkennen kann, sondern daß sich die beschriebene Parabel wie folgt darstellt:

A. Abgeflacht, daß sie fast als gerade Linie erscheint (diese Erscheinung zeigt sich manchmal an alleinstehenden Mauern von guter Struktur, die eine Totalsetzung erlitten haben).

B. Sehr erhöht, so daß in der Wand nur noch zwei senkrechte parallele Rißlinien erscheinen. (Dieses tritt auf bei sehr plötzlichen und sehr heftigen Absackungen.)

C. Deformiert

a) durch Übereinanderlagern von einer Anzahl von aufeinanderfolgenden Setzungen, die die typische Parabelform stören (was besonders bei Erschütterungen durch Erdbeben auftritt),

b) bei ungleichmäßiger Struktur des Mauerwerks,

c) bei Öffnungen, die das Mauerwerk unterbrechen (Türen, Fenster, Bögen),

d) bei ungleichen Mauerstärken (da dann verschiedene Mauerteile den Zerstörungen verschieden stark widerstehen).

Im ganzen genommen, lassen sich diese Erscheinungen vergleichen mit pathologischen Erscheinungen im tierischen Organismus und kennzeichnen wie dort ganz bestimmte Art von Schäden.

Untersuchung des parabolischen Bruches.

Die folgende skizzenhafte Darstellung zeigt einen parabolischen Bruch $A O B$ (Abb. 9.)

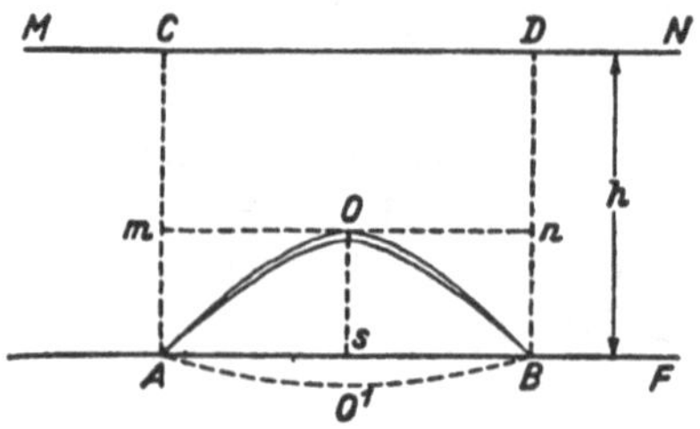

Abb. 9.

Wir wollen versuchen, das Verhalten desselben zu verstehen oder besser, die Wirkungen des Bruches $A O B$ in bezug auf die Mauerwerksteile und den Untergrund, die durch denselben in Mitleidenschaft gezogen sind. Wir haben bemerkt, daß eine absackende Gründungssohle unter einer vollen Mauer **ohne Öffnungen** für Fenster, Türen, Arkaden usw. oder unter einem Abschnitt einer solchen Mauer sich verhält wie ein sich durchbiegender Balken, auf dem von den Auflagern nach der Mitte zunehmende Auflasten ruhen.

Nehmen wir an, im Abschnitt *A B* der Mauer *M N F E* (Abb. 9) werde eine Fundamentsenkung beobachtet.

Versuchsergebnisse, von denen später gesprochen wird, zeigen, daß auf der Grundstrecke *A B* — bei der Durchbiegung nach der elastischen Linie *A O' B* — nicht die ganze Mauer *A C D B* zur Lastwirkung kommt, sondern nur ein Teil derselben, und zwar der Teil *A O B*.

Aus dieser Beobachtung folgt, daß in dem Falle, in dem das Fundament auf der Strecke *A B* nachgegeben hat, es zur Wiederherstellung der Standfestigkeit genügt, eine Unterstützung etwa aus Holz oder Eisen einzuziehen, die imstande ist, die Mauerlast *A O B* aufzunehmen.

Ferner muß für ausreichende Sicherheit des seitlichen Mauerwerks und des von diesem belasteten Untergrundes gesorgt werden.

Um die Belastung dieser Teile bestimmen zu können, muß die Höhe *Os* der größten Ordinate der Parabel bekannt sein.

Die experimentelle Lösung dieses Problems berechtigt anzunehmen, daß diese Höhe *Os* **völlig unabhängig ist von der Höhe der Mauer, die sich darüber erhebt,** nur **allein abhängt vom lichten Abstand** *A B* und etwa ⅓ von diesem Abstand beträgt.

Experimentelle Lösung.

Auf eine Bohle aus Tannenholz von 2 cm Stärke, 0,45 m Breite und 2,50 m Länge (Abb. 10) wurde eine Trockenmauer in gewöhnlichen Ziegeln (0,06 auf 0,14 auf 0,28) in der Stärke von 0,45 m und der Höhe von 1,60 m aufgeführt. Diese Versuchsanordnung wurde auf zwei seitlichen Mauerwerkspfeilern (aus reinen Ziegelsteinen) von 0,50 auf 0,45 m und 0,50 m Höhe aufgestellt. Die Pfeiler ruhten auf einer unnachgiebigen Unterlage.

Bevor mit der Ausführung des Mauerwerks begonnen wurde, wurde zwischen den Pfeilern eine Unterstützung angeordnet, die das Durchbiegen des Brettes unter der Mauerwerkslast verhinderte. Diese Unterstützung bestand aus zwei aufeinanderliegenden, entgegengesetzt gerichteten Holzkeilen, deren Berührungsflächen mit Glyzerin eingeschmiert waren. Diese Keile lagen auf zwei eisernen Walzen, die auf einem Stück I-Balken laufen konnten.

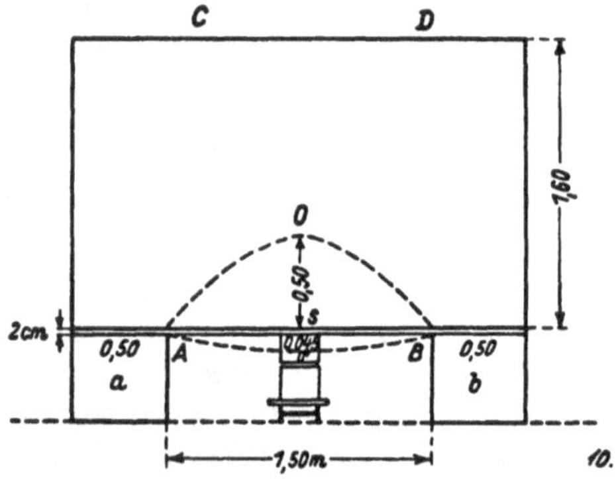

Abb. 10.

Nach Fertigstellung der Mauer und nachdem man ihr etwa 4 h Ruhe für etwaiges Setzen gelassen hatte, wurde die beschriebene Unterstützung durch Schläge gelockert.

Das Brett bog sich nach der Kurve *A O′ B* durch, wobei sich ein Pfeil von 4,5 cm ergab.

Der mit dem Brett in unmittelbarer Berührung befindliche Teil der Mauer erlitt verschiedenartige Zerstörungen, die zur Folge hatten, daß mehrere Ziegel zum Bruch kamen. Diese Brüche, verbunden mit den aus der Lage gebrachten und erweiterten Fugen, ergaben die parabelförmige Kurve *A O B*.

Die Pfeilhöhe *Os* ergab sich zu rd. 0,50 m, also zu etwa einem Drittel der Lichtweite *A B*.

Nachher trug das Brett die Mauer, ohne daß weitere Bewegungen oder Risse beobachtet wurden. Um die parabolische Linie voll zur Auswirkung zu bringen, wurde das Brett an beiden Auflagern gleichzeitig abgesägt.

Danach stürzte das durch die Kurve $A\,O\,B$ begrenzte Mauerstück ab.

Der Mauerwerkszusammenhang oberhalb der Kurve $A\,O\,B$ blieb — wie es die Abb. 11 zeigt — völlig ungestört, mit

Abb. 11.

Ausnahme unbedeutender Verschiebungen in der vertikalen Achse über O.

Diese Feststellung bestätigt die früher aufgestellte Behauptung, die Pfeilhöhe Os sei unabhängig von der Höhe des Mauerwerkes, das sich darüber erhebt, sondern allein abhängig von dem lichten Abstand $A\,B$.

Ebenso zeigt die Tatsache, daß das Brett ganz blieb (nachdem es sich um 4 cm und 5 mm durchgebogen hatte), daß nicht die ganze Mauerlast $A\,B\,C\,D$ darauf aufruhte, sondern nur der Anschnitt $A\,O\,B$.

Berechnen wir die Durchbiegung des Brettes für die Auflast des Mauerstückes $A\,O\,B$ unter der Voraussetzung, daß sich diese Last stetig verteile, so erhalten wir in der Tat fast genau denselben Wert, den wir experimentell festgestellt haben.

Es ist

$$Q = \frac{2}{3} \cdot 0{,}5 \cdot 1{,}50 \cdot 0{,}45 \cdot 1500^{1)} = 340 \text{ kg},$$

$$e = 1{,}50 \text{ m} = 1500 \text{ mm},$$

$$l^3 = 3375000000,$$

$$J = 0{,}0833\ bh^3,$$

$$E = 1000,$$

$$b = 0{,}45 \text{ m} = 450 \text{ mm},$$

$$h = 0{,}02 \text{ m} = \ \ 20 \text{ mm},$$

$$h^3 = 8000.$$

Daraus ergibt sich:

$$\delta = 0{,}013 \frac{Q l^5}{J E} = 0{,}013,$$

$$\frac{340 \cdot 3375000000}{0{,}0833 \cdot 450 \cdot 8000 \cdot 1000} = 0{,}013 \cdot 3826$$

$$= 49{,}7 \text{ mm} = 4{,}9 \text{ cm}.$$

Das Brett wurde abgesägt, weil in Anbetracht der beschriebenen Belastungsverhältnisse nicht zu hoffen war, daß es einmal zum Bruch käme.

Denn, berechnen wir das größte Biegungsmoment in dem Tannenholzbrett von den Abmessungen 0,02 auf 0,45 m, das mit dem Mauerteil *A O B* belastet ist, so erhalten wir

$$M_{\max} \approx 1/6\ Pl. = 1/6\ 340 \cdot 1{,}50 = 85 \text{ mkg},$$

hiermit die Beanspruchung

$$\sigma = \frac{M}{W} = \frac{85}{1/6\ b h^2} = \frac{85}{1/6\ 0{,}45 \cdot 0{,}02^2}$$

$$= 283333 \text{ kg/m}^2,$$

$$= 0{,}28 \text{ kg/mm}^2,$$

d. h. also, die Beanspruchung des Holzes durch die Auflast aus der Mauerwerkszone *A O B* hat nur wenig mehr als ein Viertelkilogramm auf den Quadratmillimeter betragen.

Unter den Wirkungen, die nach den Abstürzen des Teiles *A O B* beobachtet wurden, ist noch der Bruch dreier Ziegel in der Ansichtsfläche des Pfeilers (*a*) zu erwähnen.

---

[1]) Gewicht für 1 m^3 Mauerwerk aus Ziegeln ohne Mörtel (333 · 4,5 = 1498,5 kg).

Analytische Lösung.

Da die Ergebnisse des Experimentes gezeigt haben, daß die größte Höhe der parabolischen Bruchlinie Os etwa $1/3$ der Spannweite beträgt, können wir folgende Ableitungen machen:

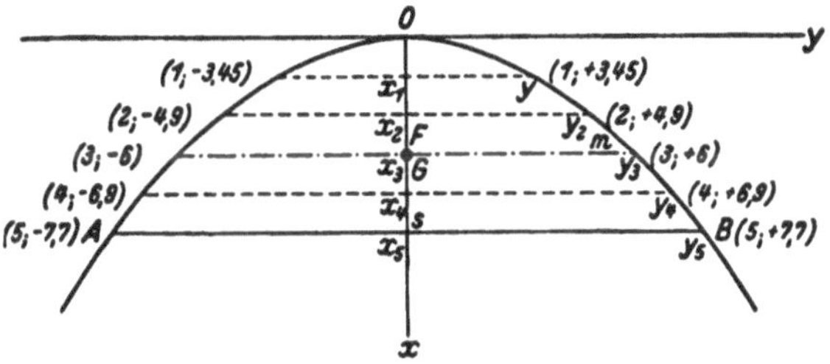

Abb. 12.

Unter den Annahmen (Abb. 12):

$$Os = \frac{1}{3} AB; \quad AB = 3 Os \quad Os = x,$$

$$AB = 2y,$$

ergibt sich, indem wir den Wert sB mit Hilfe der Gleichung $y^2 = 2\,p\,x$ bestimmen

$$\left(\frac{1}{2} AB\right)^2 = 2\,p\,Os = \frac{1}{3}\,2\,p \cdot \frac{AB}{3},$$

durch Auflösung ergibt sich:

$$\frac{1}{4}\overline{AB}^2 = \frac{2}{3}\,p\,\overline{AB}.$$

Bei Kürzung der Glieder durch $\overline{AB}$ erhalten wir

$$\frac{1}{4}\overline{AB} = \frac{2}{3}\,p,$$

daraus

$$p = \frac{\frac{1}{4} AB}{\frac{2}{3}} = \frac{3}{8} AB.$$

Da $\overline{AB} = 3\,\overline{Os}$ ist, können wir diesen Wert einsetzen und finden damit:

$$p = \frac{3}{8} \cdot 3 \cdot Os = \frac{9}{8} Os.$$

Dieses ist der Wert des Parameters. Da wir wissen, daß der Parameter das Doppelte des Brennpunktabstandes OF ist, so folgt für diesen

$$OF = \frac{1}{2} p = \frac{1}{2} \cdot \frac{9}{8} Os = \frac{9}{16} Os \quad . \; . \; . \; . \; . \quad (1)$$

Da aber der Schwerpunkt G sich immer auf der Symmetrieachse des Parabelausschnittes, den wir betrachten, befinden muß und in $\frac{3}{5}$ der Pfeilhöhe über der Grundlinie liegt, so können wir sagen, daß auch der Brennpunkt F sich in derselben Höhe befinde, denn der Wert von $\frac{9}{16}$, den wir gefunden haben, unterscheidet sich nur um ein vernachlässigbares Maß von dem Abszissenwert des Schwerpunktes $\left(\frac{3}{5} Os\right)$.

Wir können also für praktische Zwecke ohne nennenswerten Fehler (für diejenigen Bruchstellen, deren Pfeilhöhe $\frac{1}{3}$ der Spannweite beträgt, wie in Abb. 12) den Schwerpunkt mit dem Brennpunkt identifizieren.

Dieses vorausgesetzt, und da $OF = {}^3/_5\, Os$ ist, beträgt das Maß des Parameters das Doppelte dieses Betrages, also $\frac{6}{5} Os$.

Bestimmen wir dann die halbe Spannweite Bs mit Hilfe der Parabelgleichung

$$y^2 = 2\,p\,x, \text{ so haben wir}$$
$$s\overline{B}^2 = 2\; Fm \cdot Os,$$

und da $Fm = \frac{6}{5} Os$ ist, können wir dieses einsetzen und erhalten

$$s\overline{B}^2 = 2 \frac{6}{5} Os \cdot Os = \frac{12}{5} \overline{Os}^2,$$

also ist

$$sB = \sqrt{\frac{12}{5}}\, Os = 1{,}54\, Os.$$

Also beträgt die ganze Spannweite

$$AB = 2\; sB = 2 \cdot 1{,}54\; Os,$$
$$AB = 3{,}08\; Os.$$

Vernachlässigen wir die Stellen nach dem Komma, was vom praktischen Standpunkt aus durchaus berechtigt ist, so können wir schreiben

$$A\,B = 3\,Os$$

und daraus

$$Os = \frac{1}{3}\,A\,B.$$

Das heißt, die Pfeilhöhe *Os* ist ein Drittel der Spannweite *A B*.

Berechnung der Stützkonstruktionen.

Nachdem uns — durch die beschriebenen praktischen Untersuchungen — der Wert der Pfeilhöhe *Os* bekannt geworden ist, läßt sich daraus mit Leichtigkeit der Ausdruck für die Berechnung des Unterzuges oder der Unterzüge für die unter Umständen erforderliche Aufnahme des Mauerteiles *A O S* ableiten.

Wir stellen im folgenden zur Ermittelung des Biegungsmomentes zwei Lösungen, eine analytische und eine graphische auf.

Theoretische Lösung.

Wir müssen vor allem beachten, daß die Auflast längs der Grundlinie *A B* sich nicht gleichmäßig verteilt, sondern sich nach dem Gesetz der Parabel *A O B* verändert, derart, daß sie an den Enden den Wert Null aufweist und in der Mitte am größten ist.

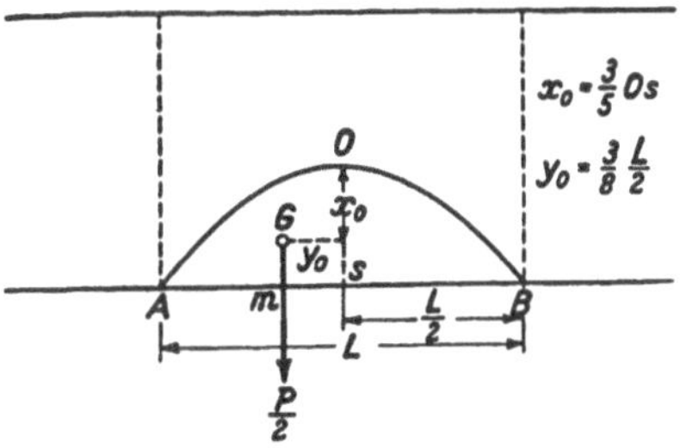

Abb. 13.

Demnach errechnet sich das größte Biegungsmoment in Balkenmitte wie folgt:

Das Gewicht *P* des Mauerteiles *A O B* (Abb. 13) entfällt zur Hälfte auf den Parabelanschnitt *A Os* und zur anderen Hälfte auf den Ausschnitt *B Os*, die beiden gleichen Anteile betragen also je $\frac{P}{2}$.

Diese beiden Gewichte greifen in den entsprechenden Schwerpunkten G der Halbparabeln an, welchen in bezug auf ein durch O gehendes Achsensystem die folgenden Koordinaten zukommen

$$x_0 = \frac{3}{5} Os, \qquad y_0 = \frac{3}{8} \frac{L}{2}.$$

Die Auflagerreaktionen in A und B in sind untereinander gleich und betragen $\frac{P}{2}$.

Für den Schnitt durch s haben wir eine Kraft in A angreifend mit dem Hebelarm $\frac{L}{2}$.

Die Kraft in G angreifend, wirkt mit einem Hebelarm — immer für denselben Schnitt durch s — von $\frac{3}{8} \frac{L}{2}$.

Das größte Moment im Schnitt s beträgt demnach

$$M_{\max} = \frac{P}{2} \frac{L}{2} - \frac{P}{2} \frac{3}{8} \frac{L}{2} = \frac{PL}{4} - \frac{PL}{32} = \frac{5}{32} PL.$$

Und da $\frac{5}{32}$ nur unbedeutend kleiner als $\frac{1}{6}$ ist, so können wir im Interesse einer größeren Sicherheit schreiben $M_{\max} = \frac{1}{6} PL$.

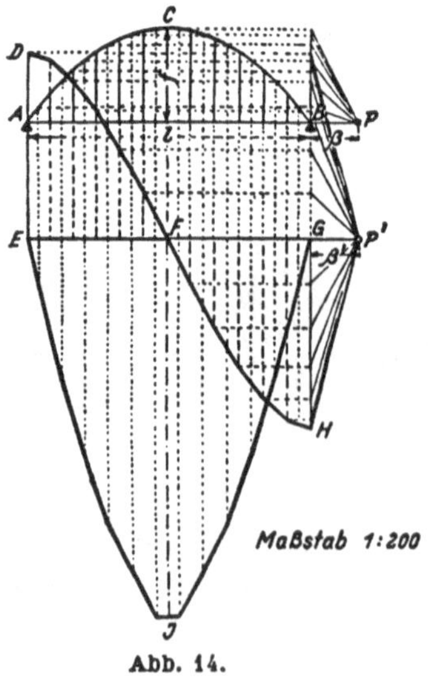

Abb. 14.

Mit dieser Formel werden die Querschnittsabmessungen des Unterzuges zur Aufnahme des Mauerteiles AOB bestimmt.

Algebraisch-graphische Lösung[1]).

Wird auf der Basis AB (Abb. 14) die parabelförmige Bruchlinie mit der Pfeilhöhe von $\frac{1}{3}AB$ aufgezeichnet, so ergibt sich das Mauergewicht

[1]) Für die Praxis hat wohl nur die einfacher und schneller zum Ziele führende Rechnung einen Sinn. (Sch.)

auf dem Unterzug AB durch Multiplikation der Parabelfläche mit der Mauerstärke S und dem Raumgewicht δ des Mauerwerks, daraus folgt, daß die Parabelfläche zugleich das Belastungsdiagramm darstellt.

Nach der bekannten Methode wird ein Kräftepolygon mit der Polweite β erstellt und auf Grund desselben das Seileck $EDFGH$, welches dem Belastungsdiagramm ABC entspricht. Dessen Ordinaten stellen also die Querkräfte dar für die Schnitte des Unterzuges, deren Schnittlinie mit den Ordinaten zusammenfallen, wenn wir die Ordinaten mit s, δ und β multiplizieren.

Die Züge DFE und FGH begrenzen zwei halbe Parabeln.

Die größten Ordinaten ED und GH sind gleich der Hälfte des Flächeninhaltes der Parabel ABC und folglich stellen sie die halbe Auflast P dar, wenn sie mit $s \cdot \delta \cdot \beta$ multipliziert werden.

Mit Hilfe eines andern Kräftepolygons mit dem Pol P' und der Polweite β' zeichnen wir das Seileck GJE, das zu dem Diagramm $EDFHG$ gehört und demnach die Biegungsmomente in den durch die Ordinaten gehenden Querschnitten darstellt, wenn dieselben mit $s \cdot \delta \cdot \beta \cdot \beta'$ multipliziert werden.

Der Linienzug EJG begrenzt eine Parabel.

Die größte Ordinate liegt in der Mitte des Feldes AB.

Sie entspricht dem Flächeninhalt

$$FGH = \frac{1}{2} \cdot \frac{2}{3} 2\, FG \cdot GH \quad \ldots\ldots\ldots \quad (1)$$

Da GH im Kräftemaßstab gemessen (d. h. ihre Länge — im Längenmaßstab gemessen — multipliziert mit $s\,\delta\,\beta) = \frac{P}{2}$ ergibt und $FG = \frac{1}{2}\, l$ ist, können wir dieses in (1) einsetzen und erhalten

$$FI = \frac{1}{2} \cdot \frac{2}{3} \cdot \frac{T}{2} = \frac{1}{6}\, Pl.$$

Für den Fall, der in der Zeichnung dargestellt ist, haben wir

$$e = 6{,}0 \text{ m}, \qquad f = 2{,}0 \text{ m},$$
$$\beta = \beta' = 1{,}0 \text{ m},$$
$$s = 1{,}0 \text{ m},$$
$$\delta = 1600 \text{ kg/m}^3.$$

Daraus errechnet sich das Gewicht zu

$$P = \frac{2}{3} e f s \delta = \frac{2}{3} \cdot 6{,}0 \cdot 2{,}0 \cdot 1{,}0 \cdot 1600 = 12800 \text{ kg.}$$

Demnach beträgt das größte Biegungsmoment in Balkenmitte

$$M_{\max} = \frac{1}{6} P l = \frac{1}{6} \cdot 12800 \cdot 6{,}0 = 12800 \text{ mkg.}$$

Aus der graphischen Darstellung messen wir die größte Ordinate im Längenmaßstab 1 : 100 zu 8,0 m. Somit ist

$$M_{\max} = 8 \cdot s \cdot \delta \cdot \beta \cdot \beta' = 8 \cdot 1{,}0 \cdot 1600 \cdot 1{,}0 \cdot 1{,}0 = 12800 \text{ mkg.}$$

Angenommen, daß wir die Last der parabelförmigen Mauerzone durch zwei I-Profile aufnehmen wollen, dann hat ein jedes die Last von 6400 kg zu tragen, und das größte Moment errechnet sich zu

$$M_{\max} = \frac{1}{6} \cdot P l = \frac{1}{6} \cdot 6450 \cdot 600 = 640000 \text{ kgcm.}$$

Bei einer zulässigen Beanspruchung von $\sigma = 1200$ kg/cm² ist erforderlich

$$W = \frac{640000}{1200}\ 533{,}0 \text{ cm}^3.$$

Es genügen also 2 I 28.

Schäden in Mauern mit Öffnungen.

Das Resultat des Versuchs, welches wir in Abb. 11 abgebildet haben, berechtigt uns zu der Behauptung, daß es sich auf erweiterte Gebiete anwenden läßt. Wenn in eine volle Mauer eine breite Öffnung gebrochen wird, so verhält sich das über derselben liegende Mauerwerk in genau derselben Weise[1]).

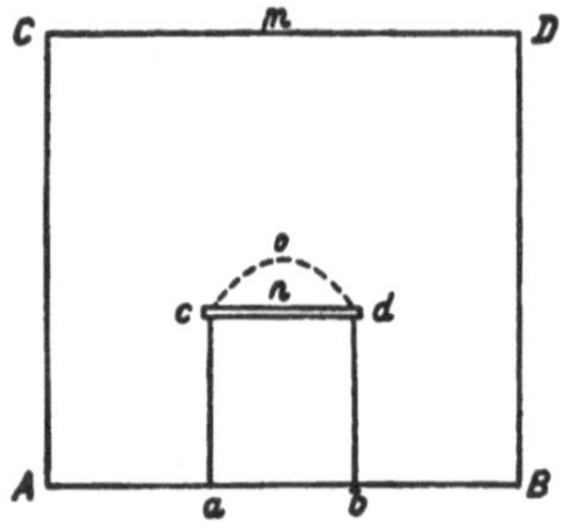

Abb. 15.

Wenn wir in dem zusammenhängenden Mauerwerk *ABCD* der Abb. 15 eine Öffnung *a b c d* her-

[1]) Die Schlußweise des Verfassers erscheint nicht ausreichend begründet. (Sch.)

ausbrechen, dann hat der Sturz, der sich von *c* nach *d* spannt, nur diejenige Mauerwerkslast aufzunehmen, die von der parabolischen Kurve *c o d* begrenzt ist. Diese Last ist ganz unabhängig von der Höhe *n—m* der Mauer, die sich über dem Sturz erhebt.

Wenn dieses nicht so wäre und das Brett von 2 cm Stärke, das als Unterlage des in Abb. 11 abgebildeten Mauerwerksblocks angebracht war, die ganze Last des Blockes *A B C D*, der sich über der Öffnung *A B* befand, hätte aufnehmen müssen, dann hätte das genannte Brett eine dauernde Deformation erleiden müssen, die sehr nahe an den Bruch herangeführt hätte. Dieses ist in Wirklichkeit jedoch nicht eingetreten.

Die Nachrechnung ergibt uns in der Tat folgendes:

$$P = 1{,}5 \cdot 1{,}6 \cdot 0{,}45 \cdot 1500 = 6405 \text{ kg},$$

$$M = \frac{1}{8} \cdot P \cdot l = \frac{1}{8} \cdot 6405 \cdot 1{,}5 = 1200 \text{ mkg}.$$

$$\sigma = \frac{120000}{1/6 \cdot 45 \cdot 2^2} = 400{,}0 \text{ kg/cm}^2.$$

Dies ist eine Spannung, welche die Bruchbeanspruchung auf Druck überschreitet (diese beträgt bei dem verwandten Holz 3 kg/mm²), die Druckzone hätte also bemerkbare Zeichen von Zerdrückungen aufweisen müssen, die aber in keiner Weise festgestellt wurden.

Die Berechnungsweise, wonach nur die parabolisch begrenzte Mauerzone als Auflast zu berücksichtigen ist, erstreckt sich also auf Holz-, Eisen- oder Eisenbetonunterzüge, ob starke Mauern aufzunehmen sind, mit oder ohne Auflasten durch Balkenlagen oder Dachkonstruktionen oder ob schwache Mauern (Zwischenwände) abgefangen werden, ebenso auf Tür- und Fensterstürze und auf das Überspannen von irgendwelchen breiten Öffnungen, die aus Vollmauerwerk auszubrechen sind.

Es ist auch zu beachten, daß mit wachsender Mauerhöhe sich die Festigkeitsverhältnisse innerhalb des Mauerwerks, das über eine Öffnung geht, verbessern.

In der Tat sehen wir in dem stehengebliebenen Block der in Abb. 11 dargestellten Mauerwerkslast, daß — wenn wir von Schicht zu Schicht aufwärtssteigen — sich dieser bis zu der

33 cm über dem Parabelscheitel gelegenen waagerechten $M—N$ gerade im Gleichgewicht hält, daß er sich von dieser Linie ab kaum mehr setzt, wenn wir weiter steigen[1]).

Abb. 16.

Die praktische Gepflogenheit, über Bögen und Architraven Aussparungen vorzusehen in der falschen Meinung, die Bögen und Architraven dadurch zu entlasten, ist also unbegründet.

Es genügt, das System der Durchbrechungen der Außen-

[1]) Dieses zeigt, daß eine minimale Höhe von Vollmauerwerk über der Öffnung vorhanden sein muß, damit die Stabilität gewährt bleibt, in unserem Fall sind es 0,33 + 0,50 = 0,83 m.

mauer des Dogenpalastes von Venedig zu erwähnen. Wir sehen, wie daselbst auf weiten und durchgehenden Öffnungen eine hohe, massive, zusammenhängende Mauerwerksmasse seit Jahrhunderten ohne jegliche Schäden verharrt.

Zum Überfluß, immer als Bestätigung unserer Sätze, erwähnen wir noch als klassisches Beispiel die weite Öffnung in dem Teil der Ringmauer von Padua, der als Unterbau des alten Galiläerturmes von Ponte Molino dient; in demselben befinden sich die städtischen Trinkwasserbehälter (s. Abb. 16).

Der Bau der Ringmauer und des Turmes geht nach erhaltenen Angaben auf das Jahr 1200 zurück.

Das Quadermauerwerk der Ringmauer besteht aus Blöcken (von den Abmessungen 0,4/0,3; 0,4/0,5; 0,25/0,35 m) von Trachit-Gestein, welche mit aller Sorgfalt winkelrecht gehauen sind. Das Quadermauerwerk wird alle 40 bis 50 cm durch ziemlich regelmäßige Streifen aus Ziegelsteinen unterbrochen. Die Ausführung geschah in sogenanntem calce brueiata (Teig aus gebranntem Kalk mit Sand, welcher im Augenblick der Verwendung mit Wasser gelöscht wird). Das Mauerwerk ist tadellos erhalten, ohne Risse oder irgendwelche andere charakteristische Anzeichen von eingetretenen Deformationen.

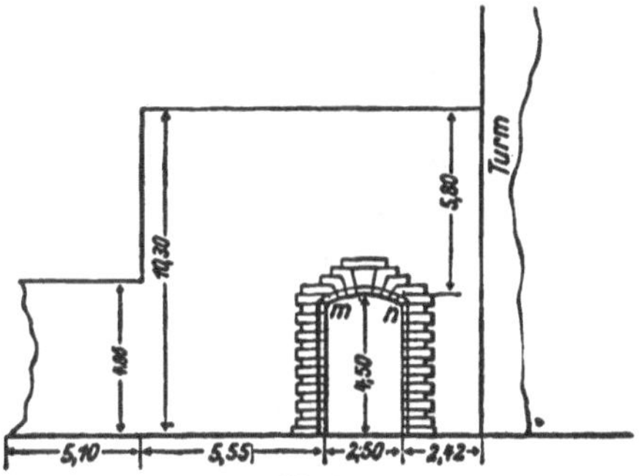

Abb. 17.

Man hat sich hierbei zu vergegenwärtigen: daß die Ringmauer, in welcher 1888 die in Abb. 17 und 18 angegebene Toröffnung ausgebrochen wurde, die erhebliche Stärke von 3,0 m aufweist, daß die Höhe der Mauerzone, die über dem Torbogen *m—n* (Abb. 17) lagert, 5,80 m beträgt, daß die Toröffnung, die 4,5 m hoch ist, eine Breite von rd. 2,50 m hat.

Ferner ist ein äußerst wichtiger Tatbestand für unsere Betrachtung, daß die Überwölbung *m—n* der breiten Öffnung ohne Sturzausbildung oder sonstige Unterstützungskonstruktion aus Holz oder Metall[1]) geblieben ist, obwohl sie die enorme Last von 110 t aufzunehmen hat. Außerdem ist der Schub des 25,3 m hohen Turmes, in welchem sich noch zwei Wasserbehälter befinden, zu übertragen.

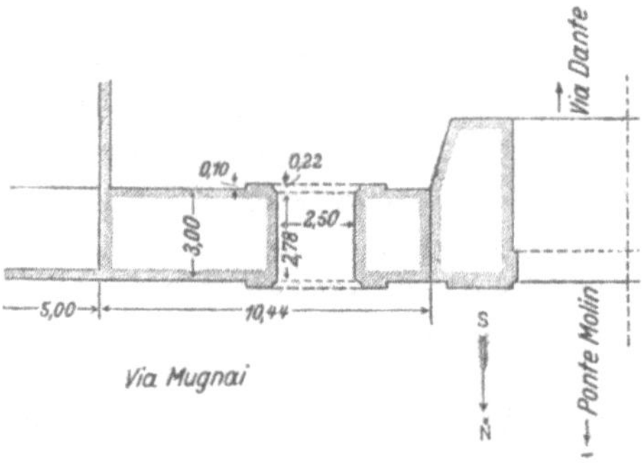

Abb. 18.

Es hat sich aber keine Loslösung des Mauerwerkskörpers[2]) unterhalb der parabolischen Bruchlinie ereignet. Dieser Umstand ist der hohen Bindungskraft des Mörtels zu verdanken, welcher die Baumaterialien zusammenhält.

Zum Vergleich erwähnen wir, daß für den Fall, in dem die Öffnung *m—n* (Abb. 17) die ganze darüberliegende Last aufzunehmen hätte:

a) bei Ausbildung eines Sturzes aus I-Eisen, 11 Träger von 23 cm Höhe erforderlich wären,

b) bei Ausbildung des Sturzes aus Ziegeln — betrachtet als auf Biegung beanspruchte Konstruktion — wäre einzusetzen:

---

[1]) Die Auskleidung mit Hausteinen, die wir auf Abb. 17 über der Öffnung sehen, hat keinen anderen Zweck, als den in das Mauerwerk hineingehauenen rohen Bogen zu verdecken.

[2]) Auf eine Höhe von 2,5 : 3 = 0,83 m über Kämpferlinie.

σ = zulässige Zugbeanspruchung der Ziegel, gleichgesetzt $^1/_{10}$ der Bruchbelastung = 1 kg/cm² = 10000 kg/m²,
P = 110000 kg (2,5 · 3 · 5,8 · 2500),
l = 2,50 m,
b = Stärke der Mauer = 3,0 m.

Die Gleichung für die Höhe ergibt

$$h^2 = \frac{6\,P\,l}{b\,8\,k} = \frac{6 \cdot 110000 \cdot 2{,}50}{3 \cdot 8 \cdot 10000},$$

und daraus

$$h = \sqrt{6{,}875} = 2{,}62 \text{ m}$$

und wir hätten also einen Sturz von 2,62 m Höhe zu mauern, also von der enormen Stärke von 18 Steinen.

In Wirklichkeit aber hat sich bei diesem Ausbruch, der seit 36 Jahren besteht, und obwohl er ohne Sturz ausgeführt ist, nicht die geringste Störung gezeigt, weder in der enormen Mauermasse, die darüberliegt, noch in den anschließenden Teilen.

Das vollständige Ausbleiben von Rissen oder Brüchen hat seinen Grund — wie dieses früher gesagt wurde — in der großen Höhe der Mauer oberhalb der Öffnung.

Diese Tatsache, die zunächst merkwürdig erscheint, findet — wie es früher dargestellt wurde — auch hier einen experimentellen Stützpunkt.

Wenn wir (da kein Sturz vorhanden ist) die Mauerwerksmaße über der Öffnung *m—n* als Ganzes ansehen (Abb. 17) mit den Abmessungen 2,5 · 3,0 · 5,8 m, bestehend aus Ziegelmauerwerk und auf Biegung durch gleichmäßig verteilte Auflast beansprucht, so beträgt die größte Zugspannung im Material der Überwölbung *m—n*

$$\sigma = \frac{6\,P\,l}{8\,b\,h^2} = \frac{1044000}{8 \cdot 3 \cdot 5{,}8^2} = 1293 \text{ kg/m}^2 = 0{,}13 \text{ kg/cm}^2.$$

Diese Spannung liegt unter der zulässigen Beanspruchung, welche — wie bereits gesagt — 1 kg/cm² beträgt.

Dadurch ist das Fehlen jeder Rißbildung im mittleren Schnitt der Mauerwerksmasse, die über der Überwölbung *m—n* liegt, erklärt.

Das Eintreten von Rißbildung kann hingegen Wirklichkeit

werden, wenn die Mauerhöhe über dem Sturz aus Ziegelmauerwerk sehr klein ist.

Wenn wir in der Tat die Höhe von 1,0 m einsetzen, so erhalten wir $P = 2{,}5 \cdot 3{,}0 \cdot 1{,}0 \cdot 2500 = 18750\,\text{kg/cm}^2$ und der Wert k ergibt sich daraus zu:

$$\sigma = \frac{3}{4}\frac{P\,l}{b\,h^2} = \frac{3 \cdot 18750 \cdot 2{,}5}{4 \cdot 3 \cdot 1} = 11719\ \text{kg/m}^2 = 1{,}17\ \text{kg/cm}^2.$$

Dieser Wert übersteigt das zulässige Maß der Zugbeanspruchung in dem Material. Diese beiden letzten Nachweise zeigen, daß, je weniger hoch das Mauerwerk sich über der Öffnung erhebt, um so größer die Zugspannung in demselben wird. Das heißt, die Zugbeanspruchung ist der Höhe umgekehrt proportional.

Schäden in Mauerwerk mit vielen Öffnungen.

Mauerwerkswände.

Unter der Voraussetzung der Gültigkeit der Annahme, daß in Mauern mit Aussparungen die Bruchparabel in verschiedenen Formen auftritt, erheben sich folgende Fragen:

1. Was sind in solchen Mauern sichere Symptome einer Bodensenkung?
2. An welchen Stellen treten die Schäden auf?
3. Wie kann mit Sicherheit die eingesunkene Stelle bestimmt werden?

In Mauern, die von zahlreichen Öffnungen durchbrochen und auf Bögen oder Pfeilern gegründet sind, zeigen sich als ausgesprochene Senkungsschäden senkrecht gerichtete Risse in den Stürzen und Fensterbänken, den schwachen Stellen der Konstruktion.

Gleiche Risse finden sich auch in den Stellen der Balkone und Türen, die lotrecht über der Senkungsstelle liegen.

Diese Schäden treten in abwechselnder Folge in den Umrahmungen der Fenster- und Balkonöffnungen an den Stellen *a—a* (Abb. 19) zusammen mit den Schrägrissen *b—b* über den Öffnungen auf; die einen wie die anderen sind Hinweise auf die Setzungsstellen.

Haben die Schrägrisse den in Abb. 19 dargestellten Verlauf, so heißt das, daß die Senkung nach der durch den Pfeil angezeigten Richtung hin erfolgt ist, und es werden sich dann die Risse *a—a* in den Umrahmungen zeigen.

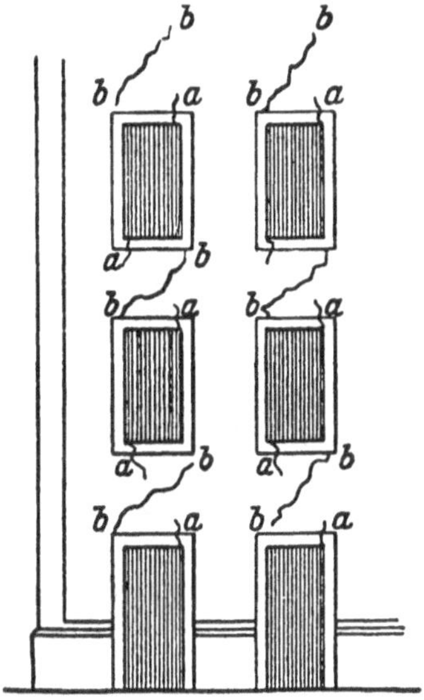

Abb. 19

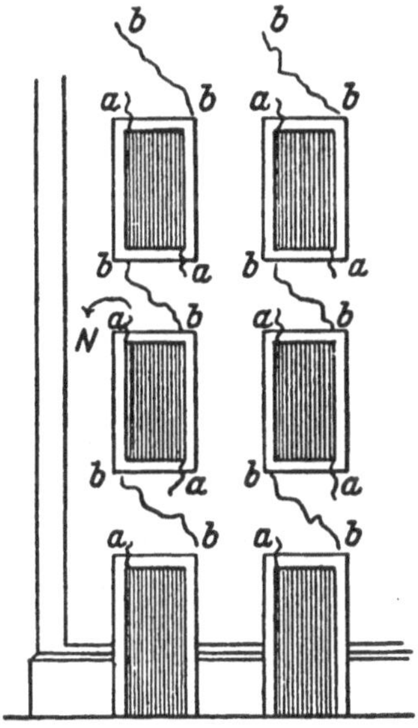

Abb. 20.

Wenn hingegen die Schrägrisse *b—b* in der umgekehrten Richtung verlaufen (Abb. 20), so deutet dieser Umstand auf eine Senkung in Richtung des Pfeiles *N*, und folglich werden die Stellen der Risse *a—a* dort liegen, an der sie in der Abbildung eingezeichnet sind.

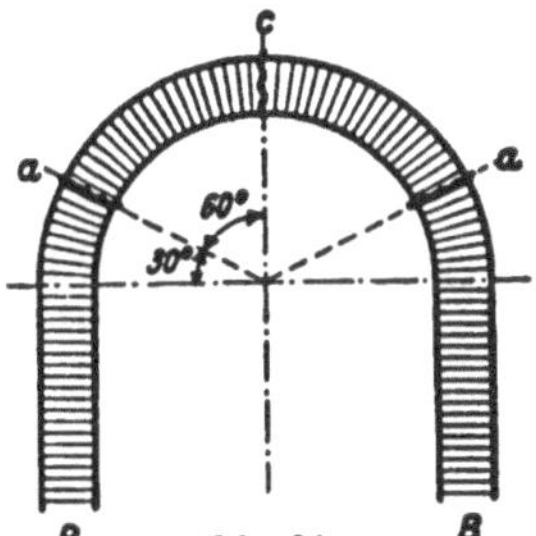

Abb. 21.

Diese Angabe erscheint durchaus gesichert, und jeder erfahrene Techniker wird sie bestätigen können.

Es ist zu beachten, daß die Risse und die Richtungen, von denen oben gesprochen wurde, immer in genannter Weise vorhanden sind, ausgenommen bei denjenigen Gebäuden, bei denen (infolge ihrer Baufälligkeit) sich verschiedene derartige Erscheinungen überdecken, und zwar besonders bei Zerdrückungserscheinungen, von denen später gesprochen wird.

In jedem Fall wird durch Veränderungen in der Lage und der Neigung der auftretenden Schäden der Wert der formulierten Hauptregel nicht berührt, sondern diese sind Abweichungen von derselben, deren Ursache das Auge des erfahrenen Technikers aufzufinden weiß.

Wichtige Bemerkung.

Indem wir uns auf unsere Behauptung beziehen, daß in durchbrochenen Mauern die parabolische Bruchlinie sich deformiert und daß die in Abb. 19 und 20 eingetragenen Risse auftreten, fügen wir hinzu, daß im allgemeinen die Risse *a—a* auf einer gedachten parabolischen Kurve liegen (Abb. 22). Denn in der Regel, wenn die Senkung erheblich ist, weisen die Risse *a—a* (Abb. 22) gleichlaufende Neigungen auf. Aus diesem Grunde findet man die Parabeln *A B C*, *P E F* und *G M N*, wenn man dieselben gefühlsmäßig durch die punktierte Linie verbindet. Diese Parabeln haben ihren Scheitel über dem angesackten Pfeiler *P*[1]).

Die Darstellung in Abb. 22 ist der Wirklichkeit entnommen und zeigt den Palazzo Conti in der Via Bauchi Nuovi 39 in Rom.

In der Darstellung Abb. 22 können wir folgendes beobachten:

a) die Risse *a—a*, die sich in den Abb. 19 und 20 eingezeichnet finden, sind solche Schäden, die Mauern mit vielen Öffnungen eigentümlich sind,
b) das Auftreten der charakteristischen Kurve der Senkungsschäden: die Parabelform[2]),
c) die Erscheinungen, die das Absacken des Pfeilers *P* im Scheitel des Torbogens und in der Schwelle der Eingangstüre verursachen, von denen später die Rede sein wird.

---

[1]) Bei unbedeutenden Senkungen hingegen sowie bei der normalen Setzung haben die Risse keinerlei Ähnlichkeit mit einer Parabelform.

[2]) Die gleiche Erscheinung ist aufgetreten in einem Teil der Vordermauern des Hotel Cesari in Rom, Via de Pietra, als ein Mittelpfeiler stark absackte.

Anmerkung.

Um Irrtümer in der Beurteilung der Schäden zu vermeiden, muß größte Sorgfalt bei der Untersuchung der Art der Senkung aufgewendet werden, wie z. B. bei den Rissen, welche in Abb. 19 dargestellt sind. Es darf nicht vergessen werden (s. Kapitel über Verdrehungen), daß die Risse *b*—*b* (Abb. 19) ebenso durch eine Absackung des Bodens in *M*, wie durch eine Verdrehung der rechtwinklig zur dargestellten Wand verlaufenden Eckmauer verursacht sein können.

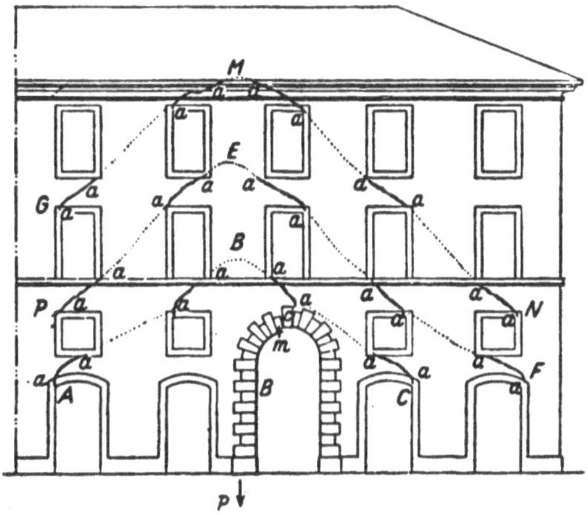

Abb. 22.

Dieses ist deswegen möglich, weil eine sich um den Auflagerpunkt drehende Mauer, die in ihren Querwänden gut eingebunden ist, in der zu ihr normal laufenden Außenwand die durch Abb. 89 bezeichneten Schäden erzeugt. In der Darstellung Abb. 19 sind sie leicht wiederzuerkennen, wenn man die Enden der Risse *b*—*b* miteinander verbindet.

Aber man wird einwenden, wie stellt man fest, ob die Risse *b*—*b* (Abb. 19) von einer Fundamentabsackung oder von einer überhängenden Eckmauer herrühren?

Eine Mauer, die sich um ihren Auflagerpunkt dreht, löst sich in Häusern mit Balkendecken von den Böden der verschiedenen Geschosse, und zwar in einem von unten nach oben sich vergrößernden Maße; in Häusern mit Gewölben entstehen, wenn die Gewölbe in die sich drehende Mauer gut einbinden, Risse, die parallel zur Drehachse laufen.

Wenn hingegen die Risse *b—b* von einer Bodensetzung herrühren, findet man die oben erwähnten Schäden nicht, aber man

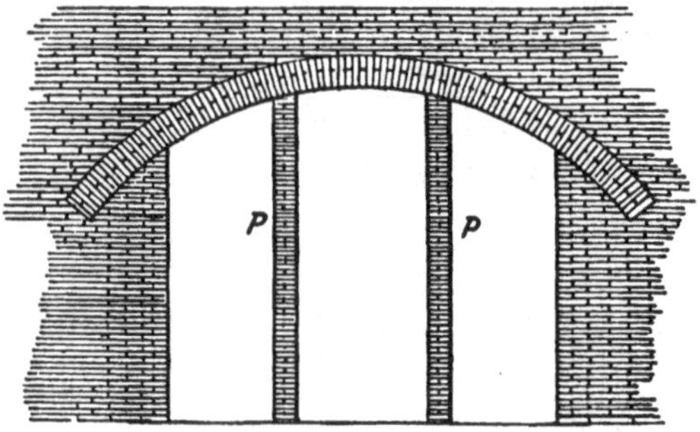

Abb. 23.

begegnet indessen den früher besprochenen Erscheinungen in den Stürzen, Fensterbänken, Balkonschwellen, Türen usw.

Schäden in Gewölben und Bögen.

Gewölbe.

Bei den Gewölben treten die Schäden fast nie in den Kämpfern, sondern in der Regel in der mittleren Zone auf.

Dieses erklärt sich daraus, daß bei soliden Auflagern (Füßen, Pfeilern, Säulen) die tiefsten Gewölbestreifen sich selbst tragen können, solange der Reibungswinkel nicht überschritten wird. Obwohl dieser für feste Körper etwa 18° beträgt, kann er infolge der Rauhigkeit der Lagerflächen der Gewölbesteine bis auf ca. 35° ansteigen.

Reibungswinkel.

Dieser ist derjenige Winkel, dessen Tangens dem Reibungskoeffizienten gleich ist.

Er beträgt in den hier betrachteten Fällen etwa 35°, denn der Reibungskoeffizient hat bei einer Reibung von Mauerwerk auf Mauerwerk einen mittleren Wert von 0,70.

Der Reibungswinkel wird mit φ und die Reibungsziffer mit f bezeichnet.

Gleichgewichtsbedingungen.

Wenn ein Körper R (Abb. 24) durch eine äußere Kraft beansprucht wird und sich gegen einen anderen Körper S abstützt, so bleibt das Gleichgewicht gewahrt, wenn die Richtung der Kraft F mit der Normalen E auf die Stützebene einen solchen Winkel $\alpha = FnE$ einschließt, der kleiner oder gleich dem Reibungswinkel ist.

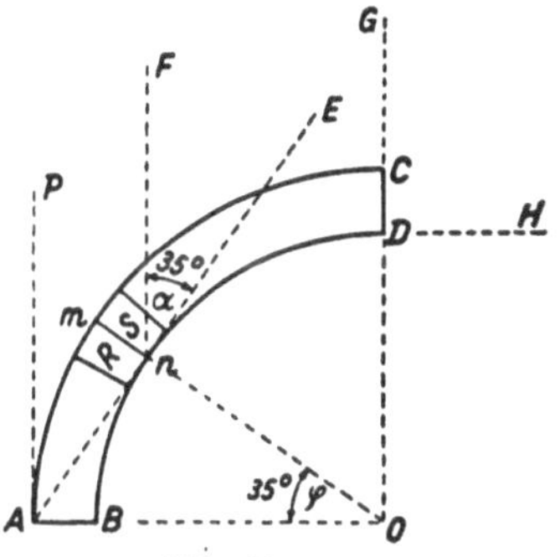

Abb. 24.

Und da, wie oben bemerkt, dieser Reibungswinkel ungefähr 35° beträgt, erfordert das Gleichgewicht einen Winkel α von $\leq$ 35°.

Veränderungen des Winkels α.

I.

Am Auflager $A\ B$ ist der Winkel $\alpha = 0$, weil die Richtung der Kraft P mit der Normalen auf die Auflagerfläche $A\ B$ zusammenfällt.[1])

II.

Im Scheitel $C\ D$ ist der Winkel α dargestellt durch $G\ D\ H$, er erreicht also hier den Größtwert von 90°.

III.

Wenn der Winkel α vom Auflager nach dem Scheitel von 0° auf 90° anwächst, an welcher Stelle erreicht er den Wert des Reibungswinkels, also 35°?

Im Punkte n der Fuge m—n zwischen den Gewölbestreifen R und S, d. h. an der Stelle, an welcher der Radius O_m an die untere Leibungslinie $B\ D$ auftrifft.

In der Tat bildet die Kraft F mit der Geraden $n\ E$ (die normal auf der Stützfläche steht) einen Winkel von 35°.

Es ist also n derjenige Punkt, bis zu welchem der Bogen

---

[1]) Diese Aussagen über den Winkel α sind Annahmen, die sich für die Praxis und übliche Lastfälle als ausreichend erwiesen haben. Allgemeine Gültigkeit kommt ihnen nicht zu. (Sch.)

allein steht, ohne daß eine Lehre (Rüstung) während des Baues benötigt wird.

Beweis.

Wir wissen, daß der Winkel α gebildet wird durch die Richtung $G\,P$ der Praft P mit der Normalen P_2 auf der Auflagerfläche (Abb. 25). Ebenso wissen wir, daß der Winkel α kleiner oder höchstens gleich dem Winkel α sein darf, da mit Gleichgewicht herrscht.

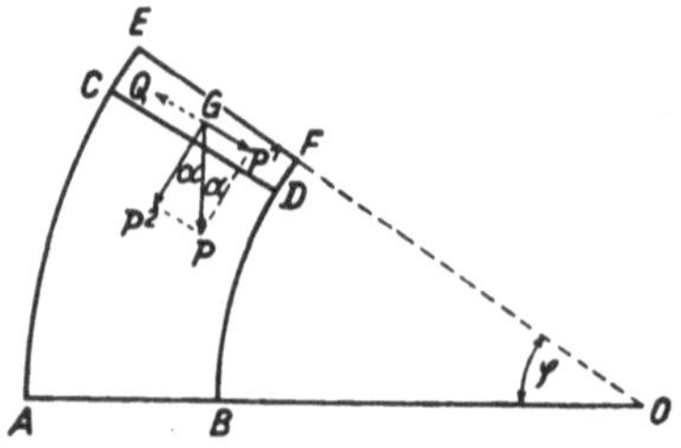

Abb. 25.

Während der Errichtung des Bogens $A\,B\,D\,C$, bei welcher allmählich die aufeinander folgenden Bogensegmente aufgebracht werden, lastet jedesmal der zuletzt aufgebrachte Gewölbestein nur durch sein eigenes Gewicht auf dem bereits ausgeführten Gewölbestück, da er weder durch oberes Mauerwerk noch durch Auflasten beansprucht ist.

Nehmen wir an, wir hätten mit unserer Konstruktion die Fuge $C\,D$ erreicht, und wir wollten den Gewölbestein $E\,C\,D\,F$ aufbringen. Es soll nun untersucht werden, ob dieses möglich ist, ohne den Lehrbogen aufstellen zu müssen.

Dieser Stein habe das Eigengewicht P, welches im Schwerpunkt G des Schnittes wirkt.

Die Komponente P_1 hat das Bestreben, den Stein $E\ C\ D\ F$ längs der Fläche $C\ D$ zum Rutschen zu bringen.

Um die Kraft P_1 aufzuheben, muß eine andere Kraft von mindestens gleicher Größe und entgegengesetzt gerichtet wirken, diese Kraft sei Q genannt, die sucht den Stein durch die Reibung aufzuhalten.

Es ist dann die Reibungskraft Q gleich der zur Stützfläche normal gerichteten Druckkraft P_2 multipliziert mit dem Reibungskoeffizienten f, d. h.:

$$Q = P_2 \cdot f.$$

Demnach muß, damit Gleichgewicht herrscht (anders gesagt, damit der Stein $C\ D\ F\ E$ nicht abrutsche), die Forderung erfüllt sein

$$P_1 \leq Q.$$

Das ist

$$P_1 < P_2 f \quad . \quad . \quad . \quad . \quad . \quad . \quad . \quad . \quad . \quad . \quad . \quad (1)$$

Da

$$P_1 = P_2 \operatorname{tg} \alpha,$$

bekommen wir durch Einsetzung

$$P_2 \operatorname{tg} \alpha \leqq P_2 f.$$

Durch Kürzung ergibt sich

$$\operatorname{tg} \alpha \leqq f \quad . \quad . \quad . \quad . \quad . \quad . \quad . \quad . \quad . \quad . \quad . \quad . \quad (2)$$

Aber da f den Tangent des Reibungswinkels φ bedeutet, können wir schreiben:

$$\operatorname{tg} \alpha \leqq \operatorname{tg} \varphi$$

und demnach:

$$\alpha \leqq \varphi.$$

Anmerkung.

An der Grenze $\alpha = \varphi$ haben wir labiles Gleichgewicht, die Stabilität erfordert aber

$$\alpha < \varphi.$$

Der Winkel $P_2 G P$ ist der Winkel, der eingeschlossen wird von der Kraftrichtung von P und der Normalen $G P_2$ auf der Auflagerfläche $C D$, oder auch der Winkel α, von welchem im Abschnitt Gleichgewichtsbedingungen die Rede war.

Dieser Winkel ist gleich dem Gegenwinkel $G P P_1'$ und demnach gleich dem Winkel $A O E$, da die entsprechenden, diese Winkel einschließenden Geraden senkrecht aufeinander stehen.

Da aber der Winkel $A O E$ mit der Größe des Reibungswinkels, also mit 35^0 gezeichnet wurde, beträgt auch der Winkel $P_2 G P = 35^0$; damit ist bewiesen, daß der Stein $ECDF$ auf die Lagerfläche $C D$ aufgebracht werden kann, ohne in Gefahr zu kommen, abzurutschen.

Über diese Grenze hinaus sind die Steine nicht mehr durch den Reibungswiderstand gehalten; es muß demnach für die Weiterführung des Mauerwerks eingerüstet werden.

Dadurch ist der Grund gezeigt, weshalb (mit Ausnahme der Fälle von Zerdrückungen) die Schäden infolge Setzung, Absackung, Drehung oder Ausgleiten bei Gewölben und Bögen niemals an den Kämpfern, sondern immer in der mittleren Zone auftreten, welche also an der durch den Reibungswinkel festgelegten Grenze beginnt.

Konstruktion.

Um die Grenzlage der gleitsicheren Lagerfuge, also $E F$ (Abb. 25) zu finden, genügt es, für volle Halbkreisbogen oder Gewölbe

a) auf der Geraden $A B$ durch die Auflager des Gewölbes oder Bogens den Winkel $A B C = 35^0$ aufzutragen (Abb. 26),

b) um den Mittelpunkt B die innere Leibung $G D E$ und die äußere Leibung g—e einzuzeichnen.

Die Punkte D und H, in welchen die Schnittlinie $B C$ den Gewölbeschnitt durchdringt, bestimmen die Schnittfläche $H D$ als diejenige Fuge, welche die äußerste Lagerfläche des Konstruktionsteiles darstellt, der ohne Lehrgerüst ausgeführt werden kann.

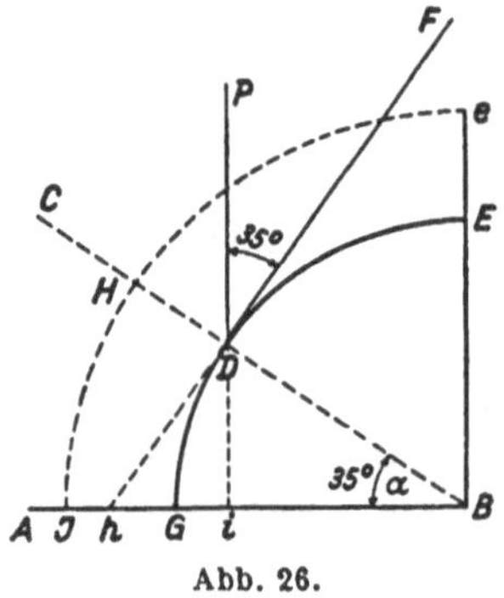

Abb. 26.

An dieser Stelle der Lagerung (Lagerfläche senkrecht zur inneren Leibung $G E$ stehend) bildet tatsächlich die Kraftrichtung mit der Senkrechten auf die Auflagerfuge $D H$ den Winkel

$$P D F = h D i = \alpha = 35^0.$$

Die vorstehenden Betrachtungen gelten zunächst für den Halbkreisbogen, bei Gewölben und Bögen mit abgeflachter Krümmung verkleinert sich die Zone, die sich im Bauzustand ohne Rüstung trägt, im direkten Verhältnis zur Verkürzung der Pfeilhöhe.

So vermindert sich im Fall der Abb. 27, also für den Bogen $d D E$ mit der Auflagerlinie $A O$, die von der Rüstung unabhängige Zone auf den Abschnitt $g H D d$.

Für den Fall, daß $A' O'$ die Auflagerlinie darstellt, wird das von der Rüstung unabhängige Bogenstück zu Null, d. h. es verschwindet vollständig.

Unter Umständen kann man bei Verwendung von schnellbindendem Zement von einer Einrüstung absehen. Das Gewölbe wird dann in einzelnen schrägen Zonen ausgeführt. Eine solche Ausführung erfolgt unter Benutzung unbelasteter Lehrbögen und erfordert größere Geschicklichkeit der Facharbeiter.

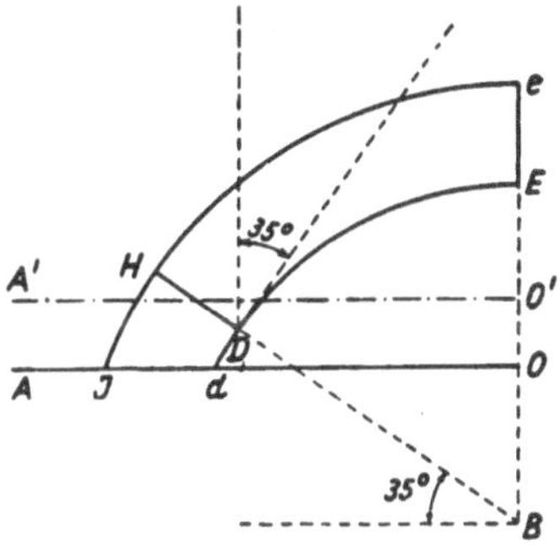

Abb. 27.

Das klassische Beispiel für die Erstellung ganzer Kuppeln ohne Schalung, zu einer Zeit (1422) erfunden, in welcher die Wissenschaften der Baukonstruktionen noch nicht existierten, wurde durch Filippo Brunelleschi gegeben. Er projektierte und leitete den Bau der Kuppel von S. Maria del Fiore in Florenz, ein Wunder der Kühnheit und der Genialität.

Art der Risse in Bögen und Gewölben.

Die Standfestigkeit der Gewölbe und Bögen beruht auf den Kraftübertragungen der Gewölbesteine unter sich selbst, d. h. sie stützen sich infolge ihrer Form gegenseitig ab.

Drei Stellen sind es, in welchen in der Regel die Brüche auftreten, und zwar im Scheitel (*c*) und in den Drittelpunkten (*a*, *a* Abb. 21).

Das zweckmäßigste Mittel, schadhafte oder unsichere Gewölbe und Bögen zu halten, ist deshalb das Einbringen von Absteifungen unter den genannten drei Punkten.

Die gleiche Methode kann auch angewendet werden, wenn es sich darum handelt, Bögen auf Mauerwerkspfeilern auf eine schnelle und billige Art zu befestigen, falls dieses ästhetischen und konstruktiven Gesichtspunkten nicht zuwiderläuft.

So wurden die Bögen über den breiten Fensteröffnungen der Thermen des Diocletian in Rom durch Pfeiler *P P* in Ziegelmauerwerk befestigt. Diese Pfeiler sind beinahe genau in den Drittelpunkten eingezogen, wie es Abb. 23 zeigt.

Die Zahl, die Lage und die Form der Risse in den Bögen und Gewölben hängt von den Ursachen ab, welche sie bewirken.

Als die hauptsächlichsten Bruchursachen können die folgenden angesehen werden:

I. Setzungen,
II. Ungenügende Querschnittsabmessungen,
III. Absacken des Baugrundes,
IV. Zerdrückungen im Mauerwerk,
V. Drehungen der Unterstützungen,
VI. Ausgleiten auf der Gründungssohle.

I. Setzungen.

Setzungsschäden finden wir in Neubauten und in wiederhergestellten Bauwerken; sie treten kurze Zeit nach der Ausrüstung der Gewölbe und Bögen der neuen oder wiederhergestellten Bauten auf.

Es treten Risse im Scheitel, in den Drittelpunkten oder in allen drei Punkten *a c a* (Abb. 21) auf, sie beeinträchtigen die Festigkeit der Konstruktion nicht, wenn sie radial verlaufen.

Diese durch das Setzen verursachten Erscheinungen finden wir ebenso während des Bauzustandes wie nach erfolgter Ausrüstung.

II. Ungenügende Querschnittsabmessungen.

Wenn die Stärke eines Gewölbes besonders bei abgeflachter Form zu schwach ist, reißt der Bogen oder das Gewölbe in den Flanken, d. h. in der Zone des mittleren Drittels.

Es können zwei Fälle vorkommen.

1. Wenn die Kraft, welche den Bruch erzeugt, über dem Bogen oder Gewölbe wirkt, d. h. wenn sie lotrecht gerichtet ist (dieses ist der gewöhnliche Fall), treten die Risse in den Flanken, d. h. dem Gewölberücken *B*, *B* (Abb. 28) auf. Der Gewölberücken hat dann das Bestreben, sich zu heben und zusammen mit dem Auflagerpfeiler nach außen herauszufallen (im Sinne der Pfeilrichtung).

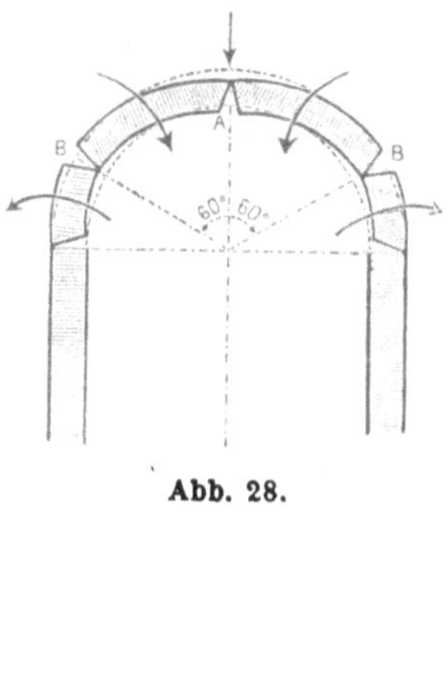

Abb. 28.

Die Risse treten in den sogenannten Bruchfugen auf, diese befinden sich im vollen Halbkreisbogen etwa 60° unterhalb des Scheitels, im abgeflachten Bogen, dessen Öffnungswinkel gleich oder kleiner als 120° ist, fallen die Bruchfugen mit den Auflagern zusammen.

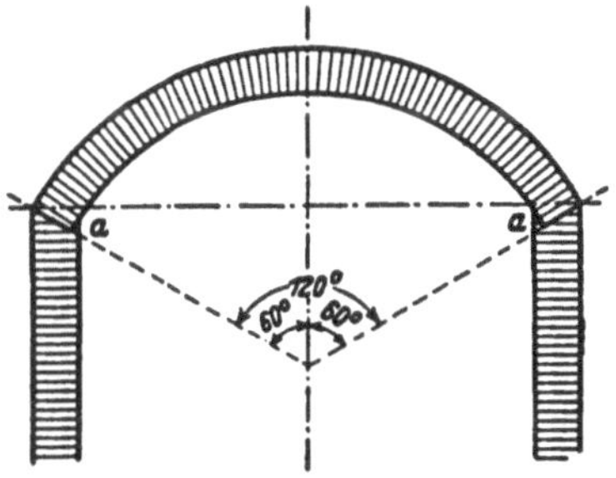

Abb. 29.

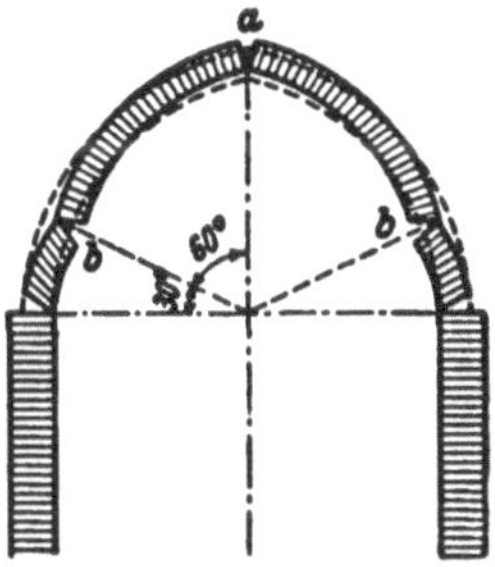

Abb. 30.

2. Wenn hingegen die Last auf die Flankenzone größer ist als diejenige auf die Scheitelgegend, so entsteht der Bruch des Bogens oder des Gewölbes in den Punkten *b b* und in dem in Abb. 30 dargestellten Sinn[1]).

Dieser Fall kann auftreten bei horizontalen Schüben durch Schwibbogen auf überhöhte Bogen, oder wenn durch Anbringen von Zugbändern bei fehlender Überlast ein Bogen befestigt (Abb. 31) worden ist.

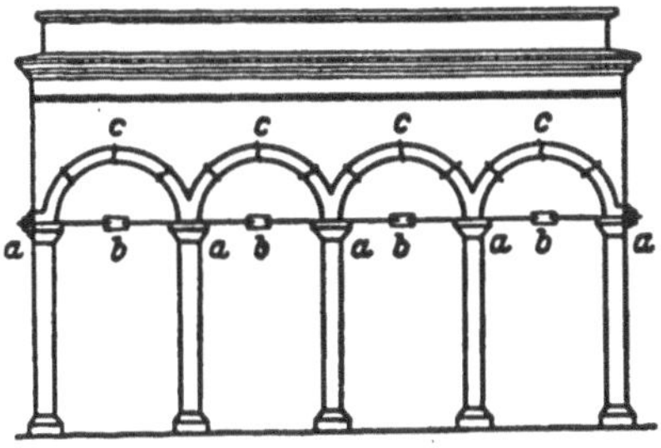

Abb. 31.

Wenn man nach Anbringung der Zugbänder die Spannschlösser *b b* (Abb. 31) zu stark anzieht, zwingt man die Pfeilerköpfe *a a* zu Bewegungen, welche die Risse *d d* erzeugen, wie es in Abb. 30 dargestellt ist.

[1]) Solche Risse — wie es später in einer anderen Fußnote noch gesagt werden wird — können auch bei Nachgeben der Gewölbefüße auftreten.

Ein charakteristisches und sprechendes Beispiel für diese Erscheinung bildet das Gewölbe des großen Schiffes der Kirche San Petronica in Bologna (s. Abb. 33).

Es ist bekannt, daß es genügt, zur Aufnahme des Schubes in Gewölben Zugbänder in der Auflagerlinie oder besser in den Dritteln anzuordnen.

Die alten Baumeister pflegten Strebemauerwerk außerhalb der Kirchen oder auf den seitlichen Kapellen zu errichten, um den Gewölbeschub der Mittelschiffe aufzunehmen.

Abb. 32.

Beinahe alle religiösen Tempel der großen Städte sind mit solchem Strebemauerwerk versehen, was zur Erhöhung der ästhetischen Wirkung oft als schabloniertes Ornament ausgebildet ist. Es reicht bis über den Kämpfer der Gewölbe der Mittelschiffe oder besser bis über das Drittel des Gewölbes *A A* hinaus (Abb. 32).

Bei Kirchen mit einem einzigen Schiff können zur Aufnahme des Gewölbeschubes auf die Außenmauern (wenn diese zur Aufnahme des Schubes nicht genügen) außerhalb dieser Mauern Pfeiler hochgeführt werden, die sich gegen das Gebäude stemmen und oben zweckmäßig durch volle Halbkreisbogen untereinander verbunden werden, um ein, in sich stabiles System zu bilden.

Ein solches wurde angebracht an der Außenmauer der Kirche S. Chiara in Neapel.

Schwibbogen.

Die gotische Kunst hat diese Art des Strebemauerwerks oder des Strebepfeilers verbessert, indem sie diese durch den Schwibbogen ersetzte (s. *B* Abb. 33 und *R* Abb. 34).

Die gotische Architektur zeichnet sich — wie bekannt — auch aus durch die Verwendung von Hausteinen in ihren kühnen Spitzbogenkonstruktionen, sie brachte den Bau des Kreuzgewölbes zu seiner Vollendung, indem sie dasselbe in einem Hauptteil, den Rippen, in Hausteinen ausführte und in einen untergeordneten Teil den Verbindungsflächen zwischen den Rippen in Mauerwerk von äußerst geringer Stärke.

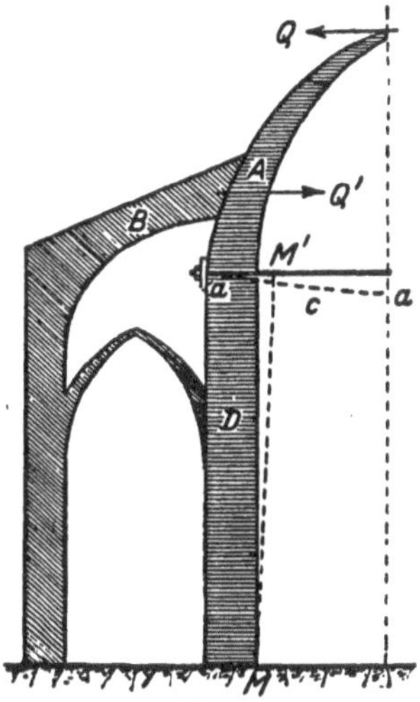

Abb. 33.

In diesen Gewölben nehmen die Rippen die Last auf und verteilen dieselbe oder, wenn man will, zerlegen dieselbe in einen horizontalen Beitrag (Schub) und einen vertikalen Beitrag (Gewicht).

Für die Aufnahme jeder dieser Kraftwirkungen ist ein besonderes Element vorhanden, die Säulen *P* übertragen die Gewichte, und die Schwibbogen *R* stemmen sich gegen die Schubkraft.

Da das gotische Spitzbogengewölbe ein geringeres Gewicht aufweist als jedes andere Klostergewölbe (woraus sich eine geringere Auflast auf Säulen und Untergrund ergibt), erlaubt diese Bauart:

a) eine Verringerung der Stärke der Gewölbepfeiler (darin liegt der Grund, weswegen wir in gotischen Bauwerken Säulen von äußerster Leichtigkeit finden, also mit sehr geringen Querschnittsabmessungen im Verhältnis zur Höhe),

b) die Konstruktion auch auf wenig tragfähigem Baugrund aufzustellen (was uns erklärt, warum in solchen Bauten Setzungserscheinungen sehr selten sind).

Bei der Kirche San Petronica in Bologna errichtete man zur Aufnahme des Schubes Q aus den Spitzbögen A Strebebögen B, die sich auf die Außenmauern der Seitenschiffe absetzten, und außerdem (als ob dieses nicht genügt hätte) zog man an den Auflagerstellen der Kämpfer A die Zugbänder c ein.

Da jedoch der Bogenschub Q der Spitzbogen A kleiner war als der Gegenschub Q' der Strebebogen B, so neigten sich die Säulen D des Hauptschiffes nach innen in der Richtung M—M', und dadurch brachten sie notwendigerweise das Gewölbe zum Bruch, in dem Sinne, wie es durch Abb. 30 dargestellt ist.

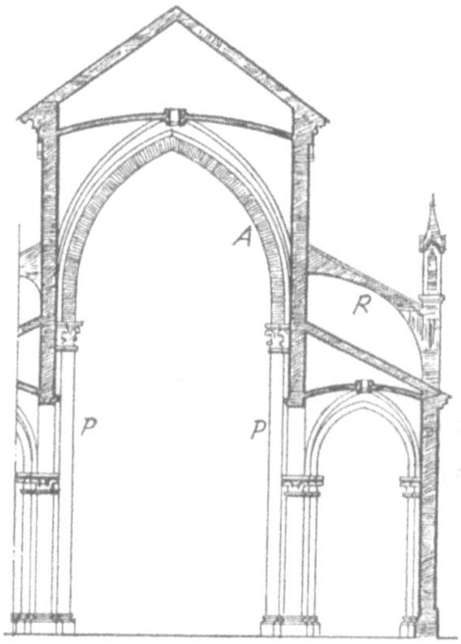

Abb. 34.

Diese Erscheinung geht aus dem Durchhängen der Zugbänder im Sinne a—a' (Abb. 33)[1]) hervor.

Es ist zu erwähnen, daß die Darstellung von Abb. 33 nicht maßstäblich gezeichnet ist und daß sie deshalb nur als Übersichtsskizze betrachtet werden darf.

Anmerkung.

Wenn sich Flankenrisse in der durch die Abb. 28 und 30 dargestellten Art in Bogen und Gewölben zeigen, so ist fast immer auch der Bruch im Scheitel A und a vorhanden.

---

[1]) Die Erscheinung kann auch durch ein Setzen des Baugrundes hervorgerufen sein. In diesem Fall haben die Pfeiler, indem sie sich um den Auflagerpunkt M drehten, die lichte Weite des Bogens vermindert und das Durchhängen der Zugbänder und den Bruch des Gewölbes hervorgerufen, wie es in Abb. 30 gezeigt ist.

Aus diesem Grunde läßt sich nicht bestimmt sagen, ob die Schäden an den Bogen der Kirche San Petronica vom Bogenschub des Strebebogens oder von einem Nachgeben des Baugrundes unter den Säulen D herrührt.

Solche Scheitelrisse — als notwendige Folge der Gewölbe- oder Bogendeformation — fehlen, wenn die Risse an den Flanken unerheblich, also nicht schwerwiegender Natur sind.

III. Nachgeben des Baugrundes.

Das Nachgeben des Baugrundes erzeugt bei Bögen und Gewölben Schäden im Scheitel; es wird also dieselbe Erscheinung hervorgerufen, die sich manchmal als Folge von Setzungen zeigt, nachdem die neuen oder wiederhergestellten Gewölbe oder Bögen ausgerüstet worden sind.

Es entspringt daraus die Frage: Wie lassen sich die durch Setzungen erzeugten Scheitelrisse von denen unterscheiden, die durch Nachgeben des Baugrundes hervorgerufen sind?

Die Schäden infolge Setzungen sind leicht und beeinträchtigen die Standsicherheit der Konstruktion nicht, und sie zeigen sich bei Neubauten wie an wiederhergestellten Konstruktionen sofort oder kurz nach dem Abbau der Lehrbögen.

Den Schäden infolge von Absackungen hingegen kommen die folgenden Eigenschaften zu.

1. Bei Neubauten

machen sie sich stärker bemerkbar, sie sind bedeutender als Setzungsrisse, und zwar in bezug auf ihre Ausdehnung wie auf ihre Breite; und ferner treten sie nie allein auf, sondern immer in Begleitung von anderen Zeichen, und zwar Brüchen in Fenster- und Türstürzen, Rissen in Fensterbrüstungen usw. (s. Abb. 19 und 20).

2. Bei alten Bauten,

die nicht wiederhergestellt worden sind, muß das Setzen als Ursache ausgeschlossen werden, es ist darum ein frischer Bruch im Scheitel (der in der Weise auftritt, wie es im zweiten Teil im Kapitel über alte und neue Schäden ausgeführt ist) ein Zeichen einer Bodensenkung[1]).

Die Abb. 22 zeigt eines der ausgesprochendsten Beispiele für Scheitelbruch infolge Fundamentabsackung.

---

[1]) Erst in jüngster Zeit (1918) rissen infolge des Erdaushubes in der alten Halle des Bahnhofs Neapel die Bogen der angrenzenden Vorhallen in den Scheiteln.

In dieser Abbildung sehen wir, daß der Torbogen, der in außerordentlich solider Weise in Hausteinen ausgeführt ist, durch die Absackung des Bodens unter dem Pfeiler *P* im Scheitel beschädigt worden ist, was folgende äußere Erscheinungen hervorgerufen hat

a) Loslösung und Senkung des Schlußsteines (*c*) im Bogenscheitel,

b) das Abgleiten des Gewölbesteines *m* an der Seitenfläche des Scheitelsteines *c*,

c) Senkung des Gewölbepfeilers *B* mit dem daraufruhenden Halbbogen; Pfeiler und Bogen sind zur bessern Verdeutlichung mit stärker ausgezogener Leibungslinie bezeichnet.

IV. Zerdrückungen des Mauerwerks.

Wenn in Bögen oder Gewölben Risse nach allen Richtungen auftreten und wenn außerdem die tragenden Mauern sich in gutem unbeschädigten Zustande befinden, so bedeutet dieses, daß die Risse von einer zu großen Auflast herrühren, oder daß sie in einer schlechten Ausführung oder in hohem Alter des Steinmaterials ihren Grund haben können.

Es soll, um Irrtümern vorzubeugen, noch bemerkt werden, daß Zerdrückungen im Mauerwerk außer durch viele, breite Risse auch durch hohlen Ton und durch Zerbröckeln des Mörtels angezeigt werden.

Manchmal kann es vorkommen, daß die breiten Risse Schwinderscheinungen des schlecht ausgeführten Putzes sind oder durch Feuchtigkeit erzeugt werden, die unter denselben dringt und ihn zum Platzen bringt. Diese Erscheinungen beeinträchtigen den Zusammenhang des Mauerwerks nicht.

V. Verdrehungen des tragenden Mauerwerks.

Wenn eine Gebäudemauer aus ihrer vertikalen Lage herausgeht, so entstehen in den Gewölben und Bögen, die sich auf die ausgewichenen Mauern abstützen, Zerstörungen, die verschiedenes Aussehen haben, je nachdem die Gewölbe und Bögen auf der überhängenden Mauer oder auf den senkrecht zu ihr stehenden Wänden stehen.

1. Fall.

Bögen und Gewölbe stehen auf der überhängenden Mauer.

Es sind zwei mögliche Lagerungen zu unterscheiden, und zwar:

Wenn das Gewölbe *A B C D* und die Bögen *B O C* und *G O′ H* in die überhängende Mauer *M M* (Abb. 35 und 36) gut eingespannt sind, es wird der Riß in parallelem Sinn zur

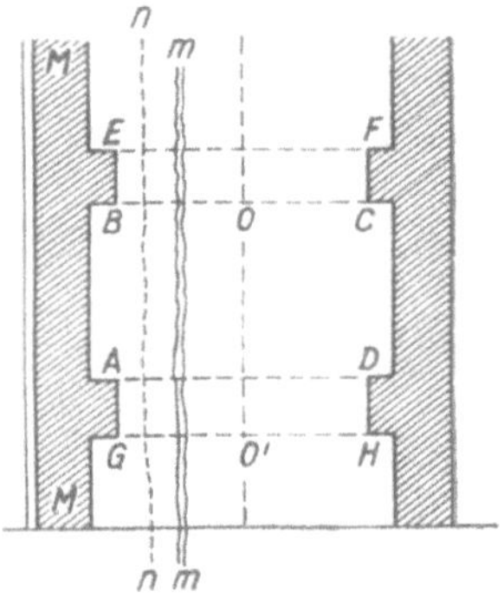

Abb. 35.

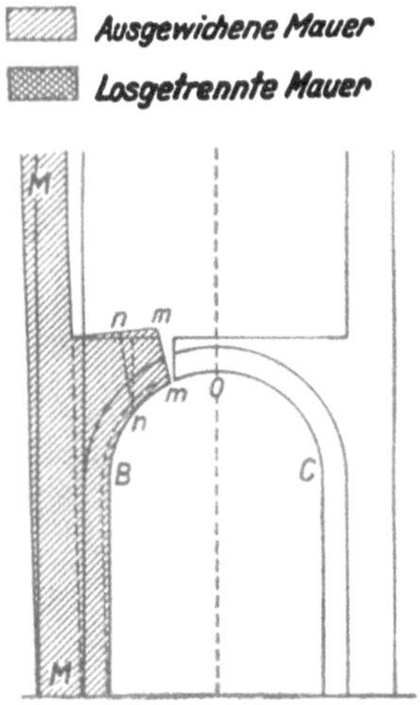

Abb. 36.

überhängenden Mauer erzeugt, ein Riß, der Bögen und Gewölbe in eine einheitliche Drehungsbewegung einbezieht.

Der Riß *m*—*m* befindet sich näher an der Mauer oder weiter von ihr entfernt, je nach der Entfernung der Stelle, an der durch Überanstrengung das Tragwerk zuerst zum Bruch kam.

Sind hingegen die Gewölbe und die Bögen, die sich gegen die aus der Lage gekommenen Mauer abstützen, in letztere nicht gut eingespannt, geht also der Zusammenhang zwischen Mauer und Gewölbe verloren, so entsteht eine Loslösung in der Form *m′ m′* (Abb. 37 bis 38) zwischen der Innenfläche der Mauer und der zusammenhängenden Konstruktion aus Bögen und Gewölben.

2. Fall.

Bogen und Gewölbe, die sich auf senkrecht zur überhängenden Mauer verlaufende Querwände abstützen.

Auch bei diesen Gewölben sind die beiden Arten der Auflagerung wie oben zu unterscheiden:

In dem Fall, in welchem die Gebäude gut in die überhängende Mauer einbinden, finden wir nur den parallel zur Mauer verlaufenden Riß, und zwar befindet sich dieser Riß in

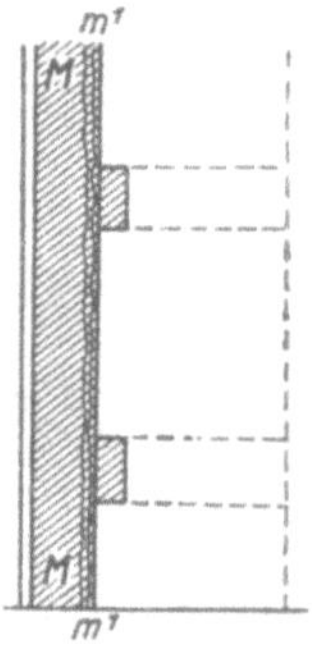

Abb. 37.

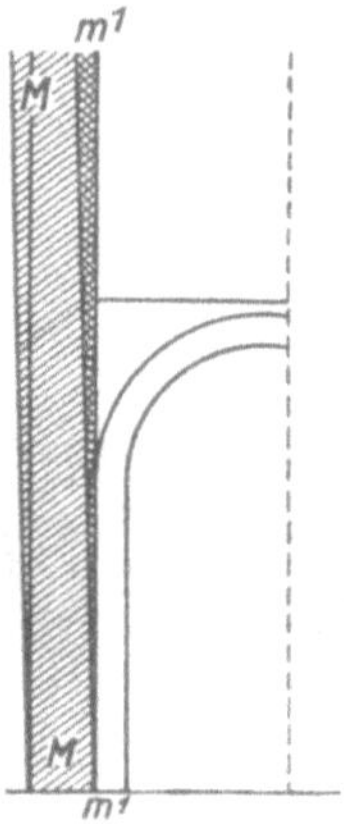

Abb. 38.

geringer Entfernung von der Innenfläche der Mauer und weniger ausgeprägt als der Riß *m m*, der oben beschrieben wurde.

Deshalb verläuft der Riß, wenn die Gewölbe und Bögen nicht auf der ausgewichenen Mauer aufruhen, statt längs der Linie *m m* (Abb. 35, 36) in diesem Fall näher an der Mauer *M M* in der Richtung *n n*.

Im umgekehrten Fall, wenn die Einspannung unvollkommen ist oder zwischen Gewölbe und Mauer kein fester Zusammenhang besteht, so bildet sich die Loslösung aus, wie es in den Abb. 37 bis 38 dargestellt ist.

Was die Bogen anbelangt, so ist zu bemerken, daß in diesem zweiten Fall, in dem die Bögen parallel zur überhängenden Mauer verlaufen, diese nicht in die Störungen einbezogen werden. Sie erleiden also keine Beeinflussungen durch die Bewegung der ausweichenden Mauer und zeigen deshalb keinerlei irgendwie gearteten Risse oder Brüche.

VI. Rutschungen in der Gründungssohle.

Wenn Teile des Untergrundes eines Gebäudes (große zusammenhängende Rutschungen kommen in Städten äußerst selten vor) aus Gründen, von denen in einem späteren Kapitel gesprochen werden wird, zum Rutschen kommen, dann werden in Bögen und Gewölben derjenigen Gebäudeteile, die von dem Gleiten betroffen werden, Setzungs- und Verdrehungsrisse erzeugt.

Treten in dem vorliegenden Fall noch Zerdrückungen des Mauerwerks durch zu hohe Beanspruchungen auf, dann dürfte es im andern unmöglich sein, das betreffende Gebäude vor dem Ruin zu bewahren.

Standfestigkeit der Bögen und Gewölbe.

Es fragt sich nun, welche Abmessungen hat man Bögen und Gewölben zu geben, damit ihre Standfestigkeit gesichert ist?

Die Wissenschaft hat es bis heute noch nicht fertiggebracht, das Problem analytisch in aller Vollkommenheit zu lösen[1]. Wohl fehlt es keineswegs an Lösungen, von denen später gesprochen werden soll.

Deswegen werden die Stärken von Gewölben und Bögen mittels Erfahrungsformeln bestimmt.[2]

Diese Bauwerke erhalten als Scheitelstärke ungefähr $^1/_{50}$ des Krümmungshalbmessers oder nach Angaben von Roudelet $^1/_{48}$ bis $^1/_{36}$ der Spannweite. Die so gewählte Stärke wird durchweg beibehalten, wenn volle Halbkreisbögen oder Gewölbe in Frage kommen. Bei großen Auflasten und bei geringer Abflachung läßt man jedoch die Stärke nach den Kämpfern hin zu nehmen.

Lesguillier gibt die folgende Formel an:

$$e = 0{,}10 \text{ m} + 0{,}20 \cdot \sqrt{2\,c},$$

---

[1]) Dieser Auffassung des Verfassers kann man nicht in vollem Umfange zustimmen, denn die vorkommenden Aufgaben werden praktisch vollkommen beherrscht. (Sch.)

[2]) In primitiven Fällen und bei unbedeutenderen Bauwerken. (Sch.)

darin bedeutet e die Scheitelstärke des Gewölbes, $2c$ die Spannweite; die Formel ist anwendbar für ganze Halbkreisbögen und für Segmentbögen. Ing. Croisette-Desnoyer benutzte die folgende Gleichung:

$$e = a + b\sqrt{2R}.$$

R ist darin der Halbmesser der inneren Leibung oder desjenigen Kreises, der durch die Auflager und den Scheitel der unteren Leibungslinie geht. Die Werte a und b werden durch eine Zahlentafel gegeben, nach welcher Straßen- und Eisenbahnbrücken gerechnet werden, und zwar gesondert nach vollem Halbkreisbogen, elliptischem Bogen oder Kreissegmentbogen.

Der italienische Genio civile veröffentlicht folgende Formel:

$$e = 0{,}20 + \frac{2c}{40} + \frac{20 + 2c}{1000} \cdot \frac{2c}{f},$$

(in welcher f die Pfeilhöhe bedeutet) anwendbar auf Brücken, Viadukte, überschüttete Kellerräume bis zur Spannweite von 12,0 m und mit einer Überschüttung von höchstens 1,50 m im Scheitel und für Steine mit mindestens 300 kg/cm² Bruchfestigkeit.

Colombo gibt in seinem berühmten Handbuch (für dieselben Belastungsannahmen, wie bei der vorstehenden Formel des Genio civile) unter Bezeichnung der Spannweite mit l und der Pfeilhöhe mit f den folgenden Ausdruck für die Scheitelstärke s in Meter $s = 0{,}25 + l\left(0{,}025 + 0{,}00333\,\frac{l}{f}\right)$.

Analytische Untersuchung.

Wie ersichtlich, sind die vorstehenden Ausdrücke unabhängig von der Belastung, die durch den Bogen aufzunehmen ist. Die Bogenstärke muß jedoch auch abhängig von der Auflast sein.

Horizontalschub im Scheitel.

Es sei

$A\,n$ (Abb. 39) die Drucklinie oder Stützlinie des Bogens,
P die Resultierende aller Kräfte, welche auf $A\,n$ wirken,
l der Hebelarm der Kraft P,
Q die Größe des Druckes im Scheitel,

a die Scheitelstärke,
Q_1 die Größe des Druckes am Auflager,
a_1 die Kämpferstärke,
α der durch die Richtungen von Q und Q_1 eingeschlossene Winkel,
v die Pfeilhöhe der Stützlinie.

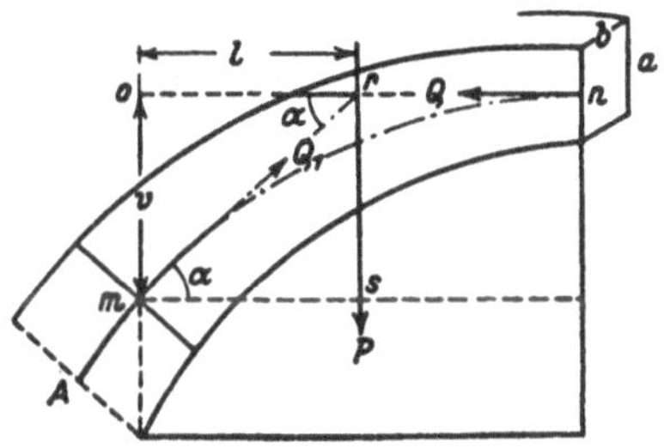

Abb. 39.

Es ist also

$$P = Q \text{ tg } \alpha$$

oder

$$Q = \frac{P}{\text{tg}\,\alpha} \quad \ldots\ldots \quad (\alpha)$$

außerdem ist

$$\text{tg}\,\alpha = \frac{m\,o}{l}$$

und da $m\,o = v$ haben wir also

$$\text{tg}\,\alpha = \frac{v}{l}.$$

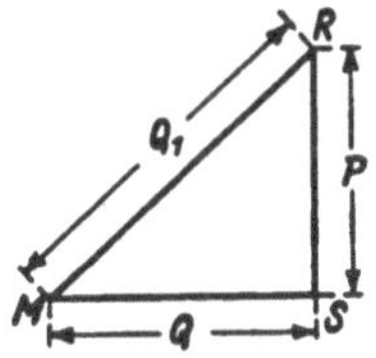

Abb. 40.

Wenn wir demnach in (α) den gefundenen Wert von tg α einsetzen, ergibt sich:

$$Q = \frac{P}{\frac{v}{l}} = \frac{P\,l}{v} \quad \ldots\ldots\ldots\ldots \quad (1)$$

Das bedeutet also, daß die Größe des Gewölbeschubes im Scheitel gegeben ist durch das Verhältnis des Momentes aus der Resultierenden P aller auf die Bogenhälfte wirkenden Kräfte zur Pfeilhöhe v der Stützlinie.

Gewölbestärke im Scheitel,

wenn

b = die konstante Breite des Gewölbes und
k = die zulässige Spannung des Materials

bedeutet, so läßt sich die Scheitelstärke a berechnen, indem man den Wert Q des Gewölbeschubes gleichsetzt dem belasteten Querschnitt multipliziert mit der zulässigen Spannung, also

$$Q = a \cdot b \cdot k,$$

woraus

$$a = \frac{Q}{b\,k} \quad \ldots\ldots\ldots\ldots \quad (2)$$

Größe des Kämpferdruckes Q_1.

Aus dem Krafteck (Abb. 40) liest man sofort ab

$$Q_1 = \sqrt{Q^2 + P^2}.$$

Kämpferstärke.

Wie die Gewölbestärke im Scheitel, so läßt sich auch die Kämpferstärke bestimmen durch

$$Q_1 = a_1\, b\, k,$$

woraus

$$a_1 = \frac{Q_1}{b\,k} \quad \ldots\ldots\ldots\ldots \quad (d)$$

Wollen wir den Wert a_1 durch a darstellen, dann hat man in (d) den Wert Q_1 zu ersetzen durch den Ausdruck, den wir oben gefunden haben. Dadurch entsteht:

$$a_1 = \frac{Q\sqrt{1 + \left(\frac{P}{Q}\right)^2}}{b\,k},$$

was sich auch schreiben läßt

$$a_1 = \frac{Q}{b\,k} \cdot \sqrt{1 + \left(\frac{P}{Q}\right)^2}.$$

Da aber $\frac{Q}{b\,k} = a$ ist, so bekommen wir durch Einsetzung dieses Wertes

$$a_1 = a\sqrt{1 + \left(\frac{P}{Q}\right)^2}.$$

Anmerkung.

Durch diese Gleichung erhalten wir den Wert a_1, ohne den Kämpferdruck Q_1 zu kennen.

Graphischer Nachweis.

An Abb. 39 sei der Bogen, dessen Abmessungen wir bestimmen wollen. Um die Aufgabe lösen zu können, müssen wir den Gewölbeschub im Scheitel und den Kämpferdruck kennen.

r sei der Angriffspunkt der Resultierenden P der Bogenbelastung,

l der Hebelarm, an welchem P wirkt.

Die Druckkräfte und die Gewölbestärken im Scheitel und am Kämpfer sowie die Pfeilhöhe der Stützlinie benennen wir mit den Bezeichnungen $Q\,Q_1\,a\,a_1$ und v.

Wir konstruieren das Kräftedreieck $M\,S\,R$ (Abb. 40), indem wir $R\,S = P$ parallel zur Kraftrichtung von P auftragen und durch die Endpunkte der Strecke die Parallelen $R\,M$ und $S\,M$ zu Q_1 und Q errichten[1]).

Größe des Schubes im Scheitel.

Aus den beiden ähnlichen Dreiecken $r\,m\,s$ und $R\,M\,S$ leiten wir ab

$$\overline{rs} : P = l : Q$$

und daraus

$$Q = \frac{P \cdot l}{\overline{rs}}$$

und da $\overline{rs} = v$ ist, erhalten wir durch Einsetzen

$$Q = \frac{Pl}{v} \quad \ldots\ldots\ldots\ldots \quad (1)$$

Die Größe des Kämpferdruckes

folgt am einfachsten wie vor aus dem Krafteck.

Nachprüfung der Standsicherheit der gemauerten Brückengewölbe.

Vorbemerkung. Die Erfahrungsformeln geben Überschlagswerte, und diese können deshalb nur als provisorische Werte gelten. Es ist deshalb nötig, in den Fällen, wo dieselben als endgültig angesehen werden sollen, nachzuprüfen, ob das Gewölbe mit diesen Abmessungen den erprobten Sicherheitsbedingungen entspricht.

Für diese Nachprüfungen sind graphische Methoden anwendbar, eine der einfachsten und gebräuchlichsten ist die von Mery.

---

[1]) Diese Zerlegung setzt voraus, daß die Richtungen von Q und Q_1 bekannt sind. Für die Spannungsermittlung muß auch deren Angriffspunkt bestimmt sein. (Sch.)

Begriffserklärungen.

Lamellen. Das Gewölbe wird in einzelne Lamellen eingeteilt, deren Fugen senkrecht zur unteren Leibung laufen.

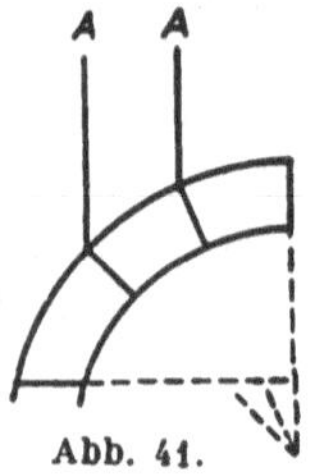

Abb. 41.

Jede Lamelle ist belastet durch

a) das Eigengewicht,
b) die Last des aufruhenden Mauerwerks,
c) das Gewicht weiterer Auflasten zwischen den beiden Ebenen $A\ A_1$, die durch die Schnittlinie der Lamellenfugen mit dem Gewölberücken gehen.

Drucklinie. Diese ist ein Resultantenpolygon, gebildet aus den äußeren Kräften und der geometrischen Summe (unter Berücksichtigung ihrer Lage) der inneren Kräfte, welche in wenigstens einem Querschnitt vollständig bekannt sein muß. Dieses Polygon ist auch durch Vorgabe von drei Punkten, durch die es hindurchgehen soll, bestimmt. Die Wahl dieser Punkte enthält eine Aussage über den Spannungszustand in den betreffenden Querschnitten, denen diese Punkte angehören.

Druckmittelpunkt. Damit wird der Durchgangspunkt der Drucklinie durch einen beliebigen Querschnitt bezeichnet.

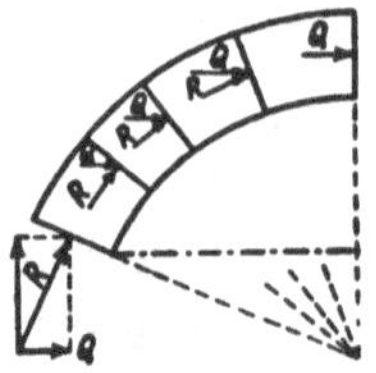
Abb. 42.

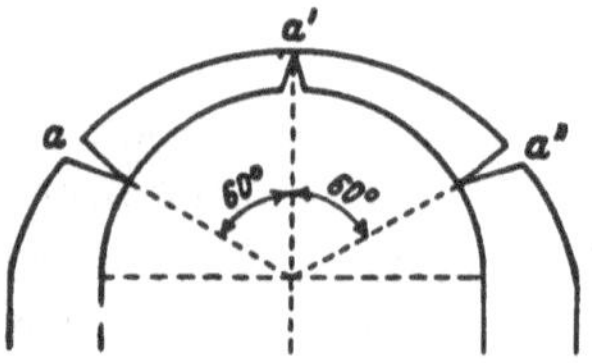

Abb. 43.

Bogenschub. Dieser (s. Abb. 42) ist die Horizontalkomponente Q der Auflagerreaktion R, derselbe ist für jeden Schnitt des Bogens gleich groß, vorausgesetzt, daß alle äußeren Lasten nur lotrecht gerichtet sind.

Bruchfugen. Es sind die Fugen $a\ a''$ (Abb. 43), in welchen bei Überlastung das Gewölbe aufreißt, dieselben liegen auf dem Radius, der mit dem Scheitelstrahl durch a' einen Öffnungswinkel von 60^0 einschließt.

Innerer Kern. Als Kern wird das innere Drittel *M''* der Lamellenfuge (Abb. 44) bezeichnet.

Kernlinien. Dieses sind die Linien *a c* und *b d*, die oben und unten die Kerne der Querschnitte begrenzen (Abb. 44).

Bedingungen für die Standsicherheit.

Die Nachprüfung der Standsicherheit eines Gewölbes muß auf der Forderung beruhen, daß das Mauerwerk praktisch nicht auf Zug, sondern allein auf Druck beansprucht werden darf.

Aus diesem Grund ergibt sich die Vorschrift, daß die Drucklinie nirgends wesentlich über die Kernlinien heraustreten darf.

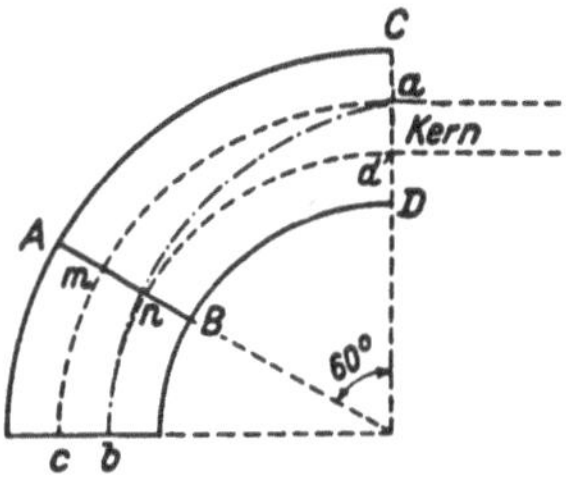

Abb. 44.

Die Untersuchung auf Standsicherheit hat sich außerdem zu erstrecken:

a) Auf das Ausgleiten der Lamellen, indem festgestellt wird, ob die Resultierende aller Kräfte außerhalb des betrachteten Querschnittes mit der Normalen auf die Schnittebene einen Winkel bildet, der kleiner als der Reibungswinkel für Mauerwerk ist.

b) Auf Drehung der Lamellen um die Schnittlinien mit der inneren und der äußeren Leibung, indem man sich überzeugt, daß die Drucklinie im ganzen Umfang innerhalb des Gewölbes bleibt.

c) Darauf, daß man sich darüber versichert, daß in keinem Schnitt die zulässigen Druckspannungen überschritten werden, damit Deformationen und Zerdrückungen vermieden werden. Diese Forderung ist erfüllt, wenn der Druckmittelpunkt in jeder Fuge innerhalb des mittleren Drittels liegt. Es ist jedoch leicht einzusehen, daß die Bedingung, die durch Abb. 44 angegeben ist, daß die Drucklinie innerhalb des mittleren Drittels liegt, genügt für die Standsicherheit des Gewölbes auch in bezug auf das Ausgleiten in den Fugen und das Verdrehen der Lamellen, aber nicht in bezug auf die Widerstandsfähigkeit des Materials.

Nachdem man die Querschnittsabmessungen des Gewölbes, dessen Standfestigkeit man untersuchen will, festgestellt hat, untersucht man nach der folgenden Methode, ob die Drucklinie innerhalb der Kernlinien verläuft.

Ist dieses nicht der Fall, dann wird man durch wiederholtes Probieren die Gewölbestärken so lange vergrößern bis die Bedingung erfüllt ist.

Mittels der graphischen Methode läßt sich außer der Drucklinie auch die Lage der Bruchpunkte und der Schub im Scheitel ermitteln.

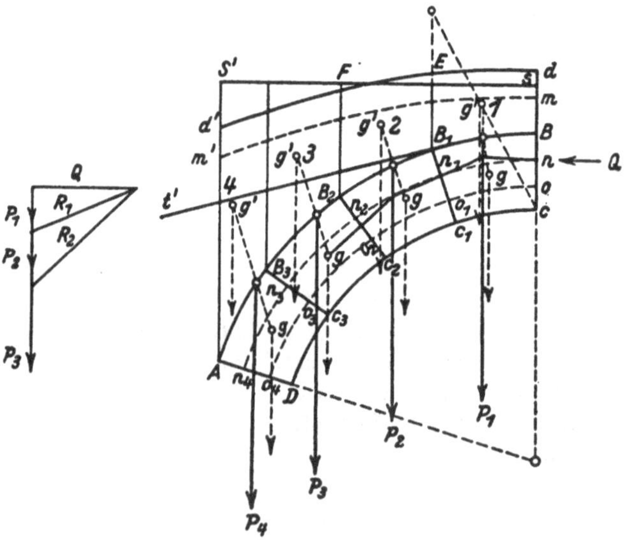

Abb. 45.

Graphische Konstruktion.

A B C D sei der Schnitt durch einen Halbbogen, wir betrachten innerhalb desselben eine Lamelle von 1,0 m Tiefe. *tt'* sei das Profil der Aufmauerung, *ss'* die Straßenoberkante. Die Seitenmauern, wie die Auffüllung und die Straßenbettung haben alle ein nahezu gleiches Eigengewicht, welches zweckmäßig in eine bestimmte Einheitsbelastung auf das Gewölbe umzurechnen ist. Wenn wir die verschiedenen Belastungen durch eine ange nommene Mauerwerksersatzlast ausdrücken, so bedeutet die Linie *m m'* die Belastungslinie für die so reduzierte Auflast.

In ähnlicher Weise verwandeln wir die Nutzlast in eine Mauerwerkersatzlast und fügen dieselbe zu den oben genannten Lasten hinzu. Auf diese Weise bekommen wir eine neue Belastungslinie $d\,d'$.

Aufzeichnung der Kernlinien.

Der Gewölbeschnitt wird in eine Anzahl gleicher Abschnitte mit den Fugen $B_1\,C_1$, $B_2\,C_2$, $B_3\,C_3$ zerlegt.[1])

Dann wird die obere Kernlinie $n\,n_1$, $n_2\,n_3\,n_4$ und die untere Kernlinie $o\,o_1$, $o_2\,o_3\,o_4$ eingetragen.

Die Auflast wird in einzelne Strecken zerlegt durch lotrechte Begrenzungslinien durch $B\,B_1$, $B_2\,B_3\,A$.

Bestimmung der Lasten, durch welche der Bogen beansprucht wird.

Für jede Zone $C_1\,B_1\,E\,d\,B\,C\,C_1\,B_1\,E\,F\,F_2\,C_2$ usw., die wir der größeren Einfachheit wegen mit 1, 2, 3 usw. bezeichnen,

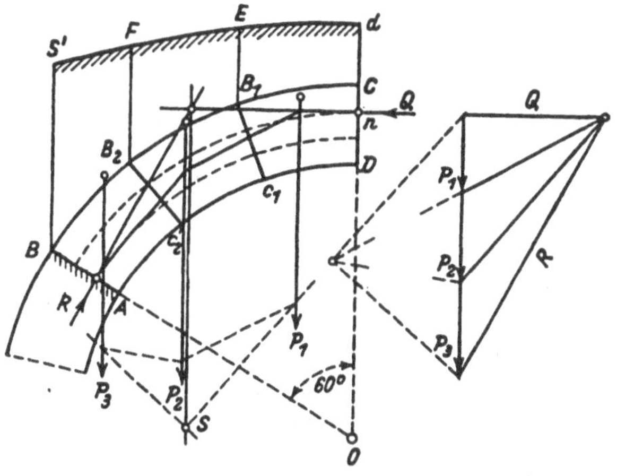

Abb. 46.

berechnen wir die Gewichte, indem wir für jeden Abschnitt das Belastungsfeld mit der Tiefe von 1 m und mit dem Gewicht für die Raumeinheit multiplizieren.

---

[1]) Daß in Fig. 45 die Schwerpunkte der Zonen gerade auf der Gewölbekante A—B liegen, ist Zufall.

Wir bestimmen für jedes der vier Belastungsfelder den Schwerpunkt und bringen daselbst die vorher gefundenen Lasten P_1 P_2 P_3 P_4 an.

Bestimmung der Drucklinie.

Nachdem wir Lage und Größe der Kräfte P_1 P_2 P_3 P_4 kennen, kann die Eintragung der Drucklinie nach den als bekannt vorausgesetzten Verfahren erfolgen. Der Spannungsnachweis entscheidet darüber, ob die Gewölbestärken ausreichend gewählt waren.

Schäden in vollem Mauerwerk.

Die Neigung der Risse in Mauern mit Öffnungen, welche auf Bögen oder Pfeilern gegründet sind, ist außerordentlich gleichartig ausgeprägt in den Fensterbrüstungen, sie ist hingegen wenig deutlich und manchmal unbedeutend besonders in durchgehendem Mauerwerk (d. h. ohne Öffnungen), welches ebenfalls auf Bögen und Pfeilern fundiert ist.

In durchgehendem Mauerwerk verläuft der Riß lotrecht und verschwindet in einer gewissen Höhe über der Terrainlinie, während, wie ausgeführt wurde, bei Mauerwerk mit oder ohne Öffnungen, das auf durchgehenden Fundamenten aufsitzt, der Riß in der Gründung beginnt.

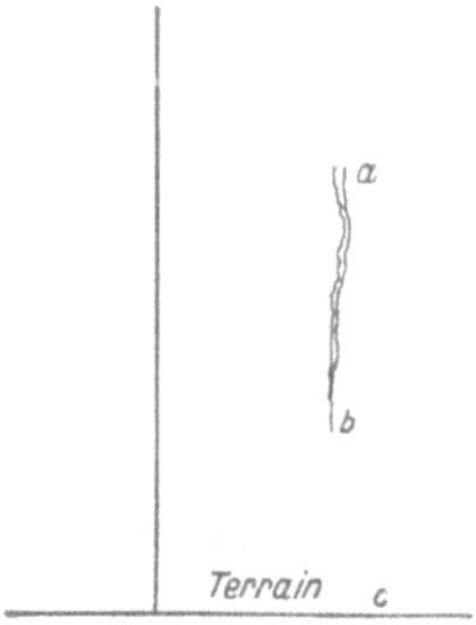

Abb. 47.

Die Gestalt eines solchen Risses (in Vollmauerwerk auf Bögen oder Pfeilern) ist eine geschlängelte, beinahe lotrecht verlaufende Linie (Abb. 47):

a) oben breiter *a*,
b) unten fadendünn *b*,
c) in der Zone der Geländelinie nicht vorhanden *c*.

Wenn die gerissene Wand der mittleren Zone einer vollen Mauer angehört, dann ist die Neigung des Risses, welche die abgesackte Stelle anzeigt, nicht in der geschlängelten vertikalen Spalte der Wand zu suchen, sondern in den Gesimsbändern oder Mauervorsprüngen, die etwa als Stockwerksabgrenzungen oder zur Unterteilung der Mauerhöhe vorgesehen sind.

In diesen gemauerten Vorsprüngen entsteht der Riß nicht in ungefähr vertikalem Sinne, sondern nach dem abgesackten Pfeiler zu geneigt.

Ein der Wirklichkeit entnommenes Beispiel für diese Erscheinung zeigt der Riß $\overline{a\,b}$, welcher die Absackung des Pfeilers *A* anzeigt (Abb. 48).

Wenn hingegen die Zone der vollen Mauer (die immer auf Pfeilern und Bögen auf-

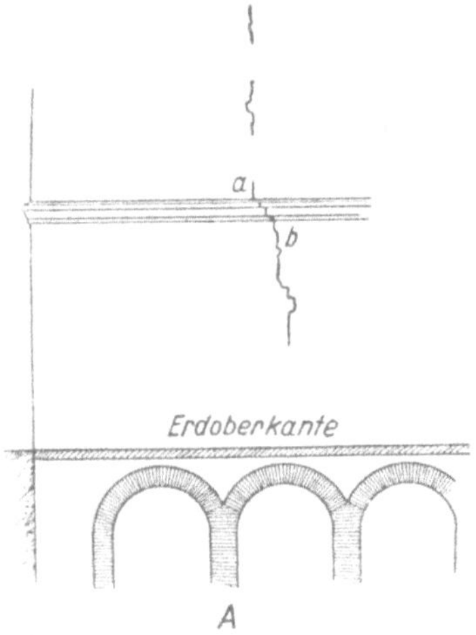

Abb. 48.

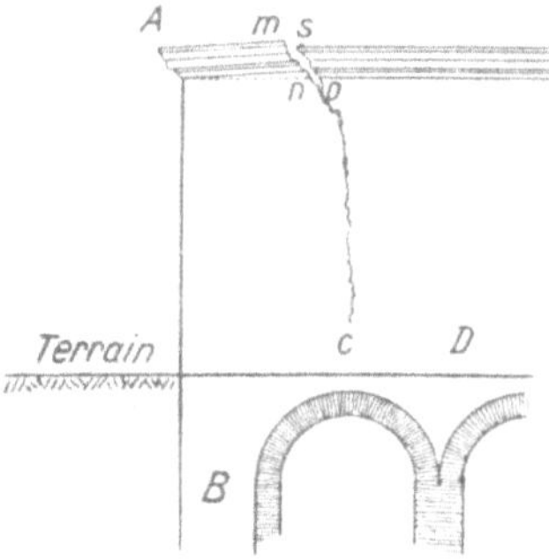

Abb. 49.

ruhen soll), an welcher der Schaden sichtbar wird, eine Gebäudedecke ist, dann zeigt sich die Neigung in dem Riß *mnos* in dem Dachgesims (in *no* schmaler, in *ms* breiter), s. Abb. 49. Diese Neigung gibt an, daß die Setzung unter dem Eckpfeiler *B* erfolgt ist.

Derjenige, der aus dem Umstand, daß der Punkt *o* tiefer liegt als der Punkt *n*, schließen würde, daß die Setzung in dem Teil *C D* erfolgt sei, würde sehr irren.

Ein solcher Schluß würde richtig sein, wenn es sich um eine volle Mauer auf durchgehender Gründung handeln würde. Aber in vollem oder nichtvollem Mauerwerk auf Bögen und Pfeilern ist es gerade die eingetretene Veränderung in der Höhenlage der beiden Punkte *o* und *n*, welche die Absackung des Teiles *B* ohne jeden Zweifel anzeigt.

In der Zeichnung ist die Erscheinung recht stark ausgesprochen dargestellt, ganz besonders im Gesimsteil *m A*, und ist der Wirklichkeit entnommen.

Es ist in der Tat an der südlichen Ecke der Kirche Sant Andrea della Valle in Rom so zu sehen.

Ein gleichartiger Riß kann beobachtet werden auf dem äußersten Bogen der Umberto-I-Brücke (Brücke mit drei Öffnungen). Der Schaden befindet sich am Widerlager des rechten Tiberufers.

Aus der Abb. 50, welche der Wirklichkeit nachgezeichnet ist, ist in der Tat folgendes zu entnehmen:

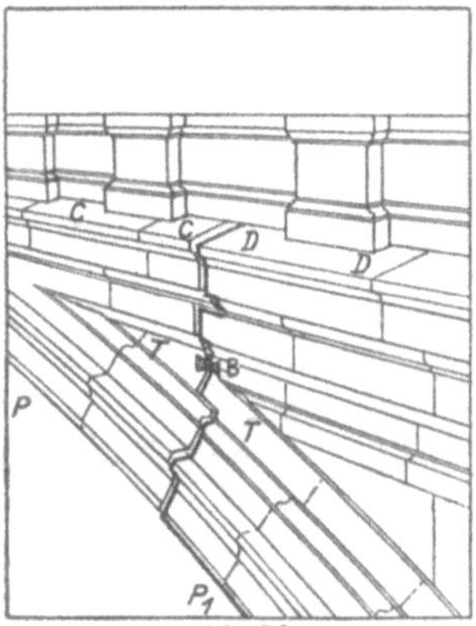

Abb. 50.

a) der Bruch des Ankers *B* (der die Setzungserscheinung anzeigt),

b) der Bruch des Travertinquaders T T (was anzeigt, daß die Erscheinung von nicht unbedeutender Stärke ist),

c) daß die Zone *C* höher liegt als die Zone *D* (was anzeigt, daß die Setzung dem Pfeiler *P* zuzuschreiben ist und nicht dem Bogenauflager P_1).

Maßnahmen zur Instandsetzung.

Bei Gebäuden. Eiserne Anker in der beschädigten Zone und Ausstreichen der Risse bei leichten Setzungen, wie sie sich gewöhnlich ereignen; Unterfangung und Fassung der beschädigten Zone von beiden Seiten der Mauer (in der Art, wie es später gezeigt wird) in Fällen von starken Setzungen. Vorher sind die beschädigten Teile durch schräge Absteifungen zu sichern.

Für Brücken. Die Abhilfsmittel müssen von Fall zu Fall studiert werden, dieselben sind kostspielig und vor der Ausführung der Unterfangung der abgesackten Pfeilergründung sind die benachbarten Bögen einzurüsten durch Einziehung von Lehrbögen.

Setzungen in verblendetem Mauerwerk.

In Mauern mit Verblendungen (Kirchen, große Paläste, Denkmäler usw.), welche auf Pfeilern und Bögen gegründet sind, treten die folgenden Setzungserscheinungen auf:

Bei leichten Setzungen:

a) die Verblendsteine der Ansichtsflächen lösen sich, die Lagerfugen verbreitern sich, der Mörtel verschwindet aus denselben;
b) die Ansichtsfläche der Wand zeigt eine leichte Blähung;
c) die Absackung wird durch die Verlagerung der Vorsprünge (Gesimse, Bänder usw.) angezeigt; dieselben verlieren ihre horizontale Lage und neigen sich gegen den abgesackten Pfeiler;
d) der Verlauf der Beschädigungen ist auf den Travertin-Verblendungen nicht gut zu erkennen. Derselbe werde jedoch an der Innenfläche der Mauer, also da, wo keine Verblendung aufgebracht ist, sichtbar.

Bei starken Setzungen.

Außer den oben erwähnten Anzeichen werden noch die nachgenannten Schäden sichtbar:

a) Abblätterung und Bruch der Verblendsteine,
b) Bruch der Vorsprünge, besonders der schwächeren,
c) Ablösung der Steine und der Umrahmungen der Mauerwerksöffnungen.

Die Bestätigung dieser Erscheinungen findet man in Rom an der Kirche S. Maria del Popolo und am Kanzlerpalast.

Leichte Setzungen.

Setzungen von geringer Bedeutung werden durch Zusammendrückungen des Baugrundes erzeugt oder durch solche Ursachen, die zu diesen hinzukamen, aber bald wieder verschwunden sind, wie: Wasserandrang, Überschwemmungen der Kellerräume, Bau von tiefliegenden Straßen, Entwässerungsarbeiten in nächster Nachbarschaft, Baugruben für Neubauten, die sich an das betrachtete Gebäude anlehnen usw.

Diese leichten Setzungen (obwohl sie die gleichen Erscheinungen hervorrufen wie alle Setzungen im Baugrund) hören bald auf, und ihr Auftreten bringt keine Beeinträchtigung der allgemeinen Standfestigkeit des Gebäudes mit sich.

Die erste Aufgabe des Technikers ist demnach die, daß er sich versichert, daß die Bewegung zum Stillstand gekommen ist.

Dübel (Gipsbänder).

Um sich über den Zustand eines Bauwerks zu unterrichten, müssen Dübel *a a a* über den Rissen angebracht werden (in Gips auf den Innenwänden und in Zement an den Außenflächen). Die Dübel werden als doppelte Schwalbenschwänze ausgebildet, wie es in Abb. 51 dargestellt ist, die Länge braucht nicht über 20 cm hinauszugehen. Sie sollen während 10 bis 14 Tagen unter Beobachtung gehalten werden, die Periode kann aber der vorsichtige Techniker noch verlängern, da manchmal noch sprunghafte periodische Setzungen auftreten, die anfänglich gezogenen Schlüssen zuwiderlaufen.

Abb. 51.

Das Anbringen der Dübel, welches gewöhnlich von den Maurern recht leichtsinnig ausgeführt wird, ist eine Arbeit, die mit großem Geschick und mit Sorgfalt auszuführen ist. Von denselben hängt ja die Feststellung einer Bewegung ab, ein Irrtum darin kann schwere Folgen für das Leben und das Gut der Hausbewohner nach sich ziehen.

Es kann deshalb nie oft genug empfohlen werden, bei der Anbringung der Dübel wie folgt vorzugehen:

1. Abkratzen des Putzes, soweit dies erforderlich ist, ohne den Riß zu verstopfen;
2. Einmeißeln der Steine des Mauerwerks auf ungefähr 1 cm Tiefe;
3. Annässen der Stelle, auf die der Dübel aufgebracht werden soll, solange als Wasser aufgenommen wird (ohne dieses verbindet sich der aufgebrachte Mörtel nicht mit dem vorhandenen Mauerwerk);
4. Aufbringen des Gipses oder des Zementes, indem man ihn glättet und mehrmals mit Wasser befeuchtet;
5. Eintragen des Ausführungsdatums auf den Dübeln[1]).

[1]) Es wird Fachleute geben, welche den Nachdruck übertrieben finden werden, mit dem wir die Beachtung dieser Maßregel verlangen.

Wenn während der Beobachtungszeit keine Risse in den Dübeln eintreten, so heißt das, daß die Bewegung aufgehört hat[1]).

Eine andere, ebenfalls sichere Methode besteht darin, die Risse zu erweitern und, nachdem sie gut ausgewaschen sind, mit Gipsmörtel auszustreichen.

Da der Gips beim Erhärten sein Volumen vergrößert, so muß bei einem Wiederöffnen der Risse geschlossen werden, daß die Setzung nicht zur Ruhe gekommen ist. Bleiben die Risse geschlossen, so ist dieses ein Zeichen dafür, daß die Bewegung aufgehört hat.

Abhilfsmittel.

In den Fällen, in denen die Dübel nicht reißen und keine neuen Schäden auftreten, können zwei Verfahren zur Ausbesserung angewendet werden — (wenn wir die Unterfangung der Fundamente ausschließen, die statt zu verbessern u. U. schaden kann durch die Störung des Gleichgewichtszustandes, den sie unweigerlich mit sich bringt) — je nachdem die Risse sich an der einen oder der anderen Außenwand zeigen oder die ganze Mauer durchdringen.

Wer jedoch Erfahrung hat in dergleichen Arbeiten, der wird mit uns einig gehen, daß die absolute Notwendigkeit besteht, diese Ausführungsmaßregeln einzuhalten, und daß der Maurer, der die Arbeit ausführt, zu überwachen ist.

[1]) Die Anbringung der Dübel über den Rissen ist eine Untersuchungsarbeit, als solche hat sie also jeder Befestigungs- oder Wiederherstellungsarbeit voranzugehen.

Diese Grundwahrheit wird manchmal doch verkannt, man beobachtet nicht selten, daß Dübel angebracht werden, nachdem bereits die Gewölbe mit Lehrbögen versehen und Gebäudemauern abgesteift sind.

Dieser Irrtum verschiebt die Angaben oder macht sie wertlos, die der Techniker erhalten will, um daraus die richtigen Schlüsse auf angemessene Maßregeln für die Wiederherstellung des Gebäudes zu ziehen.

Die Aufgabe des Dübels ist, das Weitergehen oder Aufhören der Fundamentsetzung an einem Gebäude anzuzeigen; er muß sofort nach der Beobachtung der Setzungserscheinung aufgebracht werden und muß während einer bestimmten Zeit, die je nach der Bedeutung der Erscheinung, nach der Art und nach dem Alter des Bauwerks wechselt, unter Beobachtung gehalten werden.

Bei Rissen an der Oberfläche werden dieselben gereinigt und mit Ziegelstücken in Gipsmörtel an trockenen und in Zementmörtel an nassen Stellen geschlossen.

Bei tiefen Rissen hingegen muß die beschädigte Stelle mit Verankerungen aus Ziegelsteinen in Zementmörtel auf die ganze Tiefe des Mauerwerks versehen werden. Dieselben sind an beiden Seiten des Mauerwerks mit allen Vorsichtsmaßregeln und unter Beachtung aller Regeln der Kunst gleichzeitig einzubringen, d. h. in der Weise, daß man einen Stein in das alte Mauerwerk einbinden läßt und den anderen nicht (s. Abb. 52).

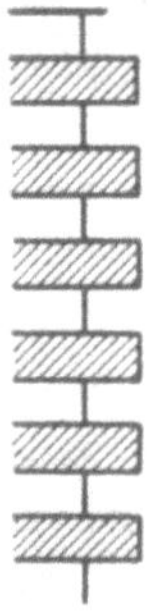

Abb. 52.

Die gleiche Methode kann bei leichten Beschädigungen an Gewölben angewendet werden.

Bei beschädigten Gewölben kann auch mit gutem Erfolg zu folgendem Verfahren gegriffen werden:

Die Risse werden sorgfältig gereinigt und die Ränder ausgekratzt, dann werden dieselben mit Kalkwasser ausgewaschen und mit reiner Zementbrühe ausgefüllt.

Starke Setzungen.

Als starke Setzungen werden solche Absackungen bezeichnet, die statt zur Ruhe zu kommen, in allmählichem oder starkem Zunehmen begriffen sind.

Dieselben werden festgestellt am Reißen der Dübel und an dem ständigen Auftreten neuer Risse und an der Zunahme der Länge und Breite der vorhandenen.

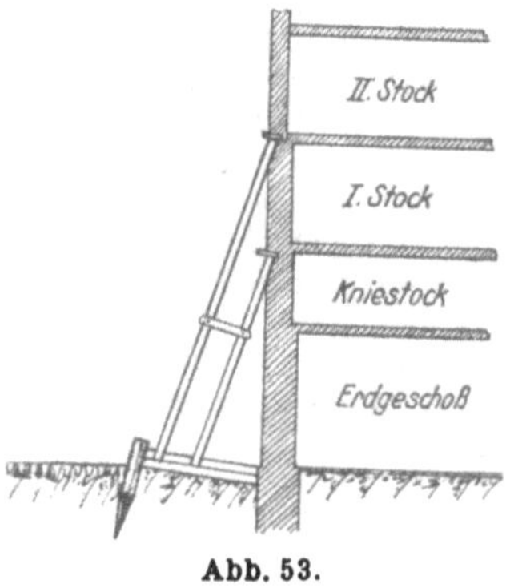

Abb. 53.

Sofort zu ergreifende Maßnahmen.

Wenn die Bewegung nicht nur allmählich, sondern stark wachsend ist, so daß die Risse von Stunde zu Stunde zunehmen, so hat man in aller Eile

1. das Ausziehen der Bewohner zu veranlassen;

2. die gefährdeten Außenmauern durch eine Doppelreihe von Streben abzusteifen in der Art, wie es in Abb. 53 angegeben ist;
3. eine sichere Einrüstung der Treppen anzuordnen, so daß deren sämtliche lotrechten Lasten aufgenommen werden;

Abb. 54.

Abb. 55.

4. die Verbauung der Fenster und Türen, wie es durch Abb. 54 dargestellt ist. Manchmal ist ein doppelt angeordnetes Rahmenwerk nach Abb. 55 anzuordnen.

Berechnung der Steifen.

Die Steifen, die bei starken Setzungen an den Außenmauern eingezogen werden, haben zur Hauptaufgabe, die Mauerlasten teilweise aufzunehmen, die auf den sie unterstützenden Mauern aufruhen[1]).

Diese Maßnahme erleichtert die Unterfangungsarbeiten, da dabei nicht die ganze Auflast auf die Schlitze kommt, welche die Arbeiter abschnittweise aushauen, um daselbst neues Mauerwerk einzuziehen.

Doch befreit diese Sicherung keineswegs von der Notwendigkeit, auch diese Schlitze mit senkrechten Pfosten *a* und waagerechten Unterlagshölzern *b* (Abb. 58) abzustützen, die nach Maßgabe des Arbeitsfortschritts versetzt werden. Dadurch wird das Abstürzen des Mauerwerks, das über dem Einschnitt hängt, verhindert.

---

1) Deswegen ist der Winkel zwischen Bodenoberfläche und Steife nicht kleiner als 60° zu wählen.

Um sicher zu gehen, daß die Steifen die Auflasten aufnehmen können, ist es nötig, daß außer der Beachtung der in der folgenden Anmerkung angeführten Regeln noch eine Festigkeitsberechnung vorgenommen wird.

Die Abb. 57 zeigt in schematischer Weise den in Frage stehenden Fall. Mit der Steife $O\,N$, die mit L bezeichnet wird, soll das Stück $B\,C$ der Mauer $A\,B$ abgefangen werden.

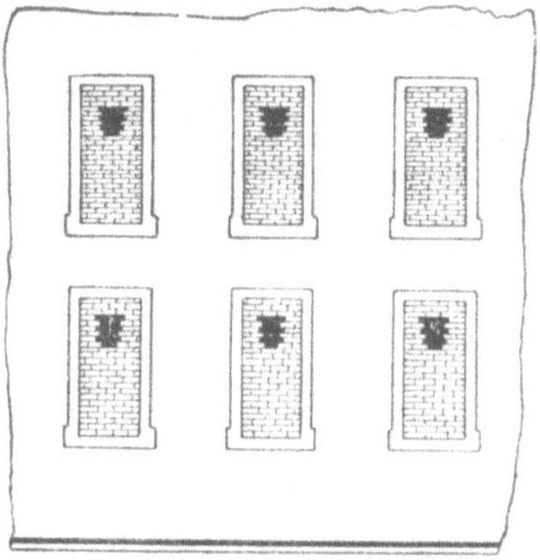

Abb. 56.

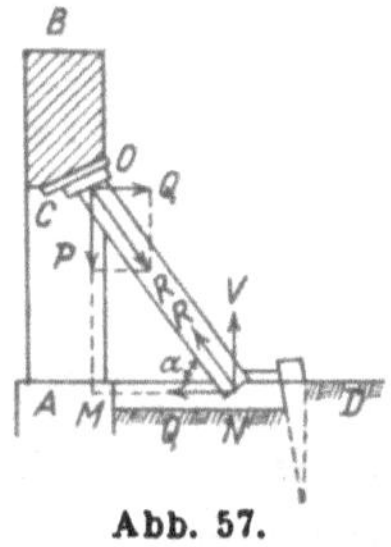

Abb. 57.

Es wird angenommen, daß die Strebe L durch die Aufnahme der Mauerlast nur axialen Druck erhält.

Deswegen verursacht die Mauerlast $B\,C$, die auf der Strebe aufruht, eine weitere Kraft Q (als Komponente der Strebenkraft), welche das Bestreben hat, die Strebe zum Ausrutschen zu bringen.

In demselben Maße, in dem die Strebe ausrutschen will, versucht eine andere Kraft P, die gleich der Mauerlast ist, dieselbe in lotrechter Richtung in den Boden hineinzudrücken.

Die Kraft, welche die Strebe beansprucht, ist also die Resultierende aus P und Q.

Um diese zu errechnen genügt es, die Resultierende R zu bestimmen.

Im Dreieck $O\,M\,N$ (Abb. 57) benennen wir

$$O\,N = L \text{ und } O\,M = m,$$

dann haben wir

$$P = R \sin \alpha,$$

deshalb

$$R = \frac{P}{\sin\alpha} \qquad \ldots\ldots\ldots\ldots \quad (1)$$

Ebenso

$$\overline{OM} = \overline{ON} \sin\alpha$$

oder durch Einsetzen von L und M

$$m = L \sin\alpha,$$

daraus

$$\frac{m}{L} = \sin\alpha \qquad \ldots\ldots\ldots\ldots \quad (2)$$

D. h., die Kraft in der Strebe ist durch den Ausdruck (1) gegeben, in welchem das Gewicht P der Mauer bekannt ist, außerdem ist $\sin\alpha$ durch das Verhältnis $\frac{m}{L}$ gegeben. Hierin bedeutet m die Höhe, in welcher die Abstrebung angebracht wird, und L die Länge der Strebe, ein Maß, das an Ort und Stelle durch Spannen einer Schnur von O nach N direkt abgemessen werden kann oder nach dem Satz von Pythagoras berechnet wird zu

$$L = \sqrt{\overline{OM}^2 + \overline{MN}^2}.$$

Nachdem auf diese Art die Druckkraft R, die auf die Strebe L wirkt, bekannt ist, berechnet sich der Querschnitt der Steife durch die Formel:

$$F = \frac{R}{\sigma_d},$$

wo σ_a die mit Rücksicht auf Knicken zulässige Gebrauchsspannung bedeutet.

Zahlenbeispiel.

Es soll durch eine Strebe eine Mauerzone aufgenommen werden, deren Höhe 14,0 m, deren Breite 2,0 m und deren Stärke 1,0 m beträgt. Die Strebe soll in 4,0 m über der Geländelinie angreifen und in 1,0 m Entfernung vom Mauerfuß aufgesetzt werden.

Zunächst berechnen wir die Last P; dieselbe ist gegeben durch das Mauerwerksgewicht, das über der Abstrebung lastet, also auf eine Höhe von 10,0 m[1]).

[1]) Von einer Entlastung, entsprechend der Theorie des parabolischen Bruches, ist hier kein Gebrauch gemacht. (Sch.)

Es ist also:

I. $P = 10{,}0 \cdot 2{,}0 \cdot 1{,}0 \cdot 1600$ . . . . $= 32000$ kg
Gewicht vön drei Geschoßunterzügen
und Dachlast jedes 500 kg . . . . . . $= 2000$ »

34000 kg

II. Bestimmung der Länge der Strebe

$$L = \sqrt{OM^2 + MN^2} = \sqrt{= 4{,}0^2 + 1{,}0^2} = \sqrt{17} = 4{,}13 \text{ m}.$$

III. Bestimmung von sin α:

$$\sin\alpha = \frac{M}{L} = \frac{4{,}0}{4{,}13} = 0{,}96.$$

Indem wir die gefundenen Werte in die Gleichung (1) einsetzen, bekommen wir

$$R = \frac{P}{\sin\alpha} = \frac{34000}{0{,}96} = 35416 \text{ kg}.$$

IV. Mit Rücksicht auf Knicken ist hier, da es sich um ein vorübergehendes Bauwerk handelt, $J_{\min} = 70\,P\,L^2$ $= 7 \cdot 35416 \cdot 4{,}13^2 = 42200 \text{ cm}^4$.

Es würde hier eine Strebe von 31,0 cm mittlerem Durchmesser genügen. Die auftretende Druckspannung beträgt dabei

$$\sigma = \frac{35416}{754{,}8} = 47{,}0 \frac{\text{kg}}{\text{cm}^2}.$$

Anmerkung über die Streben.

I. a) Die Köpfe sind an den Ecken und an den Stellen einzusetzen, an denen die Mauern T-förmigen Grundriß haben;

b) sie werden in den Höhen der Geschoßdecken festgemacht, mindestens aber in zwei Geschossen über Erdgeschoß und erstem Obergeschoß;

II. a) die Köpfe der Streben sollen auf $\frac{1}{3}$ der Mauerstärke in das Mauerwerk hineingeführt werden;

b) zwischen Pfostenkopf und Mauer sind zwei Unterlagshölzer mit geneigten Flächen einzulegen;

c) zwischen Unterlagsholz und Mauer ist für eine ausreichende Reibung zu sorgen, um das Rutschen des Holzes auf der Mauer zu vermeiden;

d) die ganze Abstützung wird mit Hilfe von Holzkeilen angetrieben.

Aufsuchen der Ursachen von Schäden.

Nachdem die erwähnten Sicherungen getroffen sind, hat man den Ursachen der Senkung in der Fundierung nachzugehen. Wenn die Setzung herrührt von:

a) der Tatsache, daß in der Gründungssohle Quellwasser eindringt, dann ist demselben umgehend nachzugehen, um es abzuhalten, da wir wissen, daß diese Wasser eine angreifende und dauernde Wirkung auf die Fundamente durch Unterspülen ausüben;

b) dem Eindringen von Ab- oder Tagewässern, so ist für einen Abfluß zu sorgen, oder die Außenflächen der Fundamente sind wasserdicht zu isolieren (wasserdichter Zementputz, Goudronanstrich usw.);

c) angrenzenden Aushebungen von archäologischen Grabungen (in alten Stadtteilen von antiken Städten ist dieses oft der Fall) oder von Aushubarbeiten zur Herstellung von Kellern oder Lagerräumen, so ist sofort die Einstellung dieser Erdarbeiten zu veranlassen. Wenn dieselben nach Befestigung des Gebäudes wieder aufgenommen werden, so sind alle gebotenen Vorsichtsmaßregeln zu beachten.

Gründungen auf nachgiebigem Baugrund.

Die Baukunst führt zu zwei verschiedenen Arten von Methoden, um solchen Boden, der infolge seiner Beschaffenheit nicht imstande ist, schwere Belastungen aufzunehmen, zu befestigen. Man unterscheidet direkte und indirekte Methoden.

Die direkten Methoden bestehen darin, daß man die schlechten Eigenschaften des Grundes zu verbessern sucht, und die indirekten Methoden suchen die Wirkungen der unzuverlässigen Beschaffenheit des Bodens zu umgehen.

Eine dritte Art, gemischte Methoden genannt, ist nichts anderes als die geeignete Vereinigung der beiden ersten Verfahren.

Eine Aufzählung der einzelnen Arbeiten für die vorgenannten Methoden folgt in der nachstehenden Aufstellung:

I. direkte Methoden: Künstliche Verdichtung des Bodens (Pfahlgründung);

II. indirekte Methoden: Verbreiterung der Gründung (durchgehende Platten);

III. gemischte Methoden: Verdichtung des Bodens und durchgehende Platte.

Direkte Methoden.

Künstliche Verdichtung des Baugrundes.

Gewisse nachgiebige Bodenarten lassen sich durch einen recht einfachen Vorgang verdichten, der darin besteht, daß man den Boden durch Stampfen mit schweren Stempeln so lange zusammenpreßt, bis die Grenze des Erreichbaren erzielt ist.

Roudelet (Art de Batir) versichert, gute Erfolge erzielt zu haben, indem er einen Boden mit einem Stempel von 50 kg Gewicht, der von zwei Mann gehandhabt wurde, stampfen ließ. Das Gelände war bestimmt, ein schweres Bauwerk aufzunehmen[1]).

Pfahlgründung.

Die Gründung mittels Pfählen hat entweder den Zweck, den Boden zu verdichten, indem er auf das kleinstmögliche Volumen zusammengepreßt wird, um dadurch die nötige Sicherheit gegen irgendwelche Setzungen unter den Mauerlasten zu erzielen, oder es soll die Gebäudelast durch das Pfahlgerüst auf den tragfähigen Baugrund hinuntergeleitet werden, indem kräftige Pfähle so weit gerammt werden, bis sie nicht mehr ziehen.

---

[1]) Dieser Art Bodenbefestigung kann nur eine sehr geringe praktische Bedeutung beigemessen werden. Ihre Anwendung setzt zudem voraus, daß der Boden vollkommen wasserfrei und das zu erstellende Gebäude außerordentlich leicht ist. (Sch.)

Diesen beiden Zwecken entsprechend wird unterschieden zwischen Verdichtungspfählen und Tragpfählen.

Wir verweisen den Leser für diese Arten der Befestigung schlechten Baugrundes auf das Kapitel »Pfahlgründungen«.

Indirekte Methoden.

Verbreiterung der Gründungsfläche.

Die Verbreiterung der Gründungsfläche zur Erzielung einer besseren Verteilung der Auflasten auf den Baugrund kann vorgenommen werden entweder durch einen Holzschwellenrost (geeignet für Gründungen unter Wasser) oder mittels einer durchgehenden Gründungsplatte aus Mauerwerk. In dem einen wie im anderen Fall hat sich diese Arbeit nach den Verhältnissen des Gebäudes zu richten. Betreffs einer Schwellrostgründung verweisen wir auf die, des etwa 100,0 m hohen Turmes von Venedig, welche im Jahre 1907 ausgeführt wurde. Die Gründungsplatte, die ebenfalls den Zweck hat, die Einheitspressung des Bodens zu vermindern, ist das wirksamste Mittel zur Sicherung der Standfestigkeit eines Gebäudes auf wenig tragfähigem Baugrund.

Die Größe, die Stärke, die Konstitution, die Art und die Ausführungszeit einer solchen Platte ergeben sich nach praktischen Gesichtspunkten.

Die Güte solcher konstruktiven Maßnahmen und die Vorbehalte betreffend stark ausgedehnter Gründungsplatten sind Gegenstand besonderer Ausführungen.

Gemischte Methoden.

Auf Grund von Erfahrungen, die durch viele gut gelungene Erprobungen weiter gefestigt sind, verwendet man die Verbindung zweier der wirksamsten Befestigungsmittel von schlechtem Baugrund: die Verdichtung des Bodens und die durchgehende Gründungsplatte besonders bei großen Gründungen im Meer- oder Flußgelände. Belidor (Architecture hydraulique) bemerkt, daß diese Art der Ausführung bei der Erstellung des Fundamentes für eine der Molen von Toulon angewandt wurde. Borguis (Traité de construction, Lib. III, Cap. II) gibt darin bekannt, daß die alte Procuratie in Venedig auf einer ausgedehnten Gründungssohle oder Grundplatte aus Mauerwerk steht, welche ihrerseits auf einer gut verdichteten Erdschicht aufruht.

Als Schutz des unter Wasser liegenden Mauerwerks pflegt man eine Steinschüttung rings um die Gründung herum anzuordnen.

Diese Methoden der Befestigung für wenig tragfähigen Baugrund, der bestimmt ist, als Unterlage für Neubauten zu dienen, werden, soweit sie sich hierfür eignen, auch angewendet bei der Wiederherstellung oder Befestigung alter beschädigter Bauten.

Unterfangung von Gründungen.

Hat man auf die im Kapitel über Aufsuchen der Ursachen — Abhilfsmittel genannte Weise eine solche Setzungsursache aufgefunden, welche die Beschaffenheit der Gründungssohle verändert hat, so muß dazu geschritten werden, die Mauer auf einen tragfähigeren Boden aufzustellen.

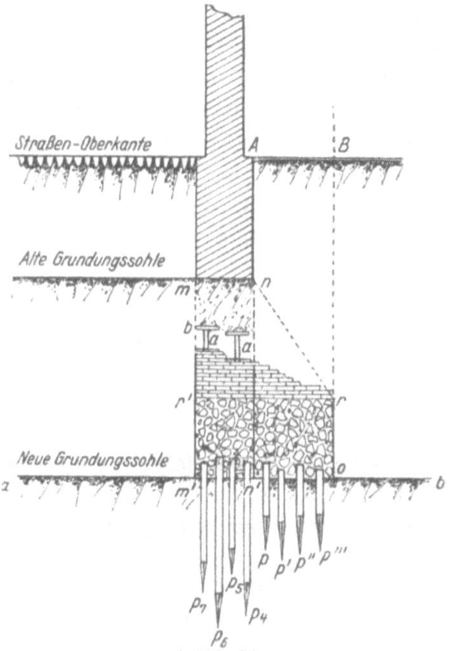

Abb. 58.

Damit dieses möglich werde, muß in größerer Tiefe eine neue Gründungssohle a—b gesucht werden (Abb. 58), und von da ab bis zur alten Gründungssohle m—n ist ein Unterfangungsmauerwerk einzuziehen.

Aber da es nicht immer leicht ist, einen genügend guten Boden in gleichmäßiger Tiefe zu finden, ist zur Verminderung der Ausgaben und der Schwierigkeit der Ausführung vorzuziehen, die Gründungssohle zu verbreitern. Das darauf Bezügliche wurde im Kapitel über: »Gründungen auf nachgiebigem Baugrund« gesagt. Die Verbreiterung geschieht um das sich aus der Rechnung ergebende Maß *n' o*.

Diese Verbreiterung wird am besten zugleich mit dem Teil *m' n'* mit den Pfählen $p\ p'\ p''\ p'''\ p_4\ p_5\ p_6\ p_7$ versehen, und auf dieselbe wie auf das Stück *m' n'* wird eine Schicht von 2 bis 3 m Stärke in Zementbeton aufgebracht[1]).

Von der Höhe *r* an wird dann, unter Abschrägung von *r* nach *n* hin, gewöhnliches Ziegelmauerwerk in Zementmörtel bis zur alten Gründungssohle hochgeführt.

Berechnung der Grundfläche.

Die Verbreiterung muß, damit der Schwerpunkt der Kräfte sich nicht verschiebt, über beide Seiten der Mauer hinaus um das gleiche Maß vorgenommen werden.

Der Gang der Berechnung für eine solche Maßnahme ist im folgenden angegeben.

Sei q = Gesamtbelastung für die Längeneinheit, σ = zulässige Bodenpressung und b = Fundamentbreite, so ist $b = \frac{q}{\sigma}$. Hierbei ist auf richtige Wahl der Einheiten zu achten. Besondere Aufmerksamkeit ist bei Festlegung von σ zu beachten. Hier kann der Einfluß der tieferliegenden Sohle von Bedeutung sein.

Zahlenbeispiel.

Sei

$$q = 15360{,}0 \text{ kg/m} = 15{,}36 \text{ t/m},$$
$$\sigma = 1{,}0 \text{ kg/cm}^2 = 10{,}0 \text{ t/m}^2,$$

dann ist

$$b = \frac{15{,}36}{10{,}0} \cong \mathbf{1{,}53} \text{ m}.$$

Um Kosten zu sparen, pflegt man in vielen Fällen die Verbreiterung nur nach einer Seite hin vorzunehmen, wie es die Abb. 58 zeigt. Aber in einem solchen Falle erfordert die ein-

[1]) Die Pfahlköpfe reichen so weit in den Beton hinein, daß dieselben von diesem auf eine Höhe von 0,30 bis 0,50 m umhüllt werden.

wandfreie Standsicherheit der Mauer, daß die Resultierende aller auf die Sohle wirkenden Kräfte nicht außerhalb des mittleren Drittels der Sohlenfuge fällt.

Wenn in dem untersuchten Falle die Resultierende durch die Mitte der Basis *m n* geht, also in 0,40 m Entfernung von *m* verläuft, so fällt sie eigentlich nicht in das mittlere Drittel, welches sich in 0,51 m Abstand von *m* befindet (1,53 : 3 = 0,51 m).

Aber da die Differenz von 11 cm sehr klein ist, so kann man ausnahmsweise diese Exzentrizität als zulässig erachten (in der Absicht, große Ausgaben zu vermeiden), und wir verbreitern die Mauer nur nach einer Seite hin um 0,73 m, was genügt, um mit der vorhandenen Mauerstärke zusammen die erforderliche Breite von 1,53 m zu ergeben[1]).

Arbeitsgang bei Unterfangungen.

Für diese Arbeiten (Unterminierungsarbeiten) ist ein Brunnen oder eine Grube *A B* neben und innerhalb der zu unterfangenden Mauer zu graben. Diese Grube ist mit Hilfe von Bohlen und mit horizontalen Rahmen aus Hölzern auszusteifen. Die Rahmen werden in 1,5 bis 2,0 m Abständen eingezogen, je nach der Beschaffenheit des Bodens (s. Abb. 59).

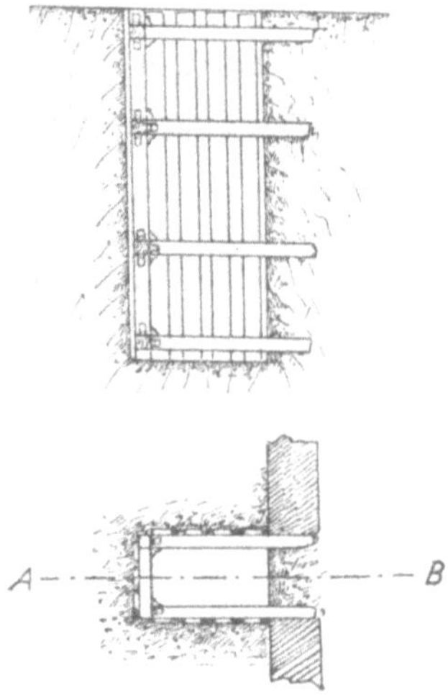

Abb. 59.

Wenn die Mauer *A n* (Abb. 58) von guter Beschaffenheit ist, so wird dieselbe nicht ausgesteift. Die Längssteifen der Rahmen werden in das Mauerwerk eingeführt, wie es in Abb. 59 dargestellt ist. Im anderen Fall wird diese Wandfläche *A n* ebenfalls abgesteift.

Diese Gruben werden mit Rücksicht auf den notwendigen Arbeits-

---

[1]) Durch die Exzentrizität von 0,11 m erhöht sich die Bodenpressung um 43 %, d. i. ein ganz erheblicher und im allgemeinen unzulässiger Betrag. Läßt sich das Grundmauerwerk nicht schwerpunktstreu ausführen, dann gehe man evtl. zu einer anderen Gründungsart über. (Sch.)

raum nicht schmaler als 1,50 m und mit einer Länge vom doppelten Betrage angeordnet, wenn es sich darum handelt, durchgehendes Fundamentmauerwerk zu unterfangen. Sind Pfeiler zu unterfangen, so erhält die Grube die ganze Breite des Pfeilers.

Ist man bis zur neuen Gründungstiefe vorgedrungen, so ist, nachdem die Pfähle (2) der Basis *m' o* geschlagen sind, der nötige Aushub unterhalb der Mauer *A m n* längs *m' n'* vorzunehmen, damit der Beton eingebracht werden kann. Dabei ist das über der Öffnung liegende Terrain und die darauf ruhende Mauer durch Holzpfosten und Bohlen abzufangen. Nach und nach, durch Einbringen von Schichten von 0,20 m Stärke, die gehörig gestampft werden, wird der Betonblock *m' o—r r'* erstellt.

Der monolitische Block aus Beton ist die ideale Lösung bei Unterfangung von Gründungen aus folgenden Gesichtspunkten:

1. es wird eine gleichmäßige Lastverteilung unter dem Fundament erzielt, die ungleichmäßige Setzungen verhindert;
2. bei Gründungen in fließendem Gelände, welches durch Pfähle verdichtet werden muß, können letztere gegebenenfalls kurz gehalten werden, wodurch eine Kostenersparnis erzielt werden kann;
3. da man den Beton auch unter Wasser schütten kann, so werden bei Gründungen unter Wasser die Kosten für Wasserhaltung vermindert bzw. fallen ganz fort. Es ist hierbei aber darauf zu achten, daß kein Entmischen des Schüttgutes erfolgt.

Der Betonblock ist außerdem auch die gegebenste Methode im Fall von Gründungen auf Kiesbänken unter Wasser, da es beinahe unmöglich ist, selbst mit kräftigen Pumpanlagen die Baugrube trocken zu halten.

Der Grund hierfür liegt darin, daß der Wasserandrang infolge der großen Durchlässigkeit des Gerölles sich vergrößert je tiefer man eindringt, so daß auch bei kleinen Schichten trotz der Arbeit der Pumpen keine Senkung des Wasserspiegels eintritt.

Ist die Höhe $r r'$ erreicht, so hat man die Aushubarbeit unter der alten Mauer wieder aufzunehmen in Abschnitten von 0,60 m Höhe und ebensolcher Breite.

Diese Einschnitte, die einer nach dem anderen entstehen, werden wieder mit Hilfe von lotrechten Pfosten (*a*) und Überlagsbrettern (*b*) ausgesteift so lange, bis das Mauerwerk eingebracht und genügend fest ist. Dieser Vorgang wiederholt sich so lange, bis die alte Mauersohle $m\,n$ erreicht ist.

Solche Unterfangungen werden in kleinen Abschnitten ausgeführt. Es muß jeder Schlitz auf die ganze Höhe der Mauer bis zu der alten Sohle geführt werden.

Bei Neubauten hingegen erfolgt die Herstellung des Mauerwerks in einzelnen Schichten, die überall gleich hoch geführt werden, während also bei abschnittweisen Wiederherstellungsarbeiten die Ausführung in schmalen Stücken im vertikalen Sinne geschieht.

Ist man an der alten Gründungssohle angelangt, so werden zwischen altes und neues Mauerwerk Holzkeile eingetrieben. Dieselben werden wenigstens 14 Tage, wenn das Mauerwerk in Puzzolane-Mörtel ausgeführt wurde, und nicht weniger als 5 Tage[1]), bei Verwendung von Zementmörtel, in ihrer Lage belassen. Es ist dafür zu sorgen, daß alle Keile mindestens einmal im Tage angetrieben werden.

Nach dieser Frist (die der erfahrene Fachmann je nach dem Fall verkürzen oder verlängern kann) werden die Keile, aber nur einer nach dem andern, herausgenommen. An ihre Stelle werden Travertinsteine oder ausgesuchte Klinker in Zementmörtel verlegt.

Allmählich, entsprechend dem Fortschreiten der Arbeit, wird die Aussteifung der Grube herausgenommen (bei sehr rutschigem Boden hingegen wird sie in der Erde gelassen), und die Grube wird schichtweise in Lagen von 0,20 m Höhe unter gehörigem Stampfen wieder verfüllt.

Für den Fall, daß die Fundamentmauer $m\,n\,A$ von schlechter Beschaffenheit ist, wird auch diese in der beschrie-

---

[1]) Dieses ist die Zeit, die der Mörtel braucht, um sich gut zu setzen.

benen Weise in kleinen Abschnitten abgebrochen und wiederhergestellt[1]).

Wiederherstellung von Mauerwerk von großer Stärke.

Wenn Grundmauern zu unterfangen sind, die mehr als 1 m Stärke haben, so sind zwei Arbeitsschächte an beiden Seiten der Mauer anzulegen, so daß zwei Arbeiterkolonnen gleichzeitig arbeiten können.

Güte der Ausführung. Die Untermauerung ist eine außerordentlich schwere und kostspielige Arbeit, die viele unvorhergesehene Schwierigkeiten mit sich führt. Sie verlangt, daß zur Leitung erfahrene Maurerpoliere herangezogen werden.

Es darf nicht vergessen werden, daß das Gelingen einer Unterfangung fast allein von der guten Ausführung derselben abhängt.

Wenn also in einer Zeit von sechs Monaten im alten Mauerwerk, das auf dem Wiederhergestellten aufruht, keine Risse entstehen, so kann man annehmen, daß die Arbeit kunstgerecht ausgeführt ist.

Stärke des Betonblocks für Gründungen.

Hat die Betonunterlage nicht die erforderliche Stärke (die für uns die oben erwähnte ist), dann tritt die folgende Erscheinung auf:

Nehmen wir an, daß wir einen Block *A B C D* hätten (Abb. 60), auf demselben laste die Mauer *M* mit ihrem Eigengewicht und mit den eventuellen Auflasten.

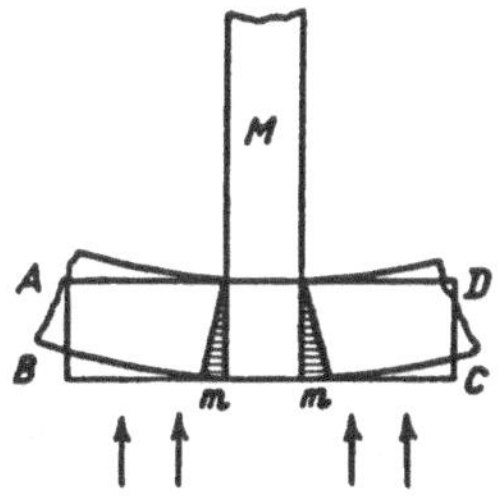

Abb. 60.

Es ist einleuchtend, daß dieser Block unter dem Einfluß ungleichmäßiger Belastung und ungleichem Bodenwiderstand das Bestreben hat, sich zu verbiegen.

[1]) Wenn Unterfangungsarbeiten ausgeführt werden, so hören die Erscheinungen, die durch Setzungen im Mauerwerk und im Untergrund hervorgerufen werden, nach einer Zeitdauer auf, die nicht weniger als sechs Monate beträgt.

Da aber das Mauerwerk keine nennenswerte Zugfestigkeit hat[1]), müssen bei ungenügender Stärke des Betonblockes die in der Abbildung dargestellten Risse *m*, *m* auftreten.

Es ist selbstverständlich, daß bei Eintreten einer solchen Ablösung die Grundplatte sich fast genau so verhält, als ob sie überhaupt nicht da wäre.

Neigungswinkel.

Es ist noch zu beachten, daß bei sehr großer Breite die Risse auch auftreten können, wenn die Stärkeabmessungen des Betonblockes von 2 bis 3 m eingehalten sind.

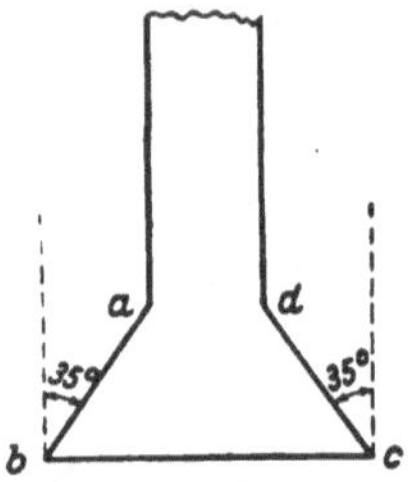

Abb. 61.

Damit diese Gefahr ausgeschlossen ist, muß der Neigungswinkel der Seiten *ab* und *cd* des Pyramidenstumpfes gegen die Vertikale etwa 35⁰ sein. Ganz allgemein läßt sich diese Neigung aus der in Rechnung gesetzten zulässigen Zugspannung ermitteln.

Analytischer Nachweis.

Indem wir uns auf die Abb. 62 beziehen, nehmen wir an, daß das Gewicht der Mauer auf 1,0 m Länge mit den darauf ruhenden Gewölbe-, Decken- und Dachlasten 39000 kg betrage (normale Last bei einem fünfstöckigen Haus in gewöhnlicher Ausführung).

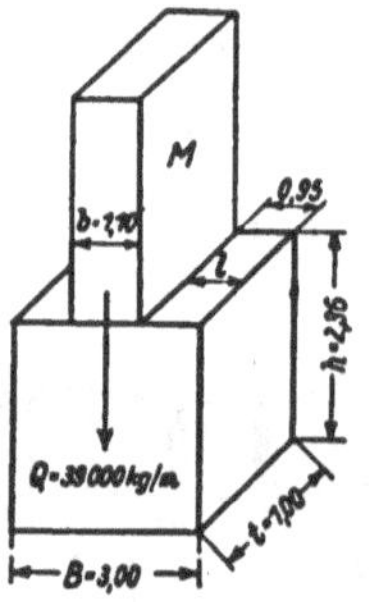

Abb. 62.

Wir erinnern uns daran, daß Beton, der im Mischungsverhältnis von 350 kg Zement auf 0,50 m³ Sand und 0,800 m³ Kies hergestellt wird, nach 28 Tagen eine Zugfestigkeit von 10 kg/cm² aufweist (Versuche von Candlos), die zulässige Spannung beträgt $^1/_{10}$ der Bruchbeanspruchung, also 1 kg/cm²[2]).

---

[1]) Aus diesem Grunde wird in der Praxis nie mit Zugfestigkeit im Mauerwerk gerechnet.

[2]) Da hier die Verhältnisse stark schwanken, empfiehlt es sich, gegebenenfalls die Zugfestigkeit nach Versuchen zu bestimmen. Da ferner eine absolute Rißsicherheit nicht gewährleistet werden kann, ist stets eine Eisenarmierung anzuordnen. (Sch.)

Die Höhe des wirksamen Querschnittes werde mit h bezeichnet.

Zuerst ist die Breite der Grundfläche mit Rücksicht auf die zulässige Bodenpressung zu bestimmen. Dieselbe betrage hier $\sigma = 1{,}3$ kg/cm². Dann ist

$$b = \frac{39000}{1{,}3 \cdot 100} = 300{,}0 \text{ cm} = 3{,}0 \text{ m}.$$

Die notwendige Höhe des reinen Betonquerschnittes bestimmt sich wie folgt. Es ist bekanntlich

$$M_{\max} = \frac{Q\,(B-b)}{8} = \frac{39000 \cdot (300-110)}{8} = \mathbf{927000} \text{ kgcm}.$$

Damit ergibt sich die erforderliche Nutzhöhe zu

$$h = \sqrt{\frac{6\,M}{\sigma\, t}} = \sqrt{\frac{6 \cdot 927000}{1{,}0 \cdot 100}} = 236{,}0 \text{ cm} = \mathbf{2{,}36} \text{ m}.$$

Bei der in Abb. 62 gewählten Höhe von 334,0 cm würde die auftretende Spannung betragen

$$\sigma = \frac{6\,M}{t \cdot h^2} = \frac{6 \cdot 927000}{100 \cdot 334^2} = 0{,}5\ \frac{\text{kg}}{\text{cm}^2}.$$

Fundamentbeton.

Zusammensetzung — Herstellung — Schütten — Mischung — Festigkeit — Raumgewicht.

Der Calcestruzzo, der im französischen Beton, im deutschen Beton und im englischen concrete heiß, ist ein Gemisch aus Mörtel und Kies.

Es wird unterschieden: Magerbeton, der Hohlräume in seiner Struktur aufweist, und fetter oder kompakter Beton, bei welchem alle Zwischenräume zwischen den einzelnen Bestandteilen durch den Mörtel nahezu voll ausgefüllt sind.

Je nach dem Zweck, dem er zu dienen hat, soll der Beton:

a) viel Mörtel (Bindemittel) enthalten,

b) aus gewaschenem Zuschlagmaterial bestehen, das frei von Lehm und sonstigen fremden Bestandteilen ist, die das Haften der Bindemittel am Füllmaterial verhindern,

c) Bestandteile von 6 bis 7 cm Durchmesser enthalten, deren Zwischenräume durch kleinere Stücke ausgefüllt sind[1]),
d) gegebenenfalls aus Splitt und Kies zusammengesetzt werden, da dieser Beton größere Festigkeiten erreicht als reiner Kiesbeton,
e) plastisch angemacht, in Schichten von 20 cm Stärke eingebracht und eingestampft werden.

Geläufige Mischungsverhältnisse bei Fundamentbeton sind in Deutschland etwa 1 : 8 bis 1 : 10. Jedoch ist mit Rücksicht auf den Einfluß der Kornzusammensetzung und etwaiger chemischer Einwirkung des Grundwassers die Güteeigenschaft eines Betons durch Angabe des Mischungsverhältnisses allein nicht festgelegt.

Pfahlgründungen[2]).

Allgemeines. Der Zweck von Pfahlwerken ist entweder der, den tragfähigen oder festen Baugrund zu erreichen oder den Boden zu verdichten.

Im ersten Fall überträgt das Pfahlwerk die Auflast des Gebäudes direkt auf den Untergrund. Auf die Pfähle, die in etwa 80 cm Abstand angeordnet werden können, wird dann ein Gitterwerk aus kräftigen Holzschwellen, Schwellenrost genannt, aufgesetzt.

Im zweiten Fall werden die Pfähle sehr eng nebeneinander gerammt und das Rammen so lange fortgesetzt als der Boden noch Pfähle aufnimmt[3]).

In diesem zweiten Fall werden die Pfahlköpfe mit einer Schicht von gewöhnlichem Beton bedeckt oder besser allseitig auf 0,30 bis 0,70 Tiefe eingehüllt.

Die Pfähle haben gewöhnlich Durchmesser zwischen 0,12 bis 0,30 m. Es wird dafür Eichen-, harzreiches Kiefern-, Lärchen-, Erlen- oder Kastanienholz verwendet.

---

[1]) Bez. der Kornzusammensetzung vgl. die Arbeiten von Fuller, Graf u. a. Forschern, sowie die neuen deutschen Bestimmungen. (Sch.)

[2]) Die Verdichtung des Bodens durch Pfähle ist ein sehr teures Verfahren.

[3]) Das Rammen beginnt für festen Grund in der Mitte und wird nach außen hin fortgesetzt. Das Gegenteil gilt, wenn es sich darum handelt, schlechten Baugrund zu verdichten.

Jeder Pfahl wird am Kopf mit einem eisernen Ring und am Fuß mit einer eisernen Spitze versehen; bzgl. der Tragfähigkeit von Pfählen sei auf die einschlägige Literatur verwiesen.

Bei wenig dichtem Boden kann man zur Ermittlung der Last R, welche der Pfahl mit Sicherheit auf die Dauer zu tragen vermag, die Gleichung von Voltmann anwenden. Danach ist

$$R = \frac{P^2 h}{6(P + p)e},$$

hier bedeutet:

P = Bärgewicht,
h = Fallhöhe,
p = Pfahlgewicht,
e = das Maß des Einsinkens beim letzten Schlag.

Eisenbetonpfähle.

In letzter Zeit haben Pfahlgründungen aus Eisenbetonpfählen Eingang gefunden.

Die Pfähle System Hennebique sind mit 4 Rundeisen bewehrt, welche durch Rundeisenbügel untereinander verbunden sind. Sie werden bis zu Längen von 15,0 m ausgeführt. Den Pfählen von Hennebique werden jedoch Pfähle aus umschnürtem Beton (béton fretté) vorgezogen.

Die Pfähle System Simplex (die, wie es scheint, bessere Resultate erzielt haben) haben einen größeren Durchmesser und können bis etwa 85,0 t auf einen Pfahl aufnehmen, entsprechend einer Betondruckspannung von 51 kg/cm^2.

Rammen.

Die Pfähle werden von Hand, mit Dampfkraft oder mit elektrischer Energie gerammt.

Von den Rammen sollen erwähnt werden:

a) die eiserne Handramme, die von einem oder besser von einer Gruppe von Arbeitern gehandhabt wird, und

b) die Zug- oder Laufframme. Bärgewicht 200 bis höchstens 600 kg, entsprechende Anzahl von Arbeitern. Die Pfähle werden in »Hitzen« geschlagen, d. h. in Folgen von 20 bis 30 Schlägen, zwischen denen jeweils eine Ruhepause von etwa 2 min liegt.

c) Die Dampframmen erlauben, eine große Zahl von Schlägen mit schweren Bären innerhalb begrenzter Fallhöhen auszuführen.

Unter den erwähnenswerten Rammen ist noch die mit Preßluft betriebene von Kunz, Bremen, zu nennen.

Hydraulische Presse.

Das Eintreiben der gewöhnlichen Gründungspfähle wird auch mit Hilfe von hydraulischen Pressen ausgeführt. Dieses Verfahren wurde mit Erfolg für die Pfahlwerke angewendet, die bei den Fundamentunterfangungen am Vittorio - Emanuele - Denkmal in Rom nötig waren.

Abb. 63.

Es besteht darin, daß an Stelle des Schlages durch den Bär ein allmählicher, durch geeignete Einrichtungen bestimmbarer Druck auf den Pfahlkopf ausgeübt wird, so daß der Pfahl langsam nach und nach in den Grund hineingepreßt wird.

Die Presse, die im nachfolgenden beschrieben wird und die bei den Arbeiten am Vittorio-Emanuele-Denkmal verwendet wurde, kann einen größten Druck von 300 t erzeugen.

Dieselbe besteht im wesentlichen aus einem Hohlzylinder *A* (Abb. 63) mit einem inneren Durchmesser von 28 cm, in diesem läuft ein vollkommen eingepaßter Stahlkolben *B*. Der Innenraum des Zylinders ist mit einem Behälter *C* in Verbindung, mit dem Zylinder ist ebenso eine Saug- und Druckpumpe *P* im Zusammenhang, dieselbe wird mit dem Hebel *L* betätigt.

Der Behälter wird durch eine Öffnung mit Wasser gefüllt, die nachher mit einem eingeschraubten Zapfen *D* verschlossen wird. Wird danach die Pumpe in Tätigkeit versetzt, so preßt sich das Wasser unter den Stahlkolben, der sich dadurch langsam hebt.

Hat der Kolben die maximale Hubhöhe (die bei der betrachteten Presse 17,5 cm beträgt) erreicht, wird ein Hahn E geöffnet, und das Wasser fließt unter dem Druck des Eigengewichtes des Kolbens in den Behälter zurück, während der Kolben in die Anfangslage zurückkommt.

Das ungefähre Gewicht der Presse beträgt 520 kg, der theoretisch mögliche Höchstdruck derselben ist 300 t bei einem maximalen Arbeitsdruck von 424 at.

Der Pfahl wird zuerst von Hand auf eine geringe Tiefe eingebracht, in der ein kleines Loch gemacht wird. Mit Hilfe von einigen Streben wird er in senkrechter Lage gehalten. Auf dem Pfahlkopf wird die Presse aufgestellt, und auf dem Kolben der letzteren ist ein Holzpfosten genau im Lot einzurichten, so daß er sich gegen die Unterfläche der zu unterfangenden Mauer stemmt. Die Holzsäule aus besonders gutem Holz hatte einen Querschnitt von 40 auf 40 cm und eine Länge, die dem Abstand zwischen Kolben und Mauerunterkante entspricht.

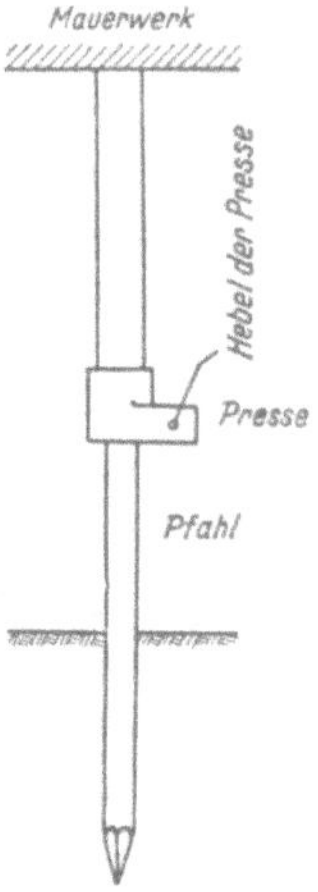

Abb. 64.

Sind alle Elemente — Pfahl, Presse und Säule eingerichtet, so wird mit dem Wasserpumpen begonnen.

Der Kolben hat dann das Bestreben, sich zu heben, da er an dieser Bewegung durch die Holzsäule gehindert wird, so zwingt er den Pfahl, in den Grund einzudringen.

Ist die Laufweite des Kolbens erschöpft als nach 15 bis 17 cm, wird der Hahn geöffnet, und der Kolben gleitet in die Ursprungslage zurück.

Zwischen diesen und die Holzsäule wird eine Holzunterlage, deren Höhe dem vorangegangenen Kolbenhub entspricht, eingeschaltet. Danach wird das Pumpen wieder aufgenommen, und diese Art wird fortgesetzt, bis der Pfahl ganz eingedrückt ist.

In den seitlich von der zu unterfangenden Wand liegenden Teilen (wo man die Holzsäule also nicht gegen eine darüberliegende Mauer stemmen kann) sind geeignete Vorkehren zu treffen. Eine der geeignetsten ist das Einziehen eines armierten Holzbalkens, gegen welchen sich die Säule stützen kann.

Die Kosten beliefen sich auf 25 bis 30 Lire für den laufenden Meter. Diesen sind noch hinzuzufügen die Arbeitslöhne für das Einbringen der Pfähle in die Baugrube, die Kosten der Arbeitsstörungen (eventuelle Brüche von Pfählen, Ziehen derselben, Reparaturen der Presse usw.).

Diese Unkosten betragen etwa 5 bis 10 Lire. Das Eintreiben allein kostet also den nicht unbedeutenden Betrag von 30 bis 40 Lire[1]).

Die Druckkraft, die angewendet wird, wechselt mit dem Durchmesser und der Bodenbeschaffenheit.

Beispiele.

I. Es soll die erforderliche Zahl der Pfähle bestimmt werden, die nötig ist, um einen nachgiebigen Boden zu verdichten, damit ein fünfstöckiges, 20,81 m hohes Gebäude daraufgestellt werden kann. Die Mauern desselben sollen in einer mittleren Stärke von 1,0 m aus gewöhnlichen Ziegeln und mit Kalk-Puzzolan-Mörtel ausgeführt werden.

Betrachten wir eine Mauerzone von 1,0 m Länge.

Mauerwerkslast 1,0 · 1,0 · 20,81 · 1600 (aufgerundet)	33300 kg
Gewölbelast, Erdgeschoßanteil von 2,5 m Breite 2,5 · 1,0 · 0,5 · 1600	2000 »
Geschoßlasten, 4 Stockwerke, Anteil von 2,5 m Breite, 2,5 · 1,0 · 400 · 4	4000 »
Dachlast, Grundfläche von 2,5 m Breite, 2,5 · 1,0 · 300	700 »
Gesamtlast	40000 kg/m.

Damit Ausknicken vermieden werde, verlangt die Praxis, daß die kleinste Dimension des Pfahldurchmessers $^1/_{15}$ bis $^1/_{18}$ der Länge sein soll. Wir wählen also Pfähle mit einem Querschnitt von 0,2 auf 0,2 m und von einer Länge von 3,0 m.

---

[1]) Diese Angaben wurden von dem Ingenieur Quintini geliefert, der die Erfahrungen während der Ausführung der Arbeiten am Vittorio-Emanuele-Denkmal gemacht hat.

Es ist zu beachten, daß sich die Kostenziffern auf das Jahr 1916 beziehen.

Rammen wir also in der betrachteten Zone von 1,0 m Länge und ebenfalls 1,0 m Breite also auf der Grundfläche von 1,0 m², $N = 10$ Pfähle, so haben wir einen gesamten Pfahlquerschnitt von

$$20 \cdot 20 \cdot 10 = 4000 \text{ cm}^2.$$

Verteilen wir die 40000 kg Auflast auf die 4000 cm² Druckfläche, so finden wir, daß die Pfahlbeanspruchung 10 kg/cm² beträgt[1]).

Die Belastung liegt also in den früher festgelegten Grenzen, und die Konstruktion genügt also den Standfestigkeitsbedingungen.

II. Nehmen wir das vorstehende Beispiel noch einmal vor, indem wir die Annahme machen, der Untergrund des Hauses sei sehr stark zusammendrückbar.

Alsdann erhält man nach der Voltmannschen Gleichung:

$$\begin{aligned} P &= 600 \text{ kg}, \\ h &= 4{,}0 \text{ m}, \\ e &= 0{,}0544 \text{ m}^{1)}, \\ p &= 0{,}3 \cdot 0{,}3 \cdot 4{,}5 = 283 \text{ kg}. \end{aligned}$$

Wir erhalten

$$R = \frac{p^2 h}{6 (P + h) e} = \frac{600^2 \cdot 400}{6 (600 + 283) 5{,}44} = \frac{144000000}{28800} = 5000 \text{ kg}.$$

Das heißt also, der gewählte Pfahl von 0,30 auf 0,30 m und 4,50 m Länge kann also mit Sicherheit unter Mitwirkung der Reibung an der Pfahloberfläche 5000 kg aufnehmen.

Aber da das Mauergewicht 40000 kg beträgt, wird die Zahl der nötigen Pfähle gegeben durch

$$N = \frac{40000}{5000} = 8.$$

Da der Querschnitt eines Pfahles 900 cm² ist, so beträgt der Gesamtquerschnitt 900 · 8 = 7200 cm², und deshalb ergibt sich die Pfahlbeanspruchung zu

$$\frac{40000}{7200} = 5{,}55 \text{ kg/cm}^2.$$

---

[1]) Bei einigen Unterfangungsarbeiten an Gründungen bei Amsterdam wurde ein Ziehen von 77 cm beobachtet. (Baggi, Costruzioni stradali et idrauliche).

Diese Belastung hält sich innerhalb der in den allgemeinen Bemerkungen gemachten Grenzen.

Gründungen auf Bogen und Pfeilern.

Wenn sich der gute Baugrund in sehr großer Tiefe befindet, werden durchgehende Mauern sehr teuer.

Aus diesem Grunde wird zur Gründung auf Pfeilern und Bogen gegriffen oder, wie man in Rom sagt, auf »Piloni« und »Barulle«.

Die Pfeiler werden an den Angriffsstellen der konzentrierten Lasten angeordnet, das heißt also in den Gebäudeecken, unter den Mauerkreuzungen und an den Stellen, über denen sich keine Tür- und Fensteröffnungen befinden.

Der Querschnitt F dieser Pfeiler ergibt sich aus

$$P = \sigma \cdot F \cdot n.$$

Darin bedeutet n die Zahl der Pfeiler, wobei noch Voraussetzung ist, daß ein Knicken nicht in Frage kommt.

Beispiel.

Es sei z. B. eine Last von 500000 kg aufzunehmen. Die zulässige Bodenpressung betrage $\sigma = 2{,}0\ \text{kg/cm}^2 = 20000\ \text{kg/m}^2$. Damit ergibt sich

$$n \cdot F = \frac{P}{\sigma} = \frac{500000}{20000} = 25{,}0\ \text{m}^2.$$

Wollen wir z. B. 10 Pfeiler anordnen, so muß der Querschnitt eines Pfeilers betragen:

$$F = \frac{25}{10} = \frac{25}{10} = 2{,}50\ \text{m}^2,$$

das heißt also, daß bei Annahme einer Seitenlänge von 2,0 m, muß die andere Seite des Pfeilers 1,25 m betragen.

Unterfangung von Grundmauerwerk mit umgekehrten Bogen.

Das System, der Gründungen auf Pfeilern und Bogen ist — besonders wenn es sich um schwere Gebäude handelt — immer dann gefährlich,

a) wenn die Bodenschicht, worauf die Pfeiler aufgesetzt werden, nicht vollständig unnachgiebig ist;

b) wenn die Gründungssohle, auf welcher die Pfeiler stehen, von ungleichmäßiger Tragfähigkeit ist.

In einem solchen Fall kann sich ein Pfeiler stärker setzen als ein anderer, was schwere Folgen nach sich ziehen kann.

Diese Gefahr der ungleichmäßigen Setzung besteht auch bei gleichmäßig tragfähigem Baugrund, wenn die Pfeiler verschieden hoch und verschieden belastet sind.

Um bei Gründungen auf Pfeilern mit Bogen ungleichmäßigen Setzungen aus dem Wege zu gehen, kann außer der Anordnung von durchgehenden Gründungsbanketten unterhalb der Pfeilerfüße ein System von umgekehrten Bogen vorgesehen werden.

Bei einer solchen Anordnung wird viel Mauerwerk (zwischen den sich gegenüberstehenden Bogen und Pfeilern) gespart, das Ganze kann jedoch als voll gemauert angesehen werden, da die lotrechte Auflast der Pfeiler sich auf den ganzen Bodenstreifen, der vom umgekehrten Bogen bedeckt wird, verteilt.

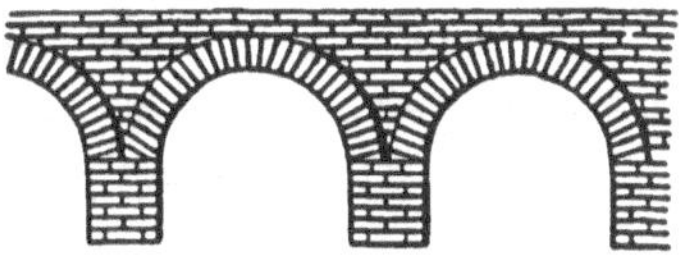

Abb. 65.

Solche Bogen werden als Kreisbogen ausgeführt, manchmal als Halbkreisbogen (Abb. 65), öfters jedoch als Segmentbogen, deren Pfeilhöhe nicht weniger als ein Zehntel der Spannweite betragen soll (Abb. 66).

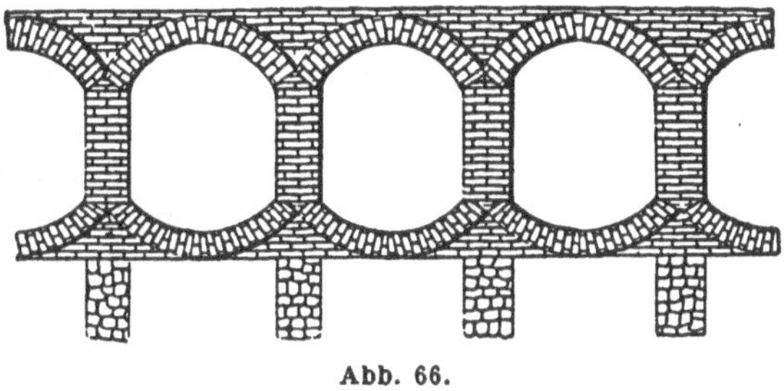

Abb. 66.

Die Konstruktion der umgekehrten Bogen für Gründungen war sehr verbreitet bei den alten Römern; lange Reihen davon wurden bei den Ausgrabungen bei S. Angelo gefunden.

Die Anwendung von umgekehrten Bogen für Bestigungsarbeiten an Gebäuden ist eine sehr schwierige und sehr kostspielige Arbeit.

Zusammenfassung der Ausführungen über die Senkungsschäden.

Wir haben ausgeführt, daß, was die Form der Schäden betrifft, dieselben wie folgt sich zeigen können:

a) Parabelförmig. Diese treten bei Vollmauerwerk auf durchgehender Gründung auf (s. Abb. 8 und Abb. 67),

b) sehr abgeflachte oder verformte Parabeln. Diese kommen vor in Mauerwerk mit vielen Öffnungen auf durchgehender Gründung und bei monolithischem Mauerwerk,

c) nahezu senkrecht bei Senkungen in Mauern ohne Öffnungen, welches auf Pfeilern und Bogen steht (s. Abb. 47),

d) fast immer senkrecht, jedoch sprunghaft in breiten Spalten, in solchen Teilen, die sich über wiederhergestellten Konstruktionen befinden,

e) gegen die Absackungsstelle hin geneigt, sehr ins Auge fallend bei Fensterbrüstungen (schwache Stellen), Gesimsen und Mauervorsprüngen sowie bei Senkungen von Mauerwerk und Öffnungen, das auf Pfeilern und Bogen steht (s. Abb. 19 und 20),

f) geneigt und zu parabolischen Kurven ergänzbar (dieses ist eigentlich ein Spezialfall von a) bei starken Absackungen von Mittelpfeilern in Gebäuden auf Bogen und Pfeilern (Abb. 22).

Was den Ausgangspunkt und die Stärke der Beschädigungen betrifft, könnte die Ursache der Setzungen und deren Ursprung zu der Annahme führen, daß die Schäden sich in den unteren Stockwerken stärker konzentrieren müßten (da diese am meisten beansprucht werden) als in den Obergeschossen.

Dieser Schluß stimmt nicht immer mit der Wirklichkeit überein, da die Setzungserscheinungen von der Art der Baukonstruktion direkt abhängig sind. Ihre Lage und Stärke ist verschieden, je nachdem eine durchgehende Gründung oder eine solche auf Bogen und Pfeilern vorhanden ist.

Zusammenfassend ist darüber folgendes zu sagen:

1. Die Senkungsschäden bei Vollmauerwerk, das also nicht von Fenster- und Türöffnungen durchbrochen ist, und das auf durchgehenden Fundamenten liegt, beginnen in den Fundamenten und haben daselbst und in den unteren Geschossen die stärkste Ausbildung.

2. Die Senkungsschäden bei Mauerwerk, das von Öffnungen durchbrochen ist, und das wie vorher auf durchgehender Gründung liegt, beginnen ebenfalls in den Fundamenten, aber sie treten ohne charakteristische Form auf den absackenden Wänden auf, sie schwanken zwischen lotrechten Linien und verschiedenartig verformten Parabeln.

3. Die Schäden in Vollmauerwerk auf Bogen und Pfeilern gehen vom Gesimsband aus, wo sie die größte Stärke aufweisen und hören in gewisser Höhe über dem Erdgeschoßboden auf, wo sie sich zu Haarritzen verkleinern (s. Abb. 47).

4. Die Senkungsschäden in Mauerwerk, das von Öffnungen, Fenstern, Türen usw., durchbrochen ist und das auch auf Bogen und Pfeilern steht, beginnen und sind am stärksten an der höchsten Stelle des Gebäudes. Sie durchbrechen Stürze, Mauervorsprünge und Fensterbrüstungen und verschwinden in einer gewissen Höhe über der Geländeoberkante. Diese Höhe hängt von der Stärke der Schäden, von der Mauerstruktur, der Gebäudehöhe u. a. m. ab.

Bei normalem Mauerwerk und bei sechsgeschossigen Gebäuden kann, wie es die Erfahrung zeigt, angenommen werden, daß der Riß, der oben beginnt, bis zum ersten Geschoß hinuntergeht, daß im Zwischenstock leichte Risse auftreten und daß das Erdgeschoß unbeschädigt bleibt.

Ein typisches Beispiel für diese Erscheinung kann an einem Gebäude der Via Marianna Dionigi in Rom beobachtet werden.

Anmerkungen über die Senkungen:

1. Die Ecken und Mauerkreuzungen sind diejenigen Stellen die vor allem unterfangen werden müssen.

2. Die Beschädigungen bei Senkungen gehen bei durchgehender Gründung immer von den Fundamenten aus.

3. Die Untermauerungsarbeiten dürfen nicht überstürzt werden, sie müssen öfters unterbrochen werden, um dem Mörtel Zeit zum Setzen zu lassen, außer man verwendet reinen Zementmörtel bei dünnen Fugen.

Weitere Hinweise.

1. Jede Senkung ist stets von einer kleinen Drehung, das heißt von einem Hinausgehen aus der lotrechten Lage der absackenden Mauer begleitet.

2. Eine Senkung der Gründungssohle kann bei Gründung auf Pfeilern und Bogen leichter auftreten als bei durchgehender Gründung, da bei der ersten Gründungsart die Gebäudelasten, die sich auf die ganze Grundfläche verteilen sollten, auf einzelne begrenzte und unzusammenhängende Flächen konzentrieren.

Bestätigung durch die Wirklichkeit.

Die Ausführungen über die parabolische Form von Senkungsrissen in Vollmauerwerk werden durch Störungen bestätigt, die an dem Anbau der Kirche von der Mola dei Fiorentini in Rom aufgetreten sind. Die Kirche steht im vorderen Teil des Lungo-Tevere und wurde im Jahre 1600 erbaut.

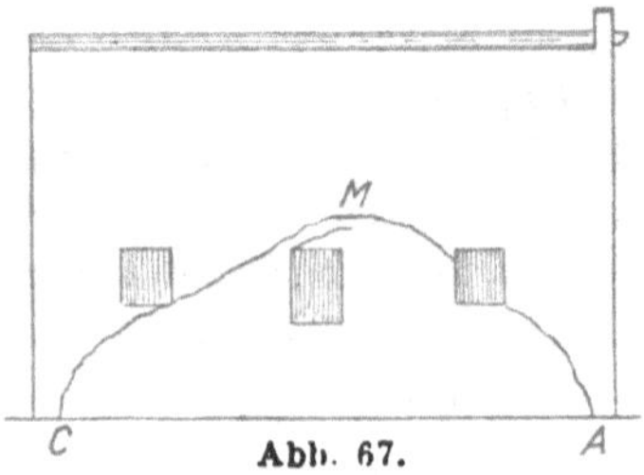

Abb. 67.

Die Zerstörungen sind in Abb. 67 der Wirklichkeit nachgezeichnet worden.

Das absackende Mauerstück AC rief die charakteristische, parabelartige Rißform hervor.

Bei den Ausführungen über die Senkungen wurde gesagt, daß die Neigung der Risse die Lage der abgesackten Mauer oder Mauerzone angebe.

Obwohl der Riß *aab* im Mauerteil AB (Abb. 69) aufgetreten ist, ist doch anzunehmen, daß die Senkung im Punkte A stattgefunden hat, d. h. daß die Mauer AC (Abb. 68) abgesackt ist.

Es wurde ebenfalls behauptet, daß jede Senkung eine kleine Drehung (Überhängungen) nach sich ziehe.

Auch dieser Satz findet seine Bestätigung in den Darstellungen der Abb. 68 und 69.

In Abb. 68 sieht man, daß die Mauer *ACde* sich beim Absacken um die Außenkante *AC* an der Basis gedreht hat.

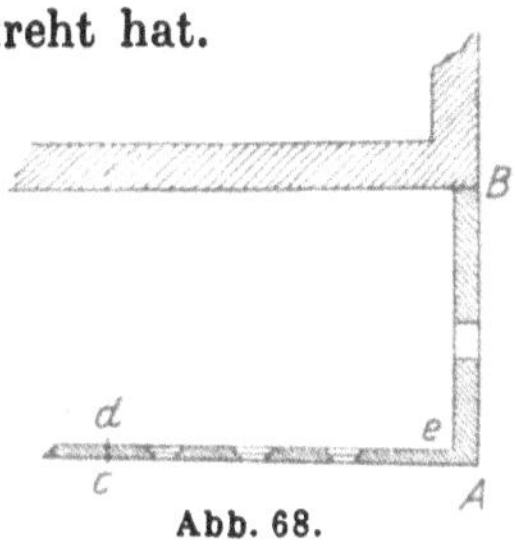

Abb. 68.

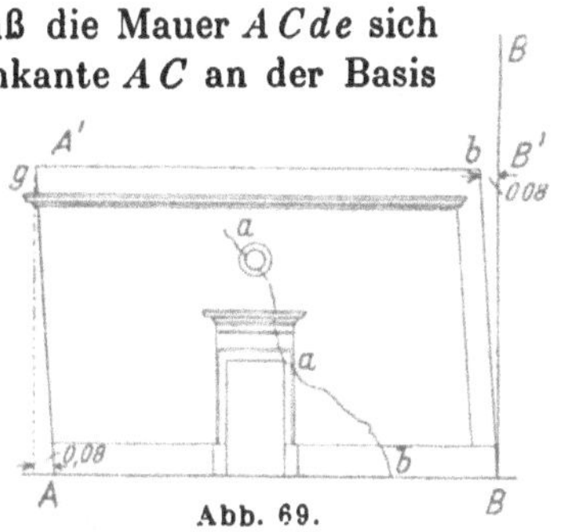

Abb. 69.

In der Ansicht *AB* (Abb. 69) der Mauer *ABB'A'* ist zu bemerken:

1. daß die Lotrechte *BB'* sich nach *Bb* geneigt hat, indem sie sich von der Mauer *BB'* an der Stelle *b* um 0,08 m hinwegbewegte,
2. daß die Kante *AA'* in die Lage *Ag* gekommen ist, indem sie um das gleiche Maß aus dem Lot kam.

Die parabolische Form des Setzungsschadens in der Mauer *AB*, ebenso wie die Neigung des Risses *aab* und die Drehung der Mauer *AB* um den Punkt *A*, lassen sich in der Abb. 70 beobachten, welche eine perspektivische Ansicht des beschädigten Gebäudes zeigt.

Abb. 70.

Ein für Senkungserscheinungen in Vollmauerwerk typischer Riß, der eine ganz ausgesprochene Parabelform aufweist, ist an der Ringmauer des Castel S. Angelo in Rom zu sehen.

Gleiche, vollkommen ausgebildete

Parabelformen von Rissen hatte ich an einer Seitenwand der Vetreria del Vivo in Pontassieve (Firenze) Gelegenheit zu beobachten.

Zerdrückungsschäden.

Begriffserklärung. Die Zerdrückung tritt ein bei einer Überlastung des Materials.

Allgemeines. Aus den Druckversuchen an Steinmaterial geht hervor, daß ein Würfel, der gleichmäßig gedrückt wird, sich im Sinne der Kraftrichtung verkürzt. Aber jeder Kompression entspricht eine Ausdehnung (Dilatation) oder eine Ausbauchung nach allen Richtungen, die lotrecht zur Kraftrichtung stehen.

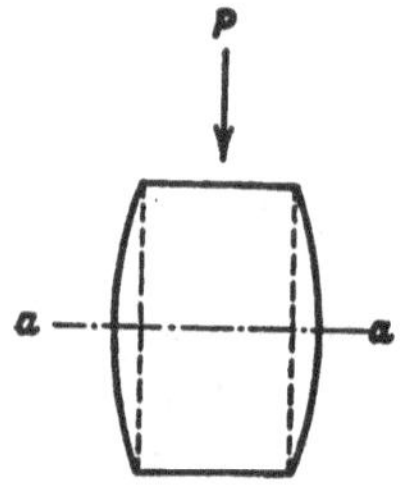

Abb. 71.

Die stärkste Deformation eines festen homogenen Körpers, der einer Druckbeanspruchung ausgesetzt wird, tritt im mittleren Querschnitt auf (Abb. 71). Bevor die Zerstörung eintritt, treten bei wachsendem Druck an dem Würfel Risse auf, und zwar im mittleren Teil der zur gedrückten Fläche senkrecht stehenden Flächen, manchmal auch in der Nähe der Kanten (Abb. 77 bis 78).

Bei gut zusammenhängenden Pfeilern tritt der Bruch manchmal plötzlich ohne vorhergegangenes Reißen ein.

Der Druck, bei dem der erste Riß im allgemeinen erscheint, schwankt zwischen der Hälfte und zwei Dritteln von demjenigen, der den Bruch erzeugt.

Stadien der Zerdrückung.

Hinsichtlich der Ursachen und folglich auch der Wirkungen, die sie hervorrufen, lassen sich drei Stadien der Zerdrückungserscheinungen unterscheiden:

1. Stadium: Zerbröckelung des Mörtels	durch Überbeanspruchung, durch Verwendung von Altmaterial, durch großes Alter (bzw. Baufälligkeit des Gebäudes).

2. Stadium: Bruch des Baumaterials { nach vorhergegangenem Zerbröckeln des Mörtels oder gleichzeitig ohne Zerbröckelungen im Mörtel, durch schlechte Struktur und ungenügend gebranntes Material.

3. Stadium: Endgültige Zerdrückung.

1. Stadium.

Zerbröckeln des Mörtels. Da die Mauer keinen homogenen Körper darstellt, wie etwa ein Holz- oder Eisenbalken, sondern sich aus Steinmaterial und Mörtel zusammensetzt, so ist dieselbe in den Mörtelfugen[1]) weniger widerstandsfähig als innerhalb der Steine, woraus sie aufgeführt ist.

Zwecks besserem Verständnis der Erscheinungen führen wir im nachfolgenden die hauptsächlichsten Eigenschaften und Festigkeiten von Steinen und Mörteln an[2]).

Für die Steine.

Die Belastung, die in kurzer Zeit ein Zerdrücken herbeiführt, ist bei den folgenden Ziegelarten:

feste Ziegel zwischen 100 bis 150 kg/cm² (Hartbrandsteine),
mittelfeste Ziegel zwischen 60 bis 90 kg/cm² (rote Farbe),
Albasi-Ziegel 40 kg/cm² (hellrote Farbe).

Die zulässige Beanspruchung beträgt in der Regel $^1/_{10}$ der Bruchfestigkeit.

NB. Im allgemeinen kann — unter günstigen Umständen — die Bruchfestigkeit zu 60 kg/cm² angenommen werden.

Die Bruchfestigkeiten einiger der hauptsächlichsten in Rom und Neapel verwendeten natürlichen Steinsorten sind nach Roudelet wie folgt festgestellt worden:

[1]) Wenn die Festigkeit des Mörtels kleiner als die des Steinmaterials vorausgesetzt wird, was in der Regel zutrifft, aber nicht stets der Fall zu sein braucht.

[2]) Betr. der Festigkeitsziffern für deutsches Baumaterial vgl. die einschlägigen Bestimmungen bzw. die Handbücher.

Harte Steine:

	Raum-Gew. kg/cbm	Bruchfestigkeit kg/cm²
Piperino von Marino (Rom)	2234	422
Vesuvlava	2600	607
Stein von Caserta	2718	595
Piperibo-Lava (Neapel) . .	2596	592
Sandstein Cape di Bove (Rom) . . . , ...	2686	122
Travertin von Tivoli . . .	2359	298
Weiche Steine:		
Vulkanische Schlacke von Rom	891	37
Schlacke von Neapel . . .	789 bis 859	33 bis 26
Vulkanischer Tuff von Neapel	1302	57 bis 47
Vulkanischer Tuff von Rom	1217	58

Die Zugfestigkeit der Steine beträgt nach Versuchen von Vicat:

für weichen Kalkstein von 6 bis 13 kg/cm²,
für mittleren Kalkstein von 13 bis 30 kg/cm²,
für harten Kalkstein von 30 bis 65 kg/cm².

NB. In der Praxis empfiehlt es sich, den Steinen keine größere Zugbeanspruchung zuzumuten als $^1/_{10}$ derjenigen, die zum Bruch führt, aber in diesem Falle muß auch die Zugfestigkeit des Mörtels in Betracht gezogen werden.

Für Mörtel.

Was die Mörtel betrifft, ist folgendes zu sagen: Das Raumgewicht der Mörtel schwankt zwischen 1500 und 2000 kg/m³.

Das Festwerden oder vollständige Erhärten der Mörtel dauert viele Jahre, es vollzieht sich von außen nach innen.

Diejenigen Mörtel, die sofort großen Belastungen ausgesetzt werden, müssen so wenig feucht wie möglich angemacht sein und sollen eingedrückt oder gestampft werden.

Cavalieri San Bertolo beobachtete, daß durch das Zusammendrücken des Mörtels, dessen Druckfestigkeit gegen Zerdrücken um ein Drittel zunahm. Diese Verarbeitung ist also dort angezeigt, wo das Mauerwerk eine sehr hohe Belastung aufzunehmen hat.

Ein gut durchgearbeiteter Mörtel soll auf der geneigt gehaltenen Kelle gleiten und dieselbe fast rein lassen.

Bleiben darauf Körner zurück, so heißt das, daß zu wenig Wasser zugesetzt wurde, bleibt Wasser zurück, so ist das ein Zeichen dafür, daß er zu naß ist.

Wenn der Kalkmörtel längere Zeit der Luft ausgesetzt ist, so verliert er die Fähigkeit abzubinden, da die Luft demselben Kohlensäure zuführt. Es ist also eine Notwendigkeit, daß mit möglichst frischem Mörtel gearbeitet wird.

Das Austrocknen muß langsam geschehen. Vicat behauptet, daß durch das zu rasche Austrocknen im Sommer der Mörtel bis $^{3}/_{10}$ der Eigenfestigkeit verlieren kann.

Die gewöhnlichen Mörtel vollziehen den größten Teil des Abbindeprozesses innerhalb von zwei Jahren, für das vollständige Abbinden benötigen sie acht bis zehn Jahre.

Die Festigkeit gegen Zerdrücken erreicht für die bei gewöhnlichen Bauten am meisten verwendeten Mörtel die folgenden Werte[1]):

	Festigkeit kg/cm²	Gewicht für 1 m³
a) Gewöhnlicher Mörtel aus Fettkalk[2]) und Sand, kurze Zeit nach dem Erhärten	19,0	1700
derselbe nach 18monatiger Erhärtung	30,7	1630
b) Mörtel in Fettkalk und Puzzolane aus Neapel oder Rom nach 18monatiger Erhärtung . . .	37,0	1320
Mörtel aus hydraulischem Kalk von Casale nach 60 Tagen .	32,94	—

[1]) Für deutsche Verhältnisse vgl. z. B. Förster, Taschenbuch. Abschnitt über Baustoffe.

[2]) Fettkalk enthält mindestens 80 bis 95 % Kalziumoxyd. Die Lahnkalke (Gegend Limburg) enthalten im Mittel 98,75 % CaO. Beim Löschen vergrößert sich sein Volumen auf das 2 ½- bis 3fache. (Sch.)

	Festigkeit kg/cm²	Gewicht für 1 m³
c) Mörtel aus künstlichem, langsam bindendem Zement vom Vicat (Grenoble) nach 8 Monaten bis 1 Jahr	170 bis 333	Versuch v. Arlori
Mörtel aus Casale-Zement I. Qualität.	232 bis 479	»
Mörtel aus Portland-Zement von Palazzolo (bessere Qual.)		
unter Wasser	22,7 bis 145	»
Luftlagerung	25,5 bis 192	»
d) Mörtel aus langsambindendem Portlandzement von Palazzolo und Sand nach 1 Tag . . .	9,0	»
nach 100 bis 300 Tagen . .	60 bis 80	»
Mörtel aus Casale-Zement I. Qualität und Sand . . .	119 bis 285	»
e) Gewöhnlicher Gipsmörtel . .	50	1570
Ebensolcher in zähem Gipsbrei	90	1400
ebensolcher Gips mit Kalkwasser angemacht	76,2	—

Die Zugfestigkeit der Mörtel beläuft sich für den qcm:

	kg/cm²
a) Mörtel aus Fettkalk und Sand in gewöhnlichen Bauten nach 6 Monaten bis 10 Jahren	0,5 bis 3,5
derselbe nach vollständig abgeschlossenem Abbinden	0,5 » 3,5
b) Mörtel aus Fettkalk und Puzzolane zwischen 2 und 3 Jahren	3,0 » 15,0
derselbe nach 3 Jahren (voll erreichte Festigkeit)	5,0 » 15,0
Mörtel aus hydraulischem Kalk von Palazzolo Bresciano nach 300 bis 500 Tagen Luftlagerung	15,0 » 16,0
derselbe unter Wasser gelagert	10,0 » 13,0
c) Mörtel aus hydraulischem Zement von Bergano und Sand zu gleichen Teilen gemischt nach 10 Monaten Luftlagerung	13,0

	kg/cm²
Natürlicher Portland-Zement von Palazzola und Sand zu gleichen Teilen gemischt nach 10 Monaten Luftlagerung	17,2
d) Gipsmörtel nach einem Monat.	4 bis 6
Mörtel aus Gips und Sand nach einem Monat	2 » 6

Überbeanspruchung.

Die Bestandteile des gewöhnlichen Mauerwerks, Mörtel und Steinmaterial, haben verschiedene Elastizitätsmaße, das bedeutet also, daß sie sich bei der gleichen Beanspruchung verschieden stark deformieren.

Da die Druckfestigkeit der Steine größer ist als die des gewöhnlichen Mörtels aus Fettkalk und Sand, so kommen bei Zerdrücken durch Überlastung des Mauerwerks nicht die Steine zum Bruch, sondern die Zerdrückung tritt zuerst in den schwächsten Stellen, also in den Fugen ein.

Verwendung von Altmaterial.

Abbruchmaterialien sollten für Neubauten nicht verwendet werden. Die bereits verwendeten Ziegel verhindern ein gutes Haften[1]) des Mörtels selbst dann, wenn dieselben sorgfältig gereinigt sind.

---

[1]) In bezug auf das Abbinden des Mörtels ist es nützlich, sich folgendes vor Augen zu halten:

a) Quarzsteine sollen nicht als Baumaterial verwendet werden, da sie sich nicht mit dem Mörtel verbinden,
b) die Salzsinterungen, die bei Ziegelmauerwerk vorkommen, verhindern die Verbindung zwischen Stein und Mörtel. Dieselben haben ihre Ursachen in der Kristallisation der Natrium- und Kalium-Sulfate,
c) die zu stark gebrannten und zum Teil glasig gewordenen Ziegel verbinden sich schlecht mit dem Mörtel,
d) das Meerwasser, das für Mörtel verwendet wird, verzögert das Abbinden,
e) zu viel Wasserzusatz hat dieselbe Wirkung wie bei d) angegeben,
f) werden die Steine, besonders die porösen, vor der Verwendung nicht angenetzt, so saugen sie das Wasser aus dem Mörtel und beeinträchtigen das Abbinden,

Es ist leicht verständlich, daß Mörtel, der schlecht anhaftet, sich leicht von den Steinen löst und jenes Zerstören des Zusammenhanges der Bestandteile der Mauer herbeiführt, welches das charakteristische Kennzeichen des 1. Stadiums der Zerdrückungserscheinungen im Mauerwerk ist.

Wenn diese Erscheinung eintritt, die auch an Neubauten auftreten kann, so bildet der Mörtel in den Fugen in sich zusammenhängende Klumpen, die keine Verbindung mit dem Steinmaterial eingehen.

Alter.

Gleich wie sich die organischen Kräfte mit den Jahren aufzehren, so vermindert sich oder schwindet die Zusammenhangskraft des Mörtels mit dem Alter mehr oder weniger spät, je nach seiner Güte, Zusammensetzung, Behandlung und Verwendung.

Das Aufhören des Zusammenhanges innerhalb des Mörtels führt zu der Auflösung der Verbindung der Steine, was wir übereingekommen sind, mit Stadium 1 der Zerdrückung zu bezeichnen.

Wenn diese Erscheinung auftritt, so pulverisiert sich der Mörtel in den Lagerfugen der Steine und läßt sich zwischen den Fingern zerreiben.

Aus diesem Grunde tritt im 1. Stadium kein Bruch des Steinmaterials ein, es kommt nur eine Zerstörung des Verbindungsmaterials zustande.

Die aufeinanderfolgenden Stufen des Zerdrückungsvorgangs sind die folgenden:

1. Zerstörung der Kohäsion im Mörtel und Loslösung des Steinmaterials,
2. Bruch der Steine besonders in den am stärksten bean-

---

g) wird Kalkmörtel an der Luft stehen gelassen, verliert er die Fähigkeit abzubinden, da ihm die Luft Kohlensäure zuführt. Es muß daher immer mit frischem Mörtel gearbeitet werden, am Morgen darf der am Abend übriggebliebene Mörtel nicht wieder verwendet werden, noch schlechter als der vom vorhergehenden Abend ist derjenige, der einen ganzen Tag gelegen hat.

spruchten Stellen (Ecken, Kanten, Fenster- und Türrahmen, Stürze, Bogen, Widerlager usw.),

3. vollständiger Zusammenbruch.

Es gibt Fachleute, die unbedingt Brüche in den Steinen sehen wollen, um auf Zerdrückungserscheinungen schließen zu können.

Es ist allerdings bei Mauerwerk aus Bruchsteinen zutreffend, daß die Steine, bevor sie zerdrückt werden, Risse bekommen, aber bevor der Bruch eintritt, lösen sie sich aus dem Verband.

Aus diesem Grund läßt sich die gewöhnliche Zerdrückungserscheinung nur in diesem 1. Stadium beobachten. Der Techniker, der diesem begegnet, muß es unverzüglich aufhalten, er darf nicht weitere Bewegungen abwarten.

Die gleichen Gleitungserscheinungen werden auch in homogenen Körpern, wie z. B. im Beton, angetroffen. Auch in diesem Fall kommt der Bruch nach vorausgegangener Ausbauchung zustande. Er tritt nicht als Folge von Zerstörung der kleinsten Teile ein, sondern durch ein gegenseitiges Gleiten derselben gegeneinander. Dieses Gleiten erfolgt in Neigungen von nahezu 45° gegen die Richtung der wirkenden Kraft. (Cauevazzi, Esercizi sulle Lezioni di Meccanica delle Costruzzioni.)

Bestätigung durch die Wirklichkeit.

Ein sprechendes Beispiel für Zerdrückungserscheinungen im 1. Stadium mit sämtlichen charakteristischen Merkmalen, die in Abb. 72 angegeben sind, ist durch das Häuschen »Campanari« in der Gemeinde Veroli (Rom) gegeben. Wir geben davon eine schematische Skizze (Abb. 72) und die Photographien der zwei Kantenansichten (Abb. 73 und 74). Wegen der Enge der Gassen war es nicht möglich, eine Gesamtansicht aufzunehmen.

Statische Untersuchung.

Es sollen die bei dem vorgenannten Gebäude beobachteten Erscheinungen statisch erfaßt werden (vgl. Abb. 72, 73, 74). Das kleine Gebäude ist eine sehr alte Konstruktion aus dem Jahre 1400, einer Zeit, in welcher die Stadt Veroli von einem Erdbeben zerstört wurde.

Der Untergrund besteht aus bestem Fels.

Die Vorderwand, die wir untersuchen wollen, mißt 3,53 m in der Breite und 7,20 m in der Höhe und hat eine Stärke von 1,0 m.

Die Ansichtsflächen sind in kleinen Hausteinblöcken ausgeführt, die ebene Flächen aufweisen, und in Kalk-Puzzolane-Mörtel vermauert. Das innere Mauerwerk hingegen ist aus formlosen Bruchsteinen in Kalkmörtel hergestellt.

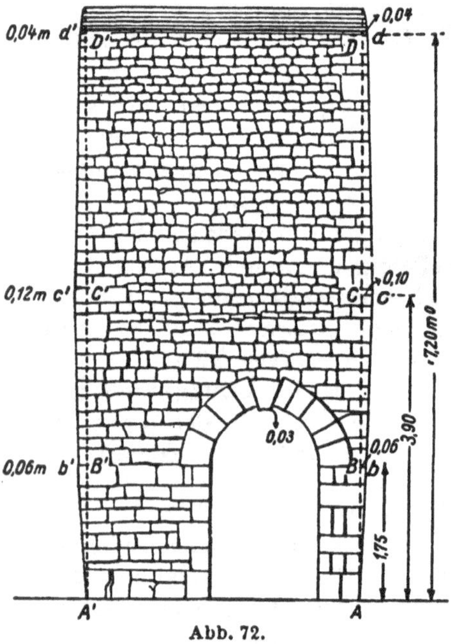

Abb. 72.

Der Mörtel ist ziemlich locker wegen der schlechten Qualität der dortigen Puzzolane.

Die einzelnen Geschoßdecken sind in Holz ausgeführt.

Der Bogen über der Eingangstür ist in gut gearbeiteten Gewölbesteinen hergestellt.

Der Scheitelstein hat sich um 3 cm gesenkt.

Die kleinen Quader der Ansichtsfläche — besonders diejenigen der mittleren Zone — haben Bewegungen in der Richtung nach den Außenkanten $A\,D$ und $A'\,D'$ zu erlitten (Abb. 72).

Die Fußpunkte A und A_1 der Kanten sind nicht aus der Lage gekommen.

Die Punkte D und D' am oberen Ende des Häuschens haben sich um je 0,04 m nach außen verlagert.

Die größte Ausbauchung, die in der Mitte der Kanten eingetreten ist, beträgt an der rechten Seite 10 cm und an der linken 12 cm.

Allgemeine Betrachtungen.

Über die Festigkeit der Gründungssohle kann kein Zweifel bestehen, da der Untergrund wie unter a) gesagt aus festem Fels besteht.

Abb. 73.

Das Dach ist leicht geneigt und übt keinerlei Schubkräfte auf die Unterlage aus.

Die Bewegungen der kleinen Quader in der mittleren Höhe nach den Außenkanten hin zeugen augenscheinlich von Kräften, welche die Erscheinung daselbst hervorgerufen haben.

Das Absacken des Schlußsteines des Türbogens bestätigt das Auseinandergehen der mittleren Zone der Vordermauer.

Der lockere Zustand der Steine und die vielen breiten Spalten in allen Richtungen zeigen offensichtlich die Erscheinung, die Gegenstand der Betrachtung ist.

Abb. 74.

Die Verbindung zwischen Mörtel und den verwendeten Steinen wird noch verschlechtert durch die glatte Oberfläche des verwendeten Steinmaterials.

Gutachten.

Die Möglichkeit, daß die Ausbauchung durch Gewölbe oder Bogenschub erzeugt sein könne, kommt nicht in Betracht, da solche Konstruktionen in dem Häuschen nicht existieren.

Die Annahme einer Rutschung im Untergrund ist ebenfalls unbegründet wegen der Lage des Gebäudes, bei welcher in einiger Tiefe eine Rutschfläche absolut fehlt.

Beachten wir, daß die Druckspannung im mittleren Teil der Vordermauer (unter Berücksichtigung der gegebenen Werte) nur 1,0 kg/cm² beträgt, so müssen wir eine Überbeanspruchung als Ursache der Zerbröckelung des Mörtels ausschließen. Beachten wir weiter, daß die Untersuchung des Tones — ausgeführt durch Klopfen mit dem Hammer — einen tiefen Ton ergab, dann kann man annehmen, daß die betrachtete Unregelmäßigkeit eine Zerdrückungserscheinung im 1. Stadium darstellt, die durch Schwinden der Kohäsion im Mörtel erzeugt wurde.

Die Zerbröckelung ist eine Folge des Alters des Gebäudes. Als erschwerender Umstand trat noch die schlechte Haftmöglichkeit zwischen Mörtel und den verwendeten Steinen hinzu.

2. Stadium.

Bruch.

Der Bruch der Materialien tritt immer als Folge von Überbelastung ein; manchmal wegen fehlerhafter Materialien, aber doch immer als Folge der Gewichtswirkung.

Versuche und Erfahrungen von Rondelet und Vicat zeigten, daß der Bruch der Steine nicht sofort nach dem Einsetzen der Last erfolgte, sondern erst nach vielen Monaten, während denen die Steine einer gewissen Last ausgesetzt blieben.

In der Tat haben sich die gefährlichen Sprünge im Pariser Pantheon erst nach 17 Jahren geöffnet.

Brix hat für die in Berliner und Kölner Bauten verwendeten Sandsteine nicht nur die Bruchbelastungen auf einen cm² bezogen bestimmt, sondern auch diejenige Belastung, bei welcher die Risse auftreten ebenfalls (auf 1 cm² bezogen).

Dem Verfasser ist nicht bekannt, ob ähnliche Versuche auch für Backsteine, Kalksteine und Tuff und die in Italien hauptsächlich verwendeten Steine gemacht worden sind. Es ist jedoch sicher, daß solche Untersuchungen, die also die Zahlen ermitteln würden, deren Wert den Übergang vom Auftreten der ersten Risse bis zum Bruch festlegen, von größtem

Vorteil für die Beurteilung von Zerdrückungserscheinungen in Mauerwerk wären[1]).

Es lassen sich vier Fälle unterscheiden, bei denen der Bruch des Materials eintritt:

1. Bruch, nach voraufgegangener oder bei gleichzeitiger Zerbröckelung des Mörtels.

Dieser ereignet sich, wenn der Mörtel eine kleinere oder beinahe gleiche Festigkeit als die Steine aufweist.

In diesem Fall löst sich der Mörtel, und das Steinmaterial reißt in Form von geschlängelten Linien (Abb. 75).

Bestätigungen aus der Wirklichkeit.

Der Bruch von Steinen bei Zerdrückungen von Tragkonstruktionen in Mauerwerk ist keine geläufige Erscheinung.

Die verschiedenen Fälle, die uns bekannt sind, müssen deswegen mit großer Vorsicht und Sachkenntnis untersucht werden.

Die Diagnose der statischen Störungen bei Materialbrüchen ist keine oberflächlich oder einfach zu erledigende Aufgabe, sondern sie verlangt eine fleißige und sinngerechte Untersuchung, die unter ernsthaften Gesichtspunkten mit ebensolchen Vorbereitungen zu führen ist.

---

[1]) Wir erwähnen im folgenden die in der Zeitschrift »Se Cemento Armato« (Jahrg. 1925) veröffentlichten Zahlen, die aus Versuchen an kleinen Mauerpfeilern aus Back- oder Zementsteinen in hydraulischem Kalkmörtel oder Zementmörtel gewonnen wurden.

Steinart	Fugenstärke cm	Raumgewicht kg/cbm	Festigkeit für das Auftreten von Rissen	Festigkeit auf Bruch kg/cm²
in hydraulischem Kalkmörtel 1 : 4				
Hohlziegel	1,7—1,9	1671	24	55
Handstrichziegel	1,5—2,4	1717	33	49
Zementsteine	1—2	2150	32	60
in Zementmörtel 1 : 4				
Hohlziegel	1,5—2	1761	49	146
Handstrichziegel	1,2—2,2	1407	72	79
Zementsteine	1,2—1,6	2149	131	147

Aus diesem Grunde — und in der Meinung, damit dem Leser einen guten Dienst zu leisten — fügen wir, indem wir besonders darauf hinweisen, eine große Zahl von Einzelheiten über einen Fall bei, bei dem ausgesprochene Materialbrüche vorlagen. Die Wiederherstellungsarbeiten an diesem Objekt waren dem Verfasser anvertraut.

Auf der Photographie (Abb. 75) und den Vergrößerungen der gebrochenen Steine (Abb. 77 bis 78) ist die Zerbrökkelung des Mörtels und das Springen der Steine längs beinahe vertikaler Linien, also parallel zur Kraftrichtung, klar ersichtlich.

Abb 75.

Der »hohle Ton« des Mauerwerks beim Anschlagen, das Losliegen der Steine und die Ausbauchung der mittleren Zone des Pfeilers vervollständigen die Merkmale für das zweite Stadium.

Und doch widerspricht — merkwürdigerweise — diesen ganz unzweifelhaften Anzeichen für die Zerdrückung der für die Auflasten mehr als genügend bemessene Querschnitt des Pfeilers.

Wo liegen die Gründe hierfür?

Der zerdrückte Pfeiler liegt unter einem Gebäude von zwei Stockwerken und ist Bestandteil des Säulenganges, der um die Piazza Umberto I in Montesachio (Neapel) herumläuft.

Der Querschnitt des Pfeilers (0,90×0,90) ist mehr als ausreichend für die Belastung, die er durch das aufgehende Gebäude erhält. Dieser Umstand macht die Brucherscheinung im Steinmaterial unerklärlich. Das letztere Material besteht aus neapolitanischem Tuff, für den wir, wie wir wissen, mit Sicherheit eine Beanspruchung von 10 kg/cm² zulassen können.

Da der vorliegende Fall keine Verzögerung und keine Lässigkeit erlaubt, so mußte ohne weiteres dazu geschritten

Abb. 76.

werden, die an den Pfeiler anschließenden Bogenfelder einzurüsten, um dieselben so viel wie möglich von dem aufruhenden Mauergewicht zu entlasten.

Ohne Zögern wurde sofort damit begonnen, den Pfeiler in kleinen Abschnitten wiederherzustellen, indem die Tuffsteine durch ausgesuchte, in Zementmörtel verlegte Ziegelsteine ersetzt wurden.

Die Wiederherstellung war äußerst schwierig. Die gebrochenen Steine ließen sich nicht ohne Hebel herauslösen. Dieselben trugen eine größere als die gewöhnliche Belastung,

Abb. 77.

welch letztere die Steine in ihren Lagern festgeklemmt hielt.

Die Arbeit war sehr gefährlich, es mußten ganz kleine Ausschnitte ausgehauen werden, diese waren sofort durch Steifen auszubauen und dann mit der größtmöglichen Schnelligkeit mit Mauerwerk aus guten Backsteinen in Zementmörtel auszufüllen. Die erhebliche Auflast ermöglichte nicht immer, die Keile zwischen das alte und das neue Mauerwerk einzutreiben.

Um die Erklärung für die annormale Erscheinung, daß ein Pfeiler, der mehr als ausreichend bemessen ist, zu Bruch kommt, zu finden, müssen wir nach dem vorhergehenden Zustand des Pfeilers fragen.

Die darauf bezüglichen Tatsachen sind die folgenden:

Ursprünglich war der Säulengang einfach mit einem Dach abgedeckt und bildete so einen Vorbau vor den dahinter stehenden Gebäuden, die den Platz umrahmen. Die Pfeiler hatten also nichts anders zu tragen als ihr Eigengewicht und den Anteil der Last der anschließenden Bogen, sie konnten deshalb sehr dünn gehalten werden.

Später wollte man, im Interesse der baulichen Ausgestaltung des Platzes, die hinterstehenden Gebäude so weit vorziehen, daß sie den früheren abgedeckten Säulengang in sich aufnahmen.

Die Konstrukteure jener Zeit glaubten nun, die Pfeiler statt sie neu in größeren Abmessungen herzustellen, einfach verstärken zu können. Sie errichteten deshalb um die vorhandenen Pfeiler herum eine Ummantelung aus Tuff von 26,0 cm Stärke.

Auf diese Weise bestand jeder Pfeiler aus einem inneren Kern aus Kalkstein von 0,38 m Seitenlänge und einer Umhüllung in Tuffmauerwerk von 0,26 cm Stärke.

Wir sagen mit Absicht Umhüllung und nicht Verstärkung, weil wegen der Ungleichheit der Materialien die Konstrukteure keine Einbindungen herstellen konnten, welche die vorhandenen Kalksteinsäulen mit den Tuffummantelungen zu einer festen Einheit verbunden hätten.

Deswegen war die Täuschung, der sich die Konstrukteure hingaben, einen Pfeiler von 0,90 auf 0,90 m mit reichlich bemessenem Querschnitt für die zwei auflastenden Stockwerke geschaffen zu haben, mehr als ein Irrtum, sondern es war eine Tat schuldhafter Unfähigkeit, die Menschen und Güter unübersehbaren Gefahren aussetzte.

Indem sich die Dinge derart verhielten, bestanden die Pfeiler aus zwei ganz verschiedenartigen Mauerwerksarten, von denen jede nach eigenen Gesetzen an der Lastaufnahme teilnahm.

Der innere Kern wirkte mit seinem Querschnitt von 0,38 auf 0,38 m. Für die äußere Ummantelung aus Tuffmauerwerk

Abb. 78.

müssen wir zwei verschiedene Zeiten für die Art der Mitwirkung unterscheiden.

a) Die erste Zeit, während welcher die Ummantelung mit ihrem ganzen Querschnitt also mit $2{,}56 \cdot 0{,}26 = 0{,}67$ m² mitarbeitete. Diese Zeit können wir ausgedehnt denken über die ganze Periode, während welcher die Festigkeit des Mörtels nicht überwunden und der innere Kern noch intakt war.

b) Eine zweite Zeitperiode, in welcher nur ein Querschnitt von der Ausdehnung eines Tuffsteines als 0,26 auf 0,26 m wirkte; denn nachdem der Zusammenhang gelöst war durch den Zerfall des Mörtels, stand jede Steinschicht für sich selbst da.

Aber indem wir aus vielen Gründen von dieser zu ungünstigen Annahme in der Beurteilung der zweiten Zeit absehen, können wir die Rechnung unter der Annahme durchführen, daß in dieser Periode eine ganze Seite des Tuffmantels, also $0{,}90 \cdot 0{,}26 = 0{,}23\ m^2$ gewirkt haben.

Unter diesen Voraussetzungen ergibt sich unter Einsetzung von Mittelwerten die folgende Beanspruchung:

Eigengewicht des Pfeilers $0{,}9 \cdot 0{,}26 \cdot 3{,}0 \cdot 2500$	1755 kg
Eigengewicht der anschließenden Bogen $5{,}1 \cdot 1{,}0 \cdot 1{,}5 \cdot 2500$	18750 »
Eigengewicht des Mauerwerks über den zwei Stockwerken $8{,}0 \cdot 6{,}0 \cdot 0{,}8 \cdot 2500$	80000 »
Gewicht von 2 Gewölbeanteilen: $2 \cdot (2{,}0 \cdot 5{,}0 \cdot 0{,}7 \cdot 2500)$	35000 »
Gewicht vom Dach $5{,}0 \cdot 2{,}0 \cdot 300$	3000 »
Gesamtlast:	138505 kg

aufgerundet 140000 kg.

Daraus

$$\sigma = \frac{140000}{90 \cdot 26} = 61\ \text{kg/cm}^2.$$

Da die Druckfestigkeit des neapolitanischen Tuffes zwischen 52 und 47 kg/cm² schwankt, so erklärt sich, wie in dem untersuchten Pfeiler das Eintreten des Bruches in dem Steinmaterial möglich war.

2. Bruch ohne Zerbröckelung des Mörtels.

Dieser tritt dann ein, wenn die Mörtelfestigkeit größer als die Festigkeit der Steine ist.

Diese Fälle sind nicht selten, sie kommen dann vor, wenn sehr guter Puzzolane-Mörtel verwendet worden ist (z. B. Puzzolane von Rom, Baccole usw.), oder Zementmörtel, welcher mittlere Festigkeiten erreicht, die über 200 kg/cm² hinausgehen können, während die Bruchfestigkeit der Ziegel zwischen 40 und 150 kg/cm² liegt.

Bestätigung durch die Wirklichkeit.

Es steht allerdings fest, daß Brüche im Steinmaterial bei Zerdrückungserscheinungen die Ausnahme und nicht die Regel bilden, wir sind jedoch in der Lage, eine interessante Ausnahme von der Regel angeben zu können.

Die Zeichnung, die wir wiedergeben, ist der Wirklichkeit entnommen. Sie zeigt einen Teil des Widerlagermauerwerks des Torbogens in der Via Nazionale N 251 in Rom. Dieses Gebäude wurde 1920 verstärkt.

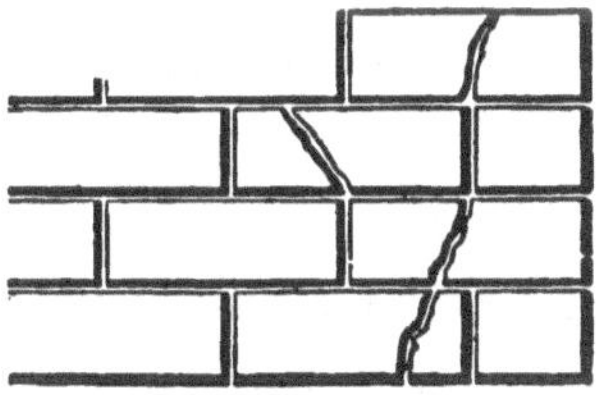

Abb. 79.

Eine oberflächliche Untersuchung der örtlichen Verhältnisse zeigt keinerlei Schaden in den Mörtelfugen, dagegen sind die Steine gebrochen, wie es in Abb. 79 dargestellt ist.

Diese Risse finden sich im Unter-, Erd- und Zwischengeschoß.

Das Steinmaterial läßt sich zwischen den Fingern zerreiben und erregt den Eindruck, daß der Stein in rascher Zersetzung begriffen sei.

Diese Erscheinung zog die Aufmerksamkeit der Forscher auf sich. Der Verfasser untersuchte auf eine freundliche Einladung hin selbst den Fall.

Die einfache Feststellung des Tatbestandes genügte nicht, um eine Untersuchung der Gründe und der wirkenden Ursachen für diese Ausnahmeerscheinung in die Wege leiten zu können.

Es wurden deshalb genaue Erkundigungen über den Zustand des betreffenden Gebäudes eingezogen.

Dies sowie das gegenüberstehende zum Hotel del Quirinal gehörende sind in demselben Steinmaterial aufgeführt.

Das Hotel del Quirinal mußte früher wegen der gleichen Erscheinung ausgebessert werden.

Der für diese Gebäude verwendete Stein zeigte ein weißes, feinkörniges Material aus dem Bruch von Palo. (Palo ist ein am Meer gelegene Örtlichkeit der römischen Landschaft.)

Dieser Kalkstein oder Macco von Palo wird von den Geologen als marines Schalensediment bezeichnet, das heißt, er ist durch die Ablagerung von tierischen Schalen im Meere entstanden. Das spezifische Gewicht beträgt 1589 kg/m³.

Es ist ein rauher, wenig kompakter, weicher Stein, manchmal ist er löcherig und hat keine einheitliche, zusammenhängende Struktur.

Dieses leicht zerfallende Material war ganz ungeeignet für die Aufnahme der enormen Lasten aus den sechs Geschossen, die ihm zugewiesen wurden.

Aus Versuchen geht hervor, daß der genannte Stein aus Palo kaum eine Druckfestigkeit von 30 kg/cm² erreicht. Diese Festigkeit ist geringer als diejenige des Mörtels aus Kalk und roter und grauer Puzzolane von Grottarossa (Rom), welch letzterer eine Festigkeit von 43 kg/cm² hat.

Diese Tatsachen erklären, wie und warum die Erscheinung zustande gekommen ist.

Der Fall zeigt, welche Sorgfalt und Umsicht aufgewendet werden soll bei der Wahl der Baustoffe (um Gefahren und unnötige Ausgaben zu vermeiden) und welche Verantwortlichkeit dem leitenden Ingenieur bei Mauerwerksausführungen zufällt.

3. Bruch infolge schlechter Materialien.

Der Bruch kann auch eintreten bei Anwendung von Abfallmaterial innerhalb des Mauerwerks. In vergangenen Zeiten wurde solches Mauerwerk in Rom viel hergestellt als sog. Muratura a sacco, indem alte Steinplatten zusammengefügt wurden. Dafür gibt es in großen und alten Städten [1]) zahlreiche Beispiele.

---

[1]) In Rom begegnen wir einer großen Zahl solcher Ausführungen. Es ist bekannt, daß in der Zeit zwischen 1100 und 1600 (also in einer nicht zu sehr zurückliegenden Periode) in Rom viel Mißbrauch getrieben wurde in der Verwendung von altem Baumaterial für neue Sacco-Ausführungen. Als erschwerender Umstand trat noch hinzu, daß ebenfalls schlechte Puzzolane verwendet wurde. Die Stadtbewohner konnten nicht außerhalb der Stadt gutes Material aufsuchen aus Furcht vor Räubern, die damals die römische Campagna unsicher machten.

Aus diesen Gründen, so erzählt man, ist man dazu übergegangen, alte Statuen zu zerstören, um Kalk daraus zu gewinnen. Daraus erklärt sich, daß im Forum Romanum Spuren von alten Öfen zu sehen sind.

Solches Mauerwerk ist nicht in gleichmäßigen Lagen und mit versetzten Fugen hergestellt. Es führt daher zu ungleichmäßigen Lastverteilungen und zwingt einzelne Teile, größere Belastungen aufzunehmen, als es unter normalen Ausführungen der Fall wäre. Diese Ursache kann auch zu Brucherscheinungen führen.

Die Abb. 75 zeigt einen solchen Fall, sie bringt ein Beispiel von einem Gebäude der Via Copocci 92 in Rom während der Wiederherstellungsarbeiten zur Darstellung.

4. Bruch durch ungenügendes Brennen der Steine.

In Rom wird vielfach das sog. gemischte Mauerwerk verwendet, das darin besteht, daß 0,80 cm hoch mit Tuffsteinen aus den Abfällen der Tuffbrüche gemauert wird mit Zwischenbändern von Ziegelmauerwerk von 0,20 m Höhe.

Bekanntlich haben diese Materialien verschiedene Bruchfestigkeiten gegen Zerdrücken.

Die Maschinenziegel der Ziegeleien weisen Bruchfestigkeiten auf von 152 bis 180 kg/cm^2 und die Handstrichziegel eine solche von 92 bis 105 kg/cm^2 auf. Der vulkanische Tuff von Rom aus den Brüchen von Monteverde, S. Paolo, Vigna Pia, S. Agnese hat ein Raumgewicht von 1220 kg/m^3 und eine Druckfestigkeit von kaum 58 kg/cm^2.

Da die Tatsachen so liegen, so werden in einem gemauerten Tragwerk bei Zerdrückung die Brüche im Tuff auftreten und nicht in den Ziegeln.

Trotzdem hat der Verfasser Gelegenheit gehabt, in einer Mauer der gemischten Bauart an einem Gebäude aus jüngster Zeit in der Via Cavour in Rom das Gegenteil zu beobachten. Die Risse waren in den Ziegeln und nicht im Tuff zu sehen.

Wo liegt hier der Grund?

Es lagen sichere Anzeichen vor, daß die verwendeten Ziegel zu wenig gebrannt waren.

Die derart gebrannten Ziegel, die sog. Albase, weisen nach Versuchen von Poncelet eine Druckfestigkeit von 40 kg/cm^2, also eine geringere als der Tuff auf, dessen Festigkeit, wie wir angegeben haben, etwa 58 kg/cm^2 erreicht.

Es sei ausdrücklich zur Erinnerung gebracht, daß die Steine, deren Farbe gelb oder hellrötlich[1]) ist, i. a. wenig gebrannt sind, sie bildeten im Brennofen die Abdeckschichten.

3. Stadium.

Reine Zerdrückung.

Was wir in der Wirklichkeit vorfinden, sind immer die beiden vorher beschriebenen Brucherscheinungen, entweder Zerbröckelung des Mörtels oder Bruch der Steine mit oder ohne Zerbröckelungserscheinungen im Mörtel.

Das dritte Stadium an sich kann niemals auftreten. Könnte es sich zufällig ereignen, so müßte es plötzlich eintreten und das Gebäude augenblicklich in Trümmer verwandeln.

Indem wir das Vorstehende zusammenfassen, können wir sagen:

1. das klassische Zeichen für eine eingetretene Zerdrückung im Mauerwerk ist der hohle Ton, den die Mauer beim Anschlagen mit dem Hammer abgibt;
2. wenn der Ton des angeschlagenen Mauerwerks hohl ist, so ist in 90 von 100 Fällen der Mörtel im Zerbröckeln begriffen, was sich sehr leicht feststellen läßt, weil solcher Mörtel sich leicht zwischen den Fingern zerreiben läßt;

---

[1]) Man darf jedoch der Farbe keine allzu große Bedeutung beimessen. Das Ausgangsmaterial muß ein Gemengsel sein, in welchem die Bestandteile des Lehms, Silikate, Aluminiumverbindungen und Wasser in einem richtigen Mischungsverhältnis vorhanden sind. Lehmarten, in denen zuviel Aluminium vorhanden ist, geben beim Brand rissige und deformierte Ziegel, solche, bei denen die Silikate vorherrschen, geben spröde, poröse und wenig druckfeste Steine.

Besser als an der gelblich-hellrötlichen Farbe erkennt man die schlechten Ziegel an dem dumpfen, tiefen Ton, den sie beim Anschlagen geben, und an dem rissigen, porösen und erdigen Aussehen der Bruchflächen.

Die guten Steine hingegen geben beim Anschlagen einen hellen Klang, die Bruchflächen zeigen eine feinkörnige kompakte Oberfläche. Außer einer beträchtlichen Festigkeit, weisen sie eine solche Härte auf, daß bei Schlagen mit Stahl Funken entstehen.

Betr. weiterer Einzelheiten, Gütevorschriften usw. vgl. das deutsche Dinnormenblatt DIN 105.

3. bei fortgeschrittenen Zerdrückungserscheinungen tritt ein Ausbauchen der Mauerwerkswände hinzu[1]);
4. daß der Bruch im Steinmaterial auftritt
   a) wenn die Festigkeit des Mörtels größer ist als die der Steine,
   b) wenn Mörtel und Steine beinahe dieselbe Festigkeit aufweisen,
   c) bei sog. Sacco-Mauerwerk (zwischen Holzformen) oder in Mauern aus Abbruchmaterial,
   d) wenn die Mauern aus zu wenig gebrannten Ziegeln bestehen;
5. wenn die schwachen Stellen des Gebäudes (Stürze, Bogen, Gewölbe) zuerst von der Erscheinung betroffen werden, daß sie infolgedessen zuerst zu Bruch kommen;
6. daß die Zerdrückung sich auf die Außenflächen der Mauern derart fortpflanzt, daß daselbst zahlreiche dünne geschlängelte Risse[2]) auftreten, von

---

[1]) Bei Mauerwerk aus ungeformtem Steinmaterial, d. h. aus nicht winkelrecht gehauenen Steinen, wie Kalkbruchsteinen, Abfallsteinen aus Brüchen usw., entsteht und wächst die Ausbauchung gleichzeitig mit der Zerdrückungserscheinung.

Bei solchen Mauern hingegen, die aus winkelrechten Steinen, wie Kalksteinen, Tuffsteinen oder aus scharfkantigem regelmäßigem Kunststeinmaterial (Ziegeln) bestehen, ist das Auftreten einer Ausbauchung das Anzeichen einer fortgeschrittenen Zerdrückung. Es handelt sich hier also um ein sehr ernstes Symptom.

Diese letztere Erscheinung hat ihren Grund in der Tatsache, daß eine Mauer aus rechtwickligen Steinen von gleichen Dimensionen und mit vollkommen ebenen Lagerflächen eine größere Festigkeit aufweist als eine solche aus unregelmäßigem Material.

Die Erfahrung zeigt in der Tat, daß, wenn für eine Mauer in Hausteinen die Stärke von 5 erforderlich ist, daß dann dieselbe Mauer in Ziegeln die Stärke von 8, und wenn sie in Sedimentgestein ausgeführt wird, die Stärke von 10 haben muß; soll sie aber aus unregelmäßigen Steinen oder Kieseln bestehen, so muß sie eine Stärke von 15 haben.

[2]) Während bei Senkungen die Neigung der Risse die Senkungsstelle anzeigt, so haben bei Zerdrückungserscheinungen die Richtungen der Risse keine Bedeutung für das Auffinden von Ursachen, da sich dieselben mehr oder minder wahllos durchkreuzen.

denen die größte Zahl parallel zu den Fugen verlaufen[1]);

7. daß in der Regel die Zerdrückungserscheinungen in den mittleren Geschossen auftreten.

Anmerkung:

Die wesentlichen Anzeichen, woraus der Fachmann mit einiger Sicherheit auf eine Zerdrückungserscheinung schließen kann, sind die folgenden zwei: Die Zerbröckelung des Mörtels und der hohle Ton, den die Mauer beim Anschlagen gibt.

Ursachen der Zerdrückungen.

A. Zu geringe Mauerstärke.

Aus dem Vorangegangenen ist zu ersehen, daß die Hauptursache von Zerdrückungen in der ungenügenden Bemessung des Mauerwerks liegt. Die erste Untersuchung wird sich also auf die Nachprüfung der auftretenden Spannungen erstrecken. Hierbei ist auch die Exzentrizität des Luftangriffs zu berücksichtigen. Die zulässigen Spannungen sind in den als bekannt vorausgesetzten Bestimmungen niedergelegt.

B. Bei großem Alter.

Da, wie früher auseinandergesetzt wurde, der Mörtel mit der Zeit unter besonderen Umständen seine Festigkeit verliert, so liegt auch hierin ein Grund, welcher zur Zerstörung von Mauern fühenr kann.

---

[1]) Je dünner der Putz aufgetragen ist und je besser er an den Steinen haftet, um so mehr zeigen sich an dem Gebäude die nach allen Richtungen verlaufenden Risse, von denen die meisten — wie wir es früher ausgesprochen haben — den Fugen der Steine folgen, diese sind die eigentlichen zu der Zerdrückungserscheinung gehörenden Risse.

Je dicker die Putzschicht hingegen ist und je weniger sie mit der Mauer einen einheitlichen Körper bildet, um so weniger erscheinen die Risse auf der Ansichtsfläche der Mauer, manchmal fehlen sie sogar daselbst völlig. Dieses konnte ich an einer Mauer eines Hauses der Piazza Ponte Sisto in Rom beobachten, an welcher die Oberfläche des sehr starken Putzes keinerlei Risse zeigte, während dahinter die Mauer sich in fortgeschrittenem Verfall befand.

In diesen Fällen löst sich der Putz von der Mauer, und indem er ausbaucht, bleibt er unabhängig von der Mauerwerksstruktur erhalten.

C. In schlechtem Mauerwerk,

worunter solches verstanden werden soll, welches aus schlecht gebrannten Ziegeln, minderwertigen Bruchsteinen oder aus entsprechendem Abbruchmaterial besteht. In Rom zeigen

Abb. 80.

viele Gebäude, die um 1600 herum erbaut worden sind, fortschreitende Zerdrückungserscheinungen. In jener Epoche war es üblich, bei Neubauten altes Material von Mauern, Denkmälern usw. zu verwenden (s. z. B. Abb. 75).

D. Bei unzeitiger Ausführung der Bauarbeiten.

Hierunter ist zu verstehen, daß zu große Kälte im Winter oder zu starke Sonnenbestrahlung im Sommer nachteilig auf die Festigkeit des Bauwerks einwirken können. Dies natürlich unter der Voraussetzung, daß diesen Umständen nicht Rechnung getragen wird. Jedenfalls wird es sich empfehlen, bei schadhaftem Mauerwerk u. U. festzustellen, unter welchen Witterungseinflüssen dasselbe gebaut wurde.

E. Örtliche Zerdrückungen.

Die elastischen Durchbiegungen eines Deckenunterzuges stehen in einem direkten Verhältnis zu den aufruhenden Lasten und im umgekehrten Verhältnis zu dem Trägheitsmoment des Balkens.

Das Eigengewicht sowie die Auflasten der Balken werden auf die Mauern abgegeben, die also die ruhende sowie die bewegliche Last aufzunehmen haben.

Wenn der Balken nur eine geringe Durchbiegung erleidet, das heißt also, wenn derselbe nahezu in horizontaler Lage verharrt und entsprechend gelagert ist, dann sind bei lotrechten Lasten die Reaktionen ebenfalls lotrecht gerichtet.

Diese Verhältnisse ändern sich, wenn der Balken in die Mauer eingespannt ist, das Gefüge sich lockert und der Balken sich dann stark durchbiegt und durch Schwingungskräfte erregt wird. Der Fall R' kann sich natürlich in Wirklichkeit niemals ereignen, da der Balken brechen würde, bevor die Reaktion horizontal gerichtet wäre. Infolge der genannten Schwingungen wechselt die Reaktion im Mauerwerk und beansprucht dieses sehr ungünstig, wie dieses schematisch in Abb. 81 angedeutet ist. Daneben entstehen u. U. die unangenehmen Resonanzwirkungen.

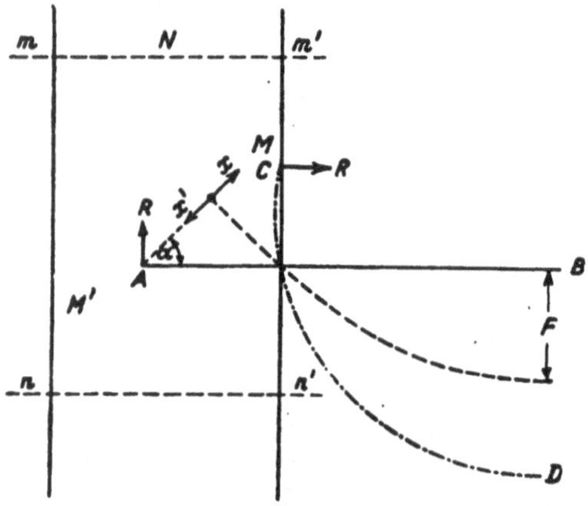

Abb. 81.

Das Abhilfsmittel bei solchen Erscheinungen ist einfach:

Entweder Verstärkung der Balken oder Verstärkung der Deckenkonstruktion durch senkrecht zu den Balken verlaufende, unter der Deckenunterkante eingezogene I-Träger.

Die Wiederherstellung erfolgt in kleinen Abschnitten der zerstörten Mauerteile unter Verwendung von ausgesuchten Steinen und Zementmörtel.

Ausführungsformen, die leicht zu Zerdrückungen führen.

Bruchsteinmauerwerk mit reichlichem Mörtelverbrauch, schlechter Fugenbildung, reine Gipsmauern, Mauern aus einer Ziegelverkleidung und einem Kern aus einem unordentlichen Gemisch von Kieseln und Mörtel[1]), Mauerwerk in Tiefzonen zwischen zwei Streifen Ziegelmauerwerk, Netzmauerwerk genannt, oder solches aus Tuffprismen mit starken Mörtelfugen ist rein romanisches Mauerwerk, und seine Festigkeit hängt allein von dem Zusammenhang zwischen Mörtel und Steinmaterial ab.

Wenn also der Mörtel schwindet oder die innere Zusammenhangskraft und infolgedessen auch diejenige mit den Steinen verlorengeht, dann löst sich Bruchsteinmauerwerk auf, und die Steine treten aus dem Verband heraus.

Bei den Mauern hingegen, die aus parallelepipedischen Bestandteilen und in gutem Mörtel ausgeführt sind, ist die Festigkeit außer durch die Verbindung durch den Mörtel noch durch den Umstand gesichert, daß die Steine, wenn sie auf horizontalen Lagerflächen gelagert sind, nur schwer aus ihre Lage herausgehen.

In der Tat sind Zerdrückungserscheinungen an den Gebäuden des alten Rom außerordentlich häufig, weil diese Häuser aus jenem antiken Mauerwerk bestehen, welches zu Anfang dieses Abschnittes beschrieben ist.

Abhilfsmittel.

Allgemeines. Bevor mit irgendeiner Befestigungsarbeit begonnen wird, muß vorerst

[1]) Nach Cavalieri San Bertolo ist ein großer Teil der Mauern von St. Peter in Rom in solchem Mauerwerk hergestellt, das aus zwei Verkleidungen von Quadermauerwerk und einer Füllung von Ziegelstücken besteht.

1. jede Öffnung in dem zerdrückten Mauerwerk zugemauert oder irgendwie gesichert werden (Abb. 56),
2. jede Decke, die auf dem zerdrückten Mauerwerk auflagert, abgestützt werden, damit das beschädigte Mauerwerk entlastet wird,
3. das über der zerdrückten Zone liegende Mauerwerk muß durch Steifen abgefangen werden (Abb. 53), wobei die Streben ausreichend stark zu bemessen sind,

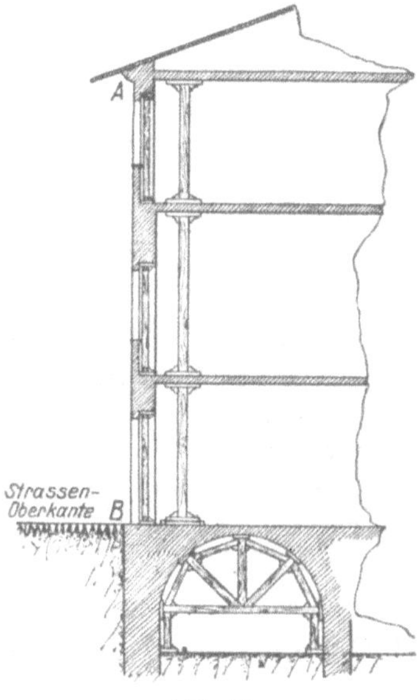

Abb. 82.

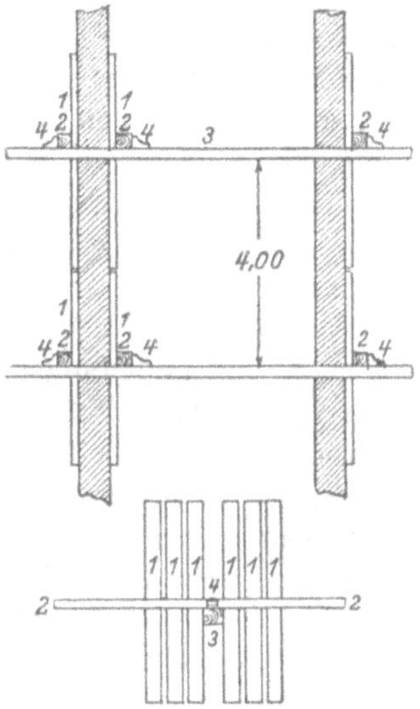

Abb. 83.

4. in schwerwiegenden Fällen muß eine Einschalung des Mauerwerks (Abb. 80) vorgenommen werden, wobei die Bohlen durch Rahmenhölzer zusammenzuhalten sind. Die Rahmenhölzer werden dabei durch Knaggen auf durchgehenden Ankern befestigt und unter sich zusammengehalten.

Nach diesen Vorkehrungen wird der Umfang der Zerdrückungserscheinungen festgestellt.

Diese Feststellung kann zu drei verschiedenen Ergebnissen führen:

1. leichte Zerdrückung,
2. schwerwiegende Zerdrückung,
3. durchgehende, schwere Zerdrückung.

Leichte Zerdrückung. Ein augenscheinliches Anzeichen für die Zerdrückungen ist — wie wir es ausgeführt haben — das Aufhören der Kohäsion innerhalb des Mörtels.

Die Zerbröckelung des Mörtels macht sich im Innern des Mauerwerks weniger fühlbar, sie ist aber gefährlicher und kann größeren Schaden hervorrufen an den Außenflächen der Mauern. Hier kann sie auch am schnellsten festgestellt werden.

Es ist klar, daß eine Arbeit, wodurch der zerbröckelte Mörtel durch gutes, widerstandsfähiges Material ersetzt wird, das Mauerwerk verstärkt und die Bewegungen zum Stillstand bringt.

Damit eine solche Arbeit den gewünschten Erfolg habe, ist nötig,

a) daß das zerdrückte Mauerwerk bloßgelegt wird,
b) daß die Fugen gut gereinigt werden, indem man sie wiederholt mit Metallbürsten auskratzt,
c) daß die Mauern während einer Zeit, die mehr als einen Tag dauern soll, ständig so stark angenetzt werden, bis kein Wasser mehr aufgenommen wird,
d) daß man an trockenen Stellen eine starke Schicht aus reinem Gipsmörtel (Festigkeit bis 90 kg/cm^2) oder an feuchten Orten eine solche aus Zementmörtel ausführt, indem man diese sorgfältig mit der Kelle oder dem Fugeisen eindrückt und öfters mit Wasser bespritzt.

Sehr gut gelungene Versuche, die vom Verfasser an einem Gebäude der Via Panisperna in Rom angewandt wurden, erlauben zu versichern, daß derart behandelte Mauern die normale Festigkeit wiedergewinnen. Dieses läßt sich leicht daran konstatieren, daß der Ton der Mauer nach der beschriebenen Behandlung völlig hell wird.

Für das Auftragen des Putzes sind folgende Bedingungen zu beachten:

1. daß die Mauer ganz trocken ist, wenn es sich um einen Neubau handelt,
2. daß sie nicht verdorben, besonders nicht salpetrig ist, falls eine alte Mauer vorliegt,

3. daß die Putzfläche vor dem Auftragen angenetzt werde,
4. daß die Putzstärke nicht mehr als $2\frac{1}{2}$ cm betrage,
5. daß die Putzarbeit am besten im Sommer ausgeführt wird.

Schwere, aber örtliche Zerdrückungen. Bei schweren, aber örtlich begrenzten Zerdrückungen werden Ecken, Kreuzungen und die Umfassungen der Aussparungen am meisten in Mitleidenschaft gezogen.

In solchen Fällen braucht nicht eine durchgehende Wiederherstellung der Mauer vorgenommen zu werden. Es genügt, eine rationelle Befestigung auszuführen, die darin besteht (Abb. 84), daß die Ecken und die Kreuzungen in Gestalt von Pfeilern wieder hergestellt werden, dieselben werden durch Entlastungsbogen, die als volle Halbkreisbögen auszubilden sind, untereinander verbunden. Außerdem werden Stürze und Pfosten von Fenstern und Türen erneuert.

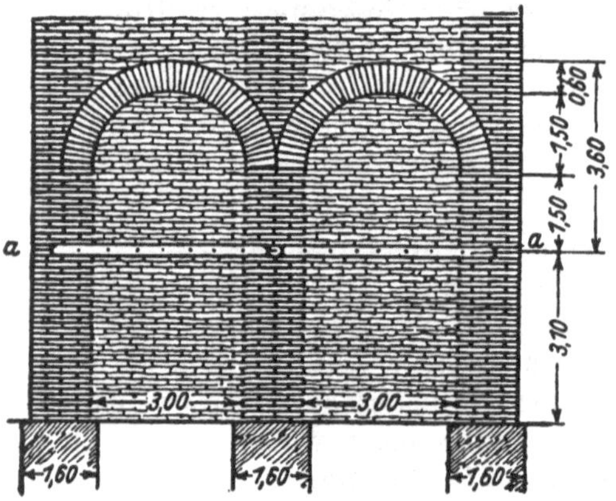

Abb. 84.

Zwischen den Pfeilern und Bogen verbleiben auf diese Weise neutrale Zonen aus altem Mauerwerk. Dieselben dienen nur als Abschlüsse ohne weiteren Zweck.

Sie erhalten einen Putz aus guter Puzzolane nach den Regeln, die im Kapitel über die leichten Zerdrückungen angegeben sind.

Wenn aus gewissen Gründen keine Bogen eingezogen werden sollen, oder wenn es unmöglich ist, starke Eckpfeiler zur Aufnahme des Schubes anzuordnen, dann müssen dieselben durch Unterzüge *aa* aus I-Profilen ersetzt werden (Abb. 84). Dieselben werden untereinander durch Quereisen und Bolzen verbunden, und manchmal müssen außerhalb der Mauern Ankerplatten angeordnet werden. Diese Konstruktionen sind genau zu berechnen.

Die Bogen können auch durch Architrave in Eisenbeton ersetzt werden, welch letztere manchmal in halber Stärke ausgeführt werden.

Die Teile, die wiederhergestellt werden müssen, die Zonen, die belassen werden können, da sie genügend Festigkeit besitzen, und diejenigen, die zwischen Pfeilern und Bogen stehen gelassen und mit Putz zu verkleiden sind, die Stellen, wo Bogen, und diejenigen, wo Unterzüge einzuziehen sind, diejenigen Mauerwerksteile, die ruhig in Tuff mit Ziegelstreifen wiederhergestellt werden können, und diejenigen, die wegen zu stark fortgeschrittener Zerstörung abgesteift und vollständig in Ziegeln wiederhergestellt werden müssen, alle stellen Aufgaben dar, für die keine festen Normen und keine Angaben für das Abschätzen gegeben werden können. Der erfahrene Techniker wird von Fall zu Fall nach reiflichem Urteil seine Entschlüsse fassen müssen. Im Laufe der Arbeit wird sich ihm, indem er alle Umstände, wie Mauerwerksstrukturen, die lotrechte Lage und die besonderen Bedingungen der Beanspruchungen der Tragkonstruktion im Auge behält, ergeben, welche Maßnahmen zu ergreifen sind, um Unglücksfälle und unnötige Ausgaben zu vermeiden.

Ein Beispiel, das die Vereinigung von vielen Methoden, welche die Praxis für die Wiederherstellung von zerdrückten Mauern fordert, zeigt die Abb. 85. Die Abbildung stellt eine unter der Leitung des Verfassers wiederhergestellte Mauer dar. Diese Arbeit machte auch Unterfangungen der Gründungen erforderlich. Die Gründungssohle in 7,0 m Tiefe unter Terrain war nicht tragfähig[1]), und in 12,0 m Tiefe wurde Wasser in steinigem Boden angetroffen.

Betrachten wir die Abbildung, so finden wir darauf:

daß die beiden auf die öffentlichen Straßen gehenden Mauern oberhalb des Straßenniveaus vollständig erneuert worden sind,

daß die zu den Fassadenmauern senkrecht verlaufende Quermauer mit Hilfe des Pfeiler- und Bogensystems wieder-

---

[1]) Es war unmöglich, die Gründung in geringer Tiefe zu verbreitern, auf der einen Seite lagen Mauerkreuzungen des Nachbargebäudes und auf der anderen Seite ein Abzugsgraben.

hergestellt wurde. Vorher wurden die Wände abgesteift und durch eingezogene Unterstützungen von den auflagernden Geschoßdecken entlastet.

Es ist weiter ersichtlich, daß die Bogen *B* größer sind als die anderen. Dieses mußte deswegen so angeordet werden, weil

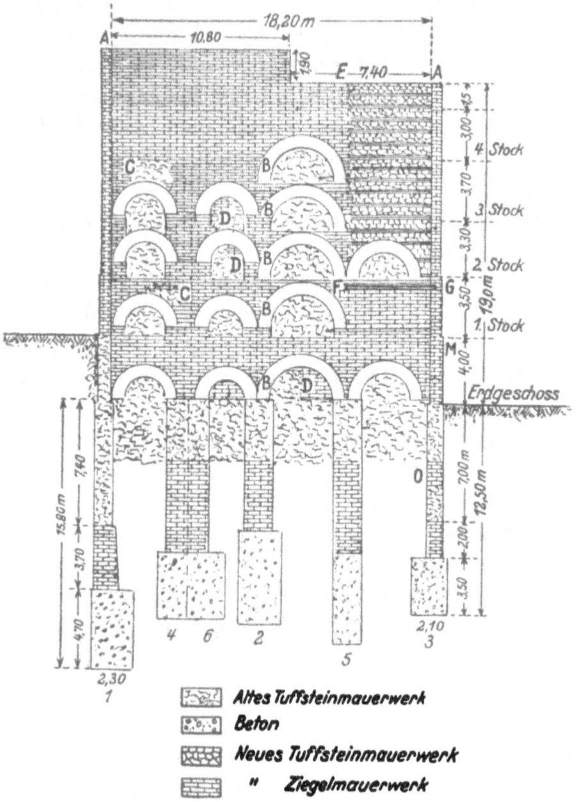

Abb. 85.

an dieser Stelle die Wendeltreppe des Gebäudexs verlief und in einer der Wände befestigt war. Die Treppe stand auf einer Stützkonstruktion, sie durfte nicht durch Ausbrüche für die Bogenauflager gestört werden, wodurch die Anordnung von größeren Bogen begründet ist.

Das alte Mauerwerk zwischen den Bogen wurde intakt

gelassen, ebenso blieben die gesunden Zonen *B* unberührt. Es wurde die Regel beachtet, wonach im alten Mauerwerk die in gutem Zustande befindlichen Teile belassen und nur die schlechten Teile wiederhergestellt werden sollen.

Die kleinen Teile *D*, obwohl sie in den Bogen liegen, mußten wiederhergestellt werden, da das frühere Tuffmauerwerk sich in fortgeschrittener Auflösung befand.

Die Zone *EAFG* in Tuffmauerwerk mit Ziegelstreifen wurde neu ausgeführt. Das alte Mauerwerk hatte in diesem Gebiet nicht zu sehr gelitten, dieses hatte es ermöglicht, daß regelmäßig und zum Teil große Einschnitte gemacht werden konnten. Der ganze Rest der Wand mußte in Backsteinen wiederhergestellt werden, da innerhalb der alten Ausführung sich die Steine mit Leichtigkeit aus ihren Lagern herausnehmen ließen; hierbei war eine durchgehende Absteifung und ein sorgfältiges Wiederherstellen in kleinen Abschnitten erforderlich.

An der Stelle *MG* wurde es wegen örtlicher Umstände als zweckmäßig erachtet, statt eines stückweise einzubringenden Entlastungsbogens einen Unterzug *FG* aus untereinander verbundenen I-Profilen einzubeziehen. Letzterer wurde außerdem im Mauerwerk gehörig verankert.

Bei den Fundierungen ist ferner aus der Abbildung ersichtlich:

daß die Pfeiler unter den Fassadenmauern, die in der Zeichnung im Schnitt dargestellt sind, von 7,00 m Tiefe auf 12,5 m bzw. 15,8 m hinuntergeführt worden sind. Dieselben sind auf Betonblöcke von 3 bis 5 m Höhe und 2,0 m Breite fundiert. Auf diesen Blöcken wurde das neue Ziegelmauerwerk bis zur Höhe der alten Gründungssohle errichtet.

Das alte Gründungsmauerwerk mit Ausnahme der Zone *O* blieb unberührt. Jene Zone *O* hatte Zerstörungen erlitten und mußte ausgehauen und durch Ziegelmauerwerk ersetzt werden.

Die drei Zwischenpfeiler, welche in der Abbildung in der Ansicht dargestellt sind und als Auflager für die Entlastungsbogen zu dienen hatten, sind nach derselben Methode wie die Fassadenpfeiler ausgeführt. Sie wurden bis auf Tiefen von 12,5 bis 14,5 m, je nach der Tragfähigkeit des Bodens, hinuntergetrieben.

Schwerwiegende, vollständige Zerdrückung. Für die Fälle von totalen Zerdrückungen von tragendem Mauerwerk lassen sich keine bestimmten Wiederherstellungsmittel angeben. Die sofort zu ergreifenden Maßnahmen beschränken sich darauf, das Gebäude abzustützen.

In einem solchen schwierigen Fall wird man sich daran machen, nachdem die Bewohner ausgezogen sind, die Mauer abschnittweise zu erneuern. Vorher ist die zerdrückte Mauer in der in den Abb. 83 und 86 angegebenen Weise abzusteifen.

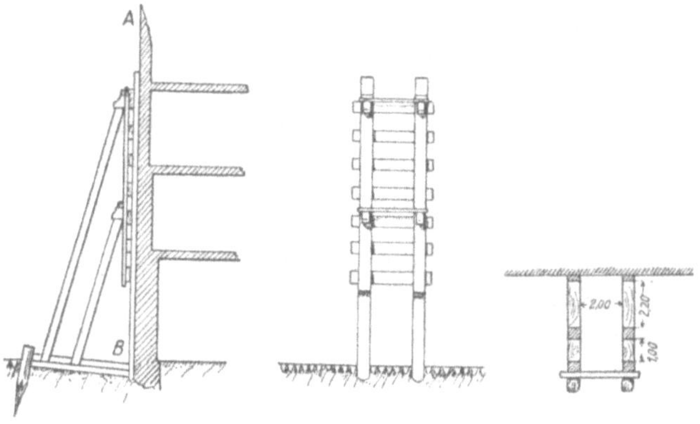

Abb. 86.

Die Mauerausbrüche sind durch Pfosten *a* und Sohlenbretter *b* (Abb. 58) während der Neuausmauerung abgestützt zu halten.

Wenn sich die Mauerstärke nicht vergrößern läßt, so kann die Wiederherstellung in Material von größerer Tragfähigkeit erfolgen.

Zusammenwirkende Ursachen von Schäden.

Die folgenden Umstände tragen dazu bei, die Zerdrückungen im tragenden Mauerwerk zu beschleunigen:

1. Verwendung von Meerwasser als Anmachwasser für den Mörtel,
2. Vorhandensein von Salpeter,
3. Erschütterungen durch vorbeifahrende Straßenbahnen,
4. Salzsinterungen.

Meerwasser. Es ist bekannt, daß Quellwasser oder Flußwasser, soweit dies durch chemische Abwässer usw. nicht verunreinigt ist, sich zur Anmachung des Mörtels eignet[1]).

In vielen am Meer gelegenen Städten wird jedoch sowohl zum Kalklöschen wie zur Ansetzung des Mörtels Meerwasser verwandt.

Diese Verwendung von Meerwasser beeinflußt die Mauern recht ungünstig aus folgenden Gründen:

a) der Mörtel erhält geringere Festigkeiten, und es kann bis zu seiner Zersetzung kommen unter dem Einfluß des Magnesiumsulfates,
b) der Abbindeprozeß wird verzögert,
c) es entstehen gefährliche Ausblühungen an den Außenseiten der Mauern,
d) die Haftfestigkeit ist an den Steinen geringer, besonders wenn der Mörtel zweimal angemacht wird.

Salpeter. Salpeter oder Nitrate können sich bilden:

1. bei Verwendung von Meerwasser zum Anmachen des Mörtels (wovon bereits gesprochen wurde),
2. bei Verwendung von Mörtel aus vulkanischer Puzzolane,
3. bei ständiger Feuchtigkeit der Mauerwerkswände[2]).

Mörtel aus vulkanischer Puzzolane, der übrigens einen Kalkzusatz von mindestens einem Drittel verlangt, und noch mehr Mörtel aus gewöhnlicher Puzzolane haben sehr oft die üble Salzsinterung zur Folge.

Die Salzsinterung kann auch entstehen bei ständiger Anwesenheit von Feuchtigkeit in ungelüfteten Räumen. Die Feuchtigkeit steigt durch Kapillarwirkung in den Mauern hoch und durchdringt den ganzen Mauerwerkskörper.

---

[1]) Grundsätzlich sollte man ein Wasser nur dann verwenden, wenn man sich über seine Brauchbarkeit einwandfrei orientiert hat. (Sch.)

[2]) Mittel zur Fernhaltung von Mauerfeuchtigkeit. Das beste Mittel gegen die Schäden durch Feuchtigkeit ist eine ausreichende Lüftung. Die aufsteigenden Dünste im Mauerwerk werden durch den Luftzug aufgenommen und weggetragen. Dies setzt natürlich voraus, daß eine einwandfreie Isolierung gegen Bodenfeuchtigkeit und Grundwasser und im übrigen Schutz gegen Tagewasser vorhanden ist.

Gegen die Salpeterbildung sind bis heute noch keine wirksamen Mittel gefunden worden.

Das Abspritzen der Wände mit nachfolgendem Goudronanstrich, die Aufbringung eines Anstriches mit wasserabweisendem Material (Schwefelsäure mit einem Goudronanstrich) und darauf angebrachter Zementputz und auch die Isolierung mittels dünner Schutzwände in einigen Zentimetern Abstand von der salpetrigen Wand usw. sind alles Palliativmittel, denn keines dieser Mittel erfüllt vollkommen den erstrebten Zweck.

Erschütterungen. Die Erschütterungen der Frontmauern an den Straßen der Großstädte, in welchen tagsüber die Straßenbahnen und Lastwagen verkehren, haben ein langsames Auflockern des Mörtels zur Folge.

Diese Auflockerung bedeutet natürlicherweise eine Schwächung der statischen Verhältnisse der Gebäude. Diese Erschütterungen führen die Zerdrückungserscheinungen des 1. Stadiums herbei oder begünstigen deren Entstehung.

Die Untersuchung dieser Erschütterungen oder Schwingungen bildet eines der interessantesten Kapitel der Elastokinetik, worüber man die einschlägige Literatur zu Rate ziehe.

Beschädigungen aus dem genannten Grunde treten öfters zutage in alten Gebäuden, wenn diese für industrielle Zwecke, durch Einbau von Maschinen usw., nutzbar gemacht werden.

Salzausblühungen. Manchmal kommen bei Ziegelmauern Salzausblühungen vor, die in der Hauptsache aus Natrium- oder Kaliumsulfat bestehen. Dieselben haben Ausfressungen und sichtbare Verformungen des Mauerwerks zur Folge.

Solche Ausblühungen verhindern bei Verwendung von hydraulischem Kalkmörtel das regelrechte Abbinden, bei Puzzolane-Mörtel rufen sie Korrosionserscheinungen in den Ziegeln hervor.

Die Erscheinung beruht auf der Kristallisation der Natrium- und Kalium-Sulfate und auf dem allmählichen Austritt derselben in gelöstem Zustande, bei abwechselnder Feuchtigkeit und Trockenheit in der Atmosphäre. Dadurch kommen jedesmal Volumenvergrößerungen in den kleinen Teilchen zustande, die von einer Zerbröckelung der Steine begleitet werden.

Die Anwesenheit von Alkali-Sulfaten kann davon herrühren, daß deren Grundbestandteile im Lehmmaterial vorkommen oder auch in dem Brennmaterial, das zum Brennen der Ziegel verwendet wird.

Eine Anschauung von der zerstörenden Wirkung des Salpeters gibt die Abb. 87, die die Ansichtsfläche der Stützmauer

Abb. 87.

des Gartens der Schwesternschaft von Santa Maria dell'Orto in der Via Giovanni Lanza in Rom gibt.

Zerdrückung und Senkung. Infolge der Pressungen und der Ausbauchung in der Zone der stärksten Zerdrückungserscheinungen erleidet das darüberliegende Mauerwerk mehr oder weniger große Störungen in seiner Unterlage und senkt sich, wobei sich Senkungserscheinungen herausbilden mit allen charakteristischen Zeichen dieses Zustandes.

Es kann daher der Satz ausgesprochen werden: Die Zerdrückung im Mauerwerk kann sich niemals für sich allein ereignen, sie ist immer von Senkungserscheinungen in dem darüberliegenden Mauerwerk begleitet.

Die Senkung jedoch, die sich als Folge von Zerdrückungen in Mauerwerkstragkonstruktionen ereignet, ruft nicht dieselben Risse hervor wie diejenige, die durch Bodenabsackungen zustande kommt. Sie erzeugt sprunghafte, unzusammenhängende schmale Spalten an allen möglichen Stellen im Mauerwerk, dieselben sind meistens vertikal und parallel zu den Mauerfugen gerichtet.

Diese Risse machen sich um so bemerkbarer, je weniger sorgfältig die Wiederherstellung der darunterliegenden zerdrückten Tragkonstruktion ausgeführt und die Auskeilung zwischen dem neuen und dem aufliegenden alten Mauerwerk vorgenommen worden ist.

Gewöhnlich verursachen diese Risse keine Bedenken, es genügt, dieselben auszukratzen, auszuspritzen und mit gutem Zementmörtel auszustreichen.

Weitere Hinweise.

1. Bei Zerdrückungen sind Dübel, die bei Senkungen mit großem Nutzen als Mittel zur Feststellung des Fortschreitens oder Stillstehens der Erscheinung gebraucht werden, nicht verwendbar.

2. Die Zerdrückungserscheinungen haben immer die Tendenz zuzunehmen, besonders dann, wenn sie als Folge von Überbelastungen aufgetreten sind, während eine Senkungserscheinung, die durch Bodensetzungen hervorgerufen worden ist, zur Ruhe kommen kann.

3. Zerdrückungen bei Gebäuden auf Bogen und Pfeilern sind ausgeprägter als bei solchen auf durchgehenden Gründungen, da sich hier die Belastungen auf kleine Querschnitte (Pfeiler) konzentrieren.

Gemeinsame Ursachen von Senkungen und Zerdrückungen.

Nachträgliche Aufstockungen können Senkungen oder Zerdrückungen mit allen zugehörigen Erscheinungen zur Folge haben.

Es entstehen nur Senkungen im Baugrund, wenn die unteren Mauern von genügender Stärke und von guter Beschaffenheit sind und im übrigen die Bodenpressung zu hoch gewählt wurde.

Es entstehen Zerdrückungsschäden, wenn bei tragfähigem Baugrund die Mauern zu schwach sind.

Befestigung von zerdrückten Pfeilern, Säulen und alleinstehenden Tragkonstruktionen.

Wenn alleinstehende Bauglieder oder Pfeiler oder Säulen, die Gebäudelasten aufzunehmen haben, Zerdrückungserscheinungen zeigen, und wenn es zu teuer oder, wie es manchmal vorkommt, zu gefährlich ist, dieselben durch stärkere Bauglieder oder solche aus widerstandsfähigerem Material zu ersetzen, so kann man die Festigkeit durch einen Verband von Eisen erhöhen.

Der Verfasser hat vor einigen Jahren, als er drei Säulen der Vorhalle eines dreistöckigen Palazzos in Rom zu befestigen hatte (dieselben erlitten infolge unüberlegter Aufstockung Zerdrückungen), an jeder Säule vier vertikale Eisenplatten anbringen lassen; dieselben standen in 40 cm gegenseitigem Abstand und waren 5 cm breit und 1,5 cm stark, drei horizontale Bänder aus Flacheisen von 4,0 auf 1,0 cm halten dieselben in ihrer Lage fest, das Eisen wurde gehörig vertieft eingelegt und heiß aufgezogen. Das Ganze erhielt schließlich eine Überdeckung in Zementputz.

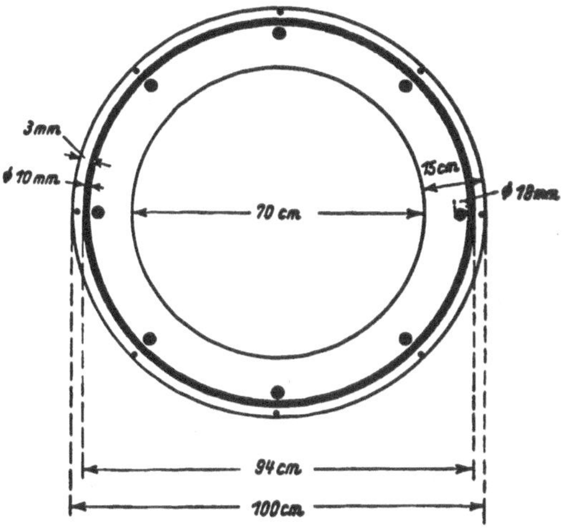

Abb. 88.

Die gemachte Erprobung dieser Einbindung ist ein Beweis für die Güte des angewandten

Verfahrens, das jedoch nicht für alle Fälle verallgemeinert werden kann. Eine gründliche Befestigung erfordert von Fall zu Fall eine Berechnung der wirksamen Eisenteile, die zur Befestigung eines zerdrückten Baugliedes herangezogen werden.

Eine andere einfache Möglichkeit, eine Stütze zu verstärken, ist in Abb. 88 dargestellt. Der verhältnismäßig weiche Ziegelsteinkern ist nach dem Verfahren von Considère durch umschnürten Beton verstärkt worden. Die Berechnung kann, annäherungsweise, in Anlehnung an die bekannten Eisenbetonbestimmungen durchgeführt werden. Die sonst zulässige Betonspannung ist den vorliegenden Verhältnissen entsprechend zu ermäßigen. Daß bei Anbringung der Verstärkung der Pfeiler zu stützen bzw. zu entlasten ist, kann wohl als selbstverständlich vorausgesetzt werden.

I-Eisen als Stürze und Mauerunterzüge.

Abfangungen von Mauerwerk sind dann angezeigt, wenn zerdrücktes Mauerwerk auf tragfähigeres abgetragen werden kann oder wenn in bestehendes Mauerwerk größere Öffnungen gebrochen werden sollen. Die Verwendung von Profileisen dürfte hier stets die beste Lösung darstellen. Die Träger sind in Abständen von etwa 50 bis 60 cm durch Ankerbolzen zu verbinden und auf besonderen Auflagersteinen zwecks Innehaltung der zulässigen Mauerwerkspressung aufzulagern. Der Bauvorgang ist denkbar einfach, die Einbringung der Träger erfolgt nacheinander in die hierfür vorbereiteten Schlitze.

Ist die Mauerstärke sehr groß, so daß sich ein größerer Trägerabstand ergibt, dann empfiehlt es sich, in geringeren Abständen, etwa 1,0 bis 1,30 m, Querträger, welche aus kurzen Trägerstücken bestehen können, einzuziehen; die vorhandenen Hohl- bzw. Zwischenräume werden dabei am zweckmäßigsten in hochwertigem Beton ausgestampft.

Schäden durch Kippen.

Begriffserklärung.

Unter Kippen einer Mauer wollen wir eine Drehung aus der vertikalen Ebene heraus um einen gewissen Winkel verstehen, der Drehwinkel genannt wird.

Dieses Heraustreten aus der alten Lage erreicht in den oberen Teilen der Mauer den größten Wert, während es an der Basis, d. h. im Drehpunkt zu Null wird.

Die Ursache eines Kippvorganges ist fast immer ein Schub, und es kann gesagt werden, daß ohne Schubkraft ein Kippen kaum vorkommen kann.

Dennoch gibt es ein Kippen, das wir als schubfreies Kippen bezeichnen, von dem später die Rede sein soll.

Wodurch werden horizontale Schubkräfte hervorgerufen?

A. von Binderkonstruktion ohne oder mit einem Zugband, welches für den auftretenden Zug ungenügend bemessen ist, oder auch von Absteifungen durch Balkenkonstruktionen;

B. durch Bögen und Gewölbe, wenn der Schub nicht durch das Gewicht von Auflagermauern aufgenommen oder durch Zugbänder aufgehoben wird;

C. durch Erddruck von Hinterfüllungen oder durch Wasserdruck von Behältern.

Anzeichen.

Die charakteristischen Anzeichen von Kipperscheinungen sind die folgenden:

1. das Aus-dem-Lot-gehen der Mauern,
2. Loslösen der Außenmauer von den Fußböden,
3. Risse in den Scheiteln und den Kämpfern der Gewölbe und Bögen, welche u. U. das Kippen verursacht haben;
4. Zerstörungen im Gewölbemauerwerk zwischen den Kämpfern und den Drittelspunkten, wenn das Kippen durch Schübe von Bögen und Gewölben verursacht wurde.

Kippen durch Schubkräfte.

Das Kippen, hervorgerufen von Schubkräften, nennen wir eigentliches Kippen, um es zu unterscheiden von dem schubfreien Kippen, welches bei Bodensenkungen eintreten kann.

Wirkungen.

Das durch Schub hervorgerufene Kippen kann folgende Wirkungen zeigen:

I. Risse in der zur kippenden Mauer senkrecht stehenden Wand,

II. Risse an der Einspannungsstelle der Mauern, die in die kippende Mauer einbinden.

Fall I.

Dieser tritt ein, wenn die überhängende Mauer mit den senkrecht zu ihr stehenden einen einheitlichen Körper bildet; d. h. wenn die Verbindung der beiden Mauern sehr gut hergestellt ist und Mörtel von bester Qualität angewendet wurde.

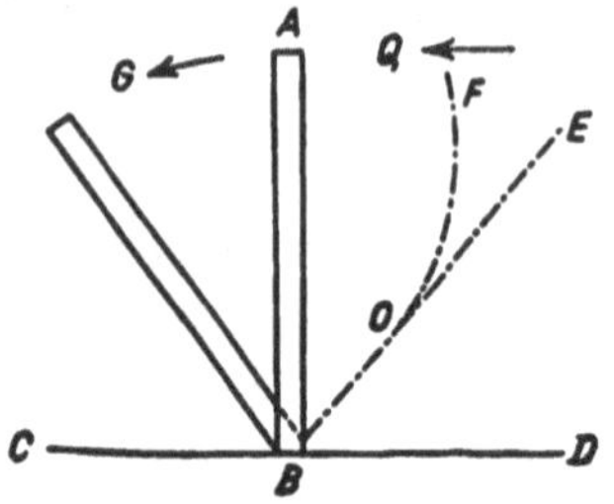

Abb. 89.

Eine Mauer *A B*, die sich nach *G* (Abb. 89) dreht, erzeugt außer den Rissen an der Einspannungsstelle einer senkrecht zu ihr verlaufenden Mauer *B D* noch den Riß *B E* oder auch *F O B* in der letzteren.

Diese Tatsache läßt sich leicht erklären und wird auch beobachtet bei Hinterfüllungen, wenn die Mauer, gegen die sich dieselben lehnen, infolge des Schubes kippen.

Theoretisch wird um die Berechnung überhaupt praktisch durchführen zu können, angenommen, daß eine Erdhinterfüllung hinter einer kippenden Mauer unter dem Einfluß des eigenen Gewichts, längs der sogenannten Gleitfläche abrutscht.

Aus der Praxis weiß man aber, daß diese Gleitebene sich besonders bei schwerem Boden, wie bei lehmigem Grund infolge der Zusammenhangskraft der Erdteile nach einer Fläche *F O B* modifiziert.

Von dem mehr oder minder großen Einspannungsgrade der senkrecht einbindenden Mauern hängt die mehr oder weniger große Ausdehnung des Risses in der durch die Einspannung in die Kippbewegung einbezogenen Mauer ab.

Untersucht man die verschiedenen Annahmen für die Einspannung, so findet man das Folgende:

1. Wenn zwischen der kippenden Mauer und der normal zu ihr stehenden keine Einspannung vorhanden wäre, so könnte die Drehbewegung in der Mauer *M N* (Abb. 90) erfolgen, ohne daß in der Wand *CD* irgendwelche Risse auftreten.

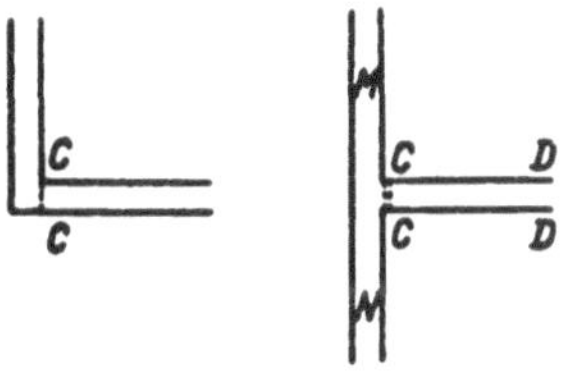

Abb. 90.

2. Wenn der Zusammenhang gering ist, so erfolgt ein Losreißen längs der lotrechten Berührungsebene *A B*, vgl. Abb. 90 im Grundriß längs *cc*.
3. Wenn eine solche Einspannung zwischen den beiden Mauern vorhanden ist, daß eine monolytische Konstruktion entsteht, und wenn der das Kippen erzeugende Schub größer als das Gewicht der beiden Mauern wäre, so müßte ein horizontal liegender Gleitriß an der Mauerbasis entstehen.

Es kann also gesagt werden, daß der Riß zwischen den genannten zwei Grenzen liegen muß, d. h. er kann zwischen der vertikalen Lage *A B* und der horizontalen Lage *B D* (Abb. 89) wechseln.

Es ist klar, daß mit der Größe der Schubkraft auch die Lage der Rißebene zwischen der vertikalen und der horizontalen Grenzlage sich ändern muß. Daraus geht hervor, daß in den gewöhnlich vorliegenden Fällen der Riß eine Zwischenlage einnehmen wird, zwischen der Lotrechten *A B* und der Horizontalen *B D*.

Die praktische Erfahrung zeigt jedoch, wie früher schon gesagt wurde, daß wie bei Erdhinterfüllungen wegen der Zusammenhangskraft des Bodens hier wegen der Haftfestigkeit der Materialien, die Rißlinie statt die Form *E B* anzunehmen, sich ungefähr in der Form der Linie *F O B* herausbildet.

Es versteht sich von selbst, daß die Kurve *F O B* sich deformieren oder in der Lage ändern kann, je nach dem Vorhandensein von schlechtem Mauerwerk, nach Anwesenheit von vielen Öffnungen von mehr oder weniger großem Abstand von der kippenden Mauer usw. Der erfahrene Fachmann wird jedoch die Ursachen immer aufzufinden wissen.

Als Beweis für die vorstehenden Ausführungen kann die Abb. 91, die ein Haus der via del Boschetta 145 in Rom darstellt, angesehen werden.

Wie man aus der Abbildung ersehen kann, hat das Kippen der Mauer *A B* in der in sie rechtwinklig einbindenden Mauer *A C D B* einen Riß von annähernd parabolischer Krümmung hervorgerufen.

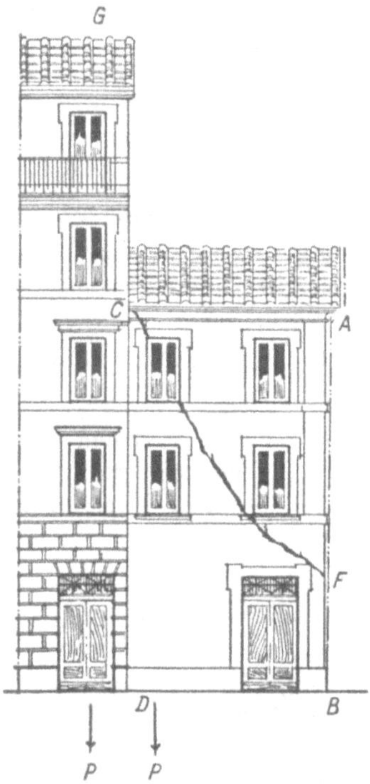

Abb. 91.

Man könnte nun einwenden: kann denn die Neigung des Risses *F C* nach *C* hin nicht eine Senkung des Pfeilers *P* anzeigen, statt ein Kippen der Außenwand *A B*?

Wir müssen antworten, daß eine solche Annahme nicht zutreffend ist. Denn wenn sie dies wäre, dann müßte die Mauer *G P* (des anschließenden höheren Gebäudes) und der Abschnitt *C D* die charakteristischen Anzeichen aufweisen, die bei Senkungen der Gründungssohle von Gebäuden auf Pfeilern[1]) und Bögen auftreten. Diese genannten Wände sind jedoch intakt ohne Beschädigungen und Risse.

Das Kippen der Mauer *A B* wird durch folgende an Ort und Stelle gemachte Feststellungen bestätigt:

a) Überhängen der Mauer *A B*,

b) Loslösung derselben im Gebäudeinneren von den Fußböden. Diese Loslösung ist geringer in den unteren Geschossen und stärker in den oberen.

[1]) Das heißt Risse in den Stürzen, Schäden wie sie von Abb. 19 und 20 gezeigt werden, Brüche der Vorsprünge senkrecht zur Front, Loslösung des Mauerwerks längs *CD*, Konkavität des Risses *FC* nach *P* hin usw.

Fall II.

Dieser tritt dann ein, wenn die kippende Mauer sich leicht von den in sie einbindenden Mauern loslöst, wenn also der Verband zwischen diesen Mauern schlecht ausgeführt wurde, oder wenn der Mörtel von schlechter Qualität ist.

Abb. 92.

Bestätigung durch die Wirklichkeit.

Ein Beispiel für ein durch Schub erzeugtes Kippen mit Riß in der senkrecht zur kippenden Mauer verlaufenden Quermauer zeigen die Abb. 92, 93 und 94.

Es handelt sich um die Stützmauer des landwirtschaftlichen Gebäudes der Besitzung Valenti an der Landstraße Veroli-Alatri (Rom).

Die Erscheinung ist außerordentlich stark ausgebildet und bestätigt in vollem Umfange die Aussagen über das Kippen inf. Schubes.

Die den Abb. 93 und 94 beigegebene Erklärung führt die einzelnen die Erscheinung zusammensetzenden Elemente auf.

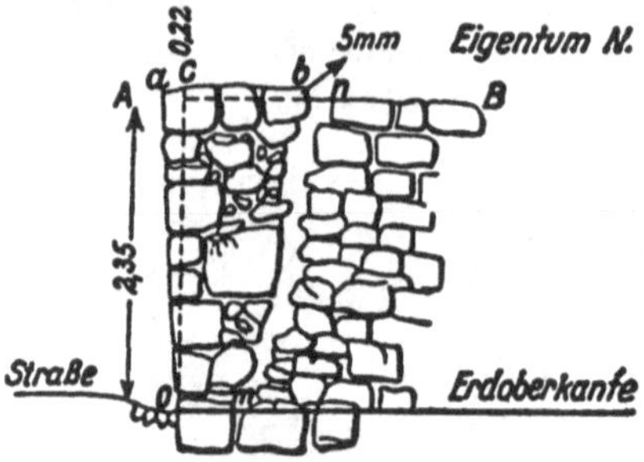

Abb. 93.

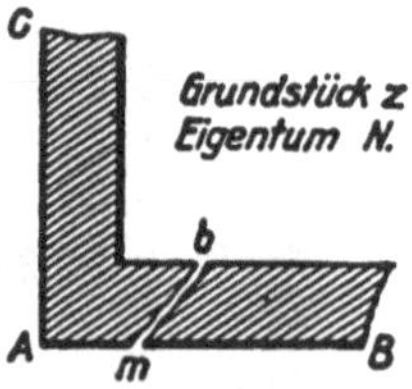

Abb. 94.

Erklärungen zu den Abbildungen.

$A\ B$ = Obere Kante vor dem Kippen,
$a\ b$ = Oberer Mauerteil nach dem Kippen,
$a\ o\ c$ = Verdrehungswinkel,
$o\ c$ = Lotrechte Mauerkante vor dem Kippen,
$o\ a$ = Lotrechte Mauerkante nach dem Kippen,
$a\ c$ = Größe der Auslenkung (0,22 m).

Anmerkung.

Es ist zu beachten, daß der einen Parabelast bildende Riß *n m*, den wir soeben betrachtet haben und der den Gesetzen für Kipperscheinungen folgt, natürlich nicht so augenscheinlich auftreten kann, wo es sich um Gebäudemauern handelt. Diese können sich nicht frei bewegen wie eine Erdmauer, sondern sie sind in Quermauern und Fußböden eingebunden, welche die zerstörenden Kräfte und somit auch deren Wirkungen in gewissen Grenzen halten.

Abhilfsmittel.

Die Abhilfsmethoden verändern sich je nach dem die Kippbewegung klein und zum Stillstand gekommen ist oder ob dieselbe von Bedeutung ist und andauert.

Um sich zu versichern, ob die Bewegung im Zunehmen oder Abnehmen begriffen ist, müssen die vorstehend beschriebenen Anzeichen eine Zeit lang unter Beobachtung gehalten werden. Wenn sorgfältige Notierungen ergeben, daß dieselben anwachsen, so hat man den Beweis, daß die Bewegung andauert, im gegenteiligen Fall, daß sie aufgehört hat.

Geringfügige Kipperscheinungen.

Hat man sich versichert, daß das Kippen nur von geringer Ausdehnung ist und daß die Bewegung zum Stillstand gekommen ist, so ist nichts weiter nötig, als daß die Risse und Spalten geschlossen werden.

Starke Kippbewegungen.

Bei starken, andauernden Kippbewegungen sind in aller Eile die folgenden Vorkehrungen zu treffen:

a) Die Bewohner sind auszuquartieren;

b) das Gebäude ist auszusteifen;

c) die Ursachen sind festzustellen;

d) die geeigneten Abhilfsmaßnahmen sind zu ergreifen.

Aussteifung.

Wenn wegen zu großer Straßenbreite oder weil das Gebäude allein steht kein gegenseitiges Ausspreizen (genannt römische Absteifung) zwischen der überhängenden Mauer und der Frontmauer des Nachbargebäudes (s. Abb. 95) möglich ist, so ist die Absteifung mit einer Doppelreihe von Streben, wie durch Abb. 53 dargestellt, vorzunehmen.

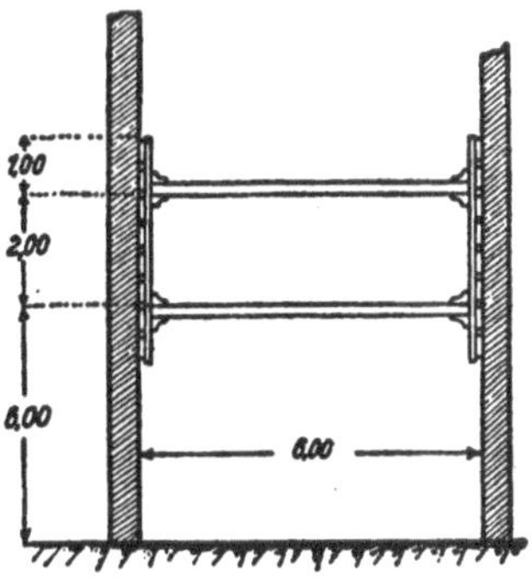

Abb. 95.

Die Stärke der Streben wird in der Regel auf Grund praktischer Erfahrung gewählt. Bei einer rechnerischen Untersuchung ist auf Knicken besondere Rücksicht zu nehmen.

Provisorische Absteifungen.

Es treten Fälle auf, bei denen die allgemeinen Regeln Abänderungen erfahren müssen und wo zu Maßnahmen gegriffen werden muß, die nur der in solchen Arbeiten erfahrene Techniker zu beurteilen weiß.

Die von Fall-zu-Fall-Theorie hat hier völlige Gültigkeit. Die richtige Wahl der Methoden liegt — wie gesagt — in der Beurteilung des Leiters der Arbeiten.

Abb. 96.

Die Abb. 96 zeigt ein Gerüst, welches 1913 vom Verfasser im Ex-Reclusorio von Terracnia (Rom) eingebaut wurde.

Infolge einer Explosion von Feuerwerksmaterial flog ein Teil der meerseitigen Fassade von 15 auf 7,0 m bei einer Mauerstärke von mehr als 1 m in die Luft.

Die Explosion hinterließ (Abb. 97):

a) oben einen Mauerstreifen *A B* von 1,0 m Stärke, auf welchem die Dachbinder mit ihrem gesamten Gewicht aufruhten;

b) unter einem Trümmerhaufen zwischen *C D* und *E F*,

Abb. 97.

unter diesem lag eine tote Frau und ungefähr ein Zentner noch nicht explodiertes Dynamit;

c) im Innern: zerstörte Gewölbe und Quermauern in gefährlichen Zuständen.

Ein Ingenieurkomitee beschloß das Gebäude abzutragen, indem die Öffnung nach beiden Seiten hin durch Ausbrüche verbreitert werden sollte.

Der Verfasser führte an Stelle dieses Projektes die kühne Holzrüstung aus, die in kaum 40 Tagen vollendet war. Dadurch wurde eine gewaltige Ersparnis erzielt, einmal an Abbrucharbeit (die in kleinen Stücken hätte ausgeführt werden müssen, wegen des vorhandenen nicht explodierten Dynamits) und außerdem an den Wiederherstellungsarbeiten der niedergelegten Bauteile.

Aufsuchen der Ursachen.

Diese Untersuchung geschieht derart, daß man nacheinander den verschiedenen Möglichkeiten nachgeht, dabei beginnt man beim Dach, bei welchem mit aller Genauigkeit die folgenden Nachprüfungen zu machen sind:

a) ob gegebenenfalls die Zugbänder der Dachbinder genügen, um das tragende Mauerwerk schubfrei zu halten;

b) ob die Aussparungen, Einpitzungen oder Schlitze genau mit den Strebenfüßen und mit den Köpfen der Zugbalken zusammenpassen;

c) ob an den Auflagern der Binder Beschädigungen oder Risse vorhanden sind;

d) ob die Eisenverbindungen (Steinschrauben, Bänder, Laschen) sich in einwandfreiem Zustande befinden.

Bögen und Gewölbe.

a) Es ist rechnungsmäßig genau nachzuprüfen, wie groß der Bogenschub ist, um festzustellen, ob dieser Schub von dem Mauerwerk aufgenommen werden kann;

b) es ist nachzusehen, ob die Bögen und Gewölbe mit Trennwänden, Pfeilern usw. belastet sind;

c) es ist festzustellen, ob Zwischenmauern auf Pfeiler von ungenügender Stärke gestellt sind, was vorkommen kann bei Vergrößerungen von Räumen, bei welchen eine Wand ausgebrochen und das darüberstehende Mauerwerk durch Bögen auf Pfeilern abgefangen wurde;

d) hat man sich zu versichern, ob irgendwelche Auflasten, die auf dem Bogen-Pfeiler geruht haben, entfernt worden sind oder sonstige bauliche Veränderungen, welche die Standfestigkeit des Gebäudes beeinflussen, vorgenommen worden sind.

Hat man die Ursache des Kippens aufgefunden, so ist diese zu beheben, um weiteren Gefahren und Schäden vorzubeugen.

Im Dach.

Die Zugbänder sind durch neue, genau berechnete zu ersetzen, wenn die vorhandenen nicht genügen.

Die aus der Lage gekommenen oder beschädigten Bestandteile (Streben, Balkenköpfe, Aussteifungen) sind zu ersetzen.

Die gelockerten Steinschrauben, Bänder, Laschen usw. sind entsprechend zu verstärken.

Die radikalste Lösung ist der Abbruch der beschädigten Bauteile und Ersatz der Bögen durch Stürze aus Profileisen oder durch Eisenbetonbalken, der Gewölbe durch Decken zwischen Eisenträgern oder Eisenbetondecken.

Eiserne Zugbänder.

In den Fällen, in denen ein Abbruch nicht möglich ist, muß zu eisernen Zugbändern gegriffen werden. Der normale Durchmesser derselben beträgt 4 bis 5 cm.

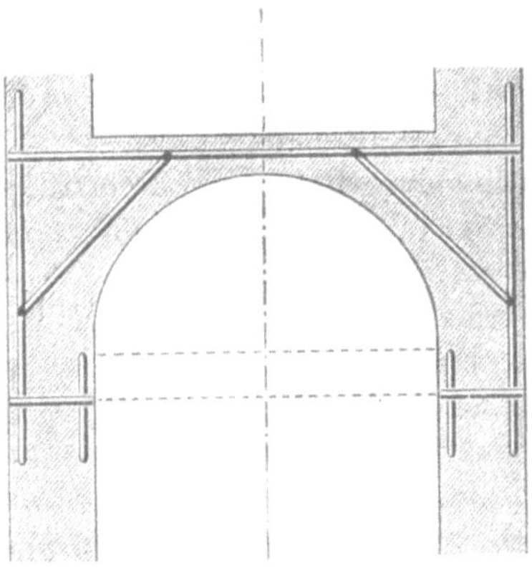

Abb. 98.

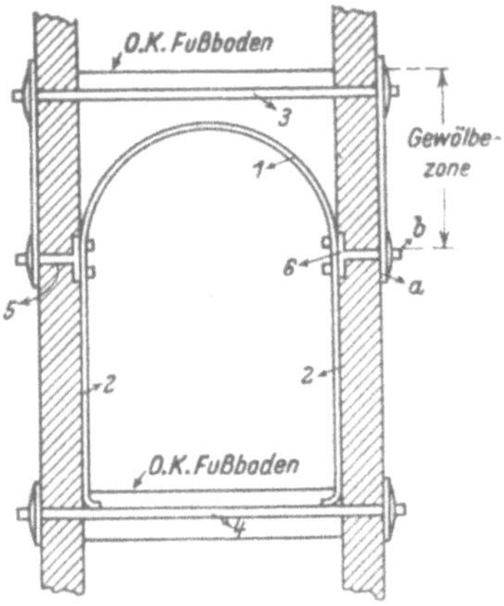

Abb. 99.

Dieselben werden in der Regel in Auflagerhöhe der Bögen oder Gewölbe angebracht oder in den gefährlichen Schnitten derselben, die sich etwas über den Auflagerfugen befinden.

Am gebräuchlichsten sind solche, die an den Enden durch I-Eisen und Eisenplatten verankert werden und durch Spannschlösser mit Schraubengewinden angezogen werden.

In Fällen, in denen aus architektonischen Gründen in Wohnräumen solche Zugbänder nicht sichtbar angebracht werden können, hat man geeignete Verankerungen innerhalb der Bögen und Gewölbe zu konstruieren, um die Bewegung der kippenden Mauer aufzuhalten.

Nach Beendigung dieser Arbeiten werden alle Beschädigungen ausgebessert.

In den Abb. 98 und 99 sind zwei verschiedene Methoden dargestellt, um die Verankerungen innerhalb von Bogen und Gewölben von herrschaftlichen Räumen oder in den großen Sälen der öffentlichen Gebäude zu maskieren. In solchen Räumlichkeiten macht sich das Bedürfnis nach einer Vermeidung von nichtsichtbaren Zugbändern am meisten geltend.

Es versteht sich von selbst, daß nur ein erfahrener Fachmann solche nicht leichte Maßnahmen beurteilen und die Verantwortung dafür übernehmen kann. Er wird den beabsichtigten Zweck erzielen, wenn er die besonderen Verhältnisse ausnutzen kann, ohne die Wirksamkeit der Anker zu beeinträchtigen.

Warm eingezogene Zugbänder.

Um gekippte Mauern in ihre ursprüngliche lotrechte Lage zurückzubringen, wird das von dem Physiker M. Molard erfundene warme Zugband verwendet, wenn die Kippbewegung nicht zu alt und nicht groß ist.

Bei Umänderungen an der ehemaligen Abtei von St. Martin des Champs in Paris, welche in ein Kunst- und Gewerbemuseum umgewandelt wurde, entstanden Bogenschübe, die das Erdgeschoßmauerwerk aus der vertikalen Lage herausdrückten.

Das Ministerium des Innern ernannte eine technische Kommission, der G. Rondelet angehörte, und welche sich entschloß, an den Auflagern der Bögen Zugbänder einzuziehen.

Der Direktor des Konservatoriums M. Molard, ein guter Kenner der mechanischen Gesetze, wollte die Kraft der Wärmedehnung im Eisen ausnutzen und hatte die gute Idee, mit Hilfe der Zugbänder die Mauern in ihre frühere Lage zurückzuführen.

Er entschloß sich, die bisher üblichen Anker an den Enden durch gußeiserne Scheiben zu ersetzen (welche eine große Mauerfläche erfassen). Diese wurden durchdrungen durch die Zugstangen, welche an einem Ende ein Gewinde mit Mutter und an der anderen Seite einen quadratischen Schraubenkopf hatten.

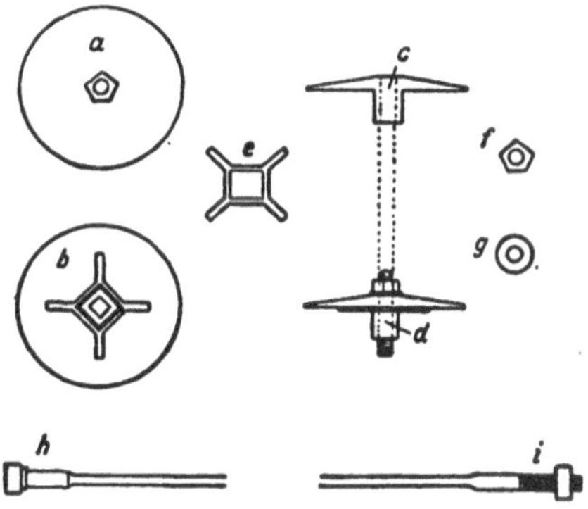

Abb. 100.

Sind die Anker eingezogen, so werden sie zwischen den Mauern durch Kohlenfeuer erwärmt bis sie sich um so viel gedehnt haben, wie die Kippbewegung der Mauer mißt, dann werden die Muttern angezogen und die Feuer gelöscht.

Beim Erkalten nehmen die Anker die ursprüngliche Länge wieder ein und bringen so die Mauern wieder in die lotrechte Lage zurück.

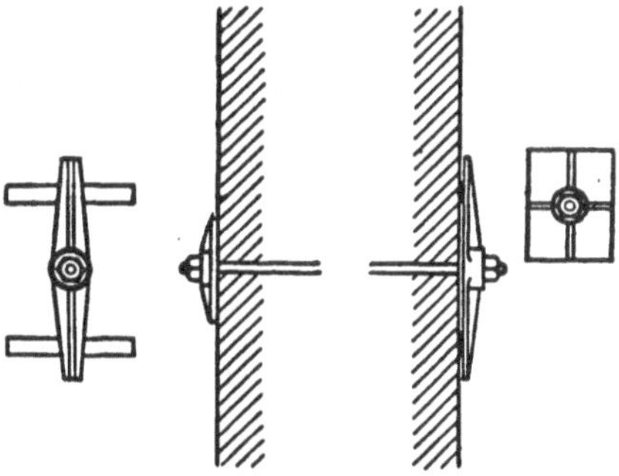
Abb. 101.

Durch dieses Verfahren wurde das völlige Verschwinden des Überhängens erreicht.

Die Einzelheiten des Ankers von Molard sind in Abb. 100 dargestellt.

Diese Methode, die auch in Italien mit Erfolg angewendet wurde, ist das wirksamste Mittel, um Überhängungen zum Verschwinden zu bringen. Es ist absolut nötig, daß das Zugband genau berechnet und reichlich bemessen wird, sonst reißt es bei der großen Zugkraft während des Erkaltens.

Ein warm eingebrachtes Zugband, das vom Verfasser mit viel Erfolg bei stark überhängenden Mauern verwendet wurde, ist in der Abb. 101 dargestellt.

Zugband mit Spannschloß.

Wenn die Kippbewegung schon alt ist und warme Zugbänder nicht angebracht sind, so werden an ihrer Stelle Zugbänder mit Spannschlössern verwendet. Von diesen wurde im vorstehenden schon gesprochen.

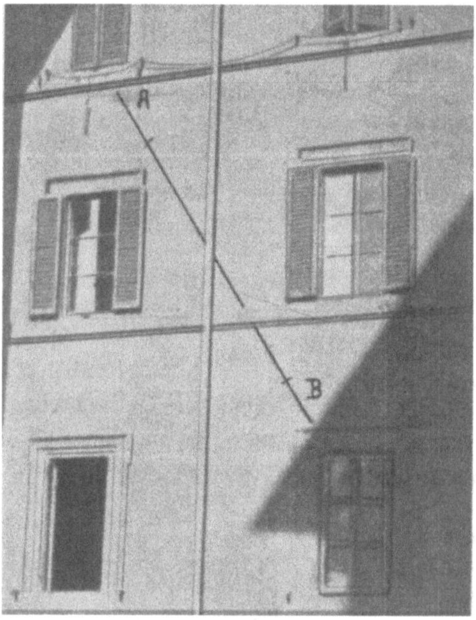

Abb. 102.

Diese haben nicht die Aufgabe, das Überhängen zum Verschwinden zu bringen, sondern sie sollen nur weitere Bewegungen verhindern.

In diesem Falle kann der Verfasser die in Abb. 102 dargestellte Anordnung des Zugstabes empfehlen, der schließlich das ganze Mauerwerk zu halten hat, und deswegen sehr gewissenhaft berechnet werden muß. In der Abbildung (die der Wirklichkeit entnommen ist) ist ersichtlich, daß die Ankerstäbe *A B* zwei Stockwerkszonen umfassen und gegen die Vertikale geneigt sind.

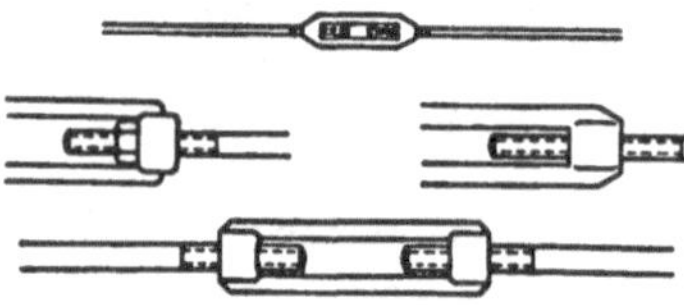
Abb. 103.

Die Abb. 103 zeigt die gebräuchlichsten Spannschlösser für Zugbänder.

Kippen ohne Schubkraft.

Ursachen. Kippen ohne Vorhandensein von Schubkräften ereignet sich bei Fundamentsetzungen.

Es sei z. B. eine Mauer $A\ B\ C\ D\ E\ F\ G$ längs der Strecke $A\ G$ nicht ausreichend fundiert (Abb. 104).

Ein solcher Tatbestand kann vorkommen, wenn bei der Ausführung die Bauleitung den Boden auf der Strecke $A\ G$ für genügend tragfähig hält (z. B. bei Vorhandensein von Tuff-Felsen) und deshalb die Ausbildung des Fundamentes unzureichend wird.

Wenn nun die Standfestigkeit des Terrains durch Wasser oder Unterminierungen beeinträchtigt wird, kann die Gründungssohle $A\ G$ unter dem Einfluß des Mauergewichtes nachgeben, und dieses äußert sich bei fester Sohle zwischen $F\ E$ als eine Kippbewegung.

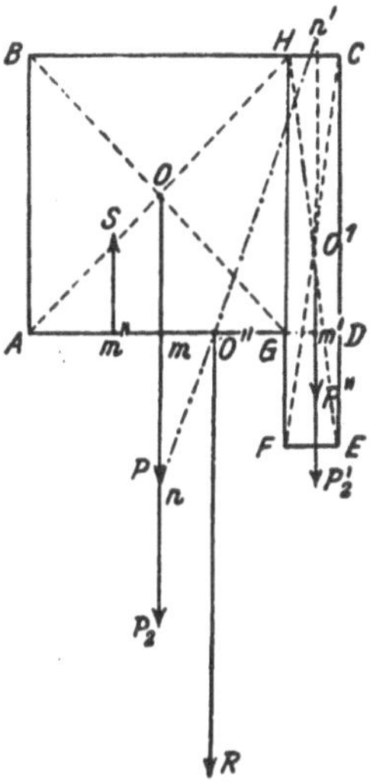

Abb. 104.

Betrachten wir die Mauer $ABCDEFG$ (die nur über EF mit einer ausreichenden Gründung versehen ist) zusammengesetzt aus den Teilen $ABHG$ und $HCEFG$, deren entsprechende Gewichte in ihren Schwerpunkten O und O' wirken.

Zur Vereinfachung können diese Gewichte in die Gerade $A\ D$ verlegt werden, wo sie in den Punkten m und m' angreifen und dargestellt sind durch $m\ P_2$ und $m'\ P_2'$.

Zur Ermittelung der Lage der Resultierenden tragen wir auf $m\ P_2$ die Strecke $m\,n = m'\ P_2'$ auf und auf der Verlängerung von $P_2'\,m'$ die Strecke $m'\,n' = m\ P_2$; verbinden wir n mit n', so erhält man den Angriffspunkt O'' der Resultierenden R; diese verläuft parallel zu ihren Komponenten und ihre Größe ist durch deren Summe gegeben.

R ist die Summe aller Kräfte, die auf die Mauer $A\ BCDEFG$ wirken.

Diese Resultierende wirkt in bezug auf G mit dem Hebelarm $O''\ G$, das Moment beträgt also $R.\ O''\ G$ und dieses hat die Tendenz, die Mauer $A\ B\ C\ D\ E\ F\ G$ um den Punkt G zu drehen, wenn die Erdreaktion S, die an der Begrenzung des mittleren Drittels der Basis angebracht ist (dieses ist der ungünstigste Fall), nicht groß genug ist, um das Gleichgewicht herzustellen; wenn also die folgende Ungleichheit entsteht:

$$R \cdot O'' G > S \cdot m'' G.$$

Die gleiche Erscheinung tritt auf, wenn es sich im Gegensatz zu dem betrachteten Fall um Mauern handelt, die durchgehend gegründet sind und auf gutem Baugrund stehen, bei denen aber nachträglich durch Erdbewegungen für Straßenentwässerung, Wasserzuflüsse usw. eine Störung erzeugt wurde; so daß auf dem Teil *A C* der Boden nachgegeben hat und wenn dieses Stück *A C* größer ist als *C B* (Abb. 105).

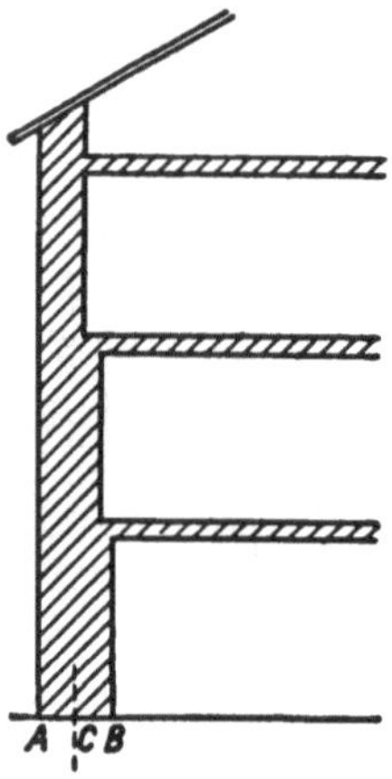

Abb. 105.

Auch dann, wenn die vorstehenden Erscheinungen nicht vorhanden sind, können durch irgendwelche Fundamentsetzungen Kippbewegungen entstehen (wie es im Kapitel über die Setzungen gesagt wurde) und hierbei wird fast immer ein geringes Kippen hervorgerufen werden. Es ist leicht einzusehen, daß eine ganz geringe Störung genügt, um die Gleichgewichtsverhältnisse in einem unelastischen Gebäude zu verändern.

Wirkungen.

Auch für Kippbewegungen ohne Vorhandensein von Schubkräften lassen sich zwei Fälle unterscheiden:

1. die senkrecht einbindenden Mauern sind gut eingespannt;
2. die kippende Mauer kann sich leicht loslösen von den senkrecht zu ihr stehenden Mauern.

Im ersten Fall entsteht auf der Wand *A B B' A* (Abb. 69), die senkrecht zu der kippenden Mauer *A C* (Abb. 68) steht, der Riß *a a b* der Abb. 69, der noch deutlicher in der Abb. 70 zu sehen ist.

Im zweiten Fall kommt ein solcher Riß nicht vor, aber es treten hingegen die Loslösung *A A'* (Abb. 69) und *e A* (Abb. 68) zwischen der kippenden und der senkrecht in diese einbindenden Mauer auf.

Vergleich.

Aus dem, was bis jetzt gesagt wurde, geht hervor, daß die kippende Mauer (und die gut mit der senkrecht zu ihr verlaufenden verspannt ist) immer auf der senkrecht zu ihr stehenden einen Riß erzeugt. Aber dieser Riß hat verschiedene Neigung, je nach der Ursache seiner Entstehung. Er verhält sich wie folgt:

Wenn das Kippen durch Bodensetzungen hervorgerufen wurde, dann tritt der Riß auf der zur kippenden Mauer senk-

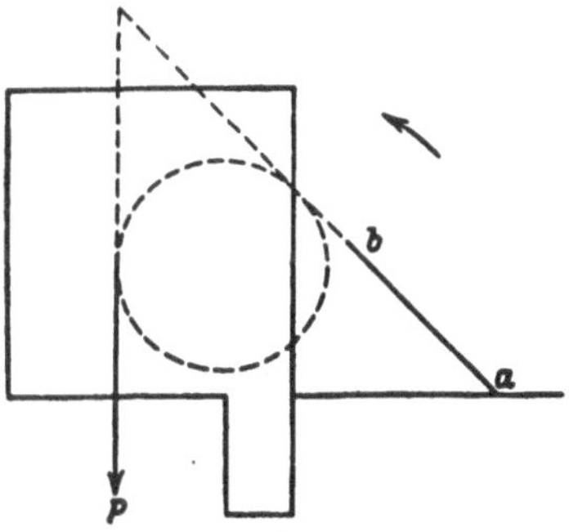

Abb. 106.

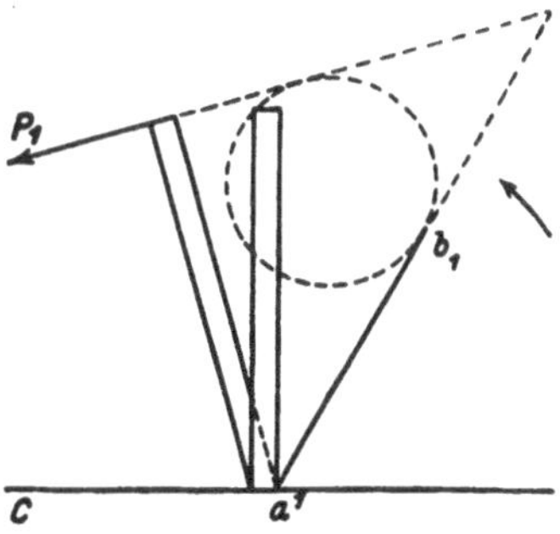

Abb. 107.

recht verlaufenden Wand im Sinne ab (Abb. 106) und *a a b* (Abb. 69) auf[1]).

Wenn hingegen das Kippen durch Schub erzeugt wurde (s. Kapitel über Kippen mit Schub), dann tritt der Riß im Sinne von *a' b'* (Abb. 107) und *F C* (Abb. 91)[2]) auf.

Die Erscheinung scheint einen Widerspruch in sich zu tragen, es handelt sich aber stets um den gleichen Vorgang. Davon kann man sich leicht überzeugen, wenn man die verschiedenen Kraftrichtungen betrachtet, die die Risse erzeugen.

Um die Richtung der Kräfte noch klarer hervortreten zu

---

[1]) Dieselbe Neigung des Risses ist ebenfalls zu beobachten, wie es bereits gesagt wurde, bei Senkungen von Mauern auf Bogen und Pfeilern, eine Neigung, die (s. Riß *bb*, Abb. 19 und 20) nach der abgesackten Stelle hinweist.

[2]) Es ist zu beachten, daß die Abb. 91 einen der Praxis entnommenen Fall darstellt.

lassen, sind an die Kräfte P und P' und die Risse $a\,b$ und $a'\,b'$ die tangierenden Kreise eingezeichnet. In den Abbildungen ist dadurch ersichtlich, daß der Drehsinn der Kräfte wie der der Risse in beiden Fällen gleich ist.

Einzelstehende Gewölbe.

Schubkräfte.

Ein einzelnes Gewölbe zwischen Mauern, welches durch Geschoßböden belastet ist, kann besonders dann, wenn die letzteren sich nicht auf der Höhe des Gewölbes selbst befinden, zum Ruin der Auflagermauern führen.

Das durchgreifendste Mittel in einem solchen Fall ist das Abtragen des Gewölbes und dessen Ersatz durch eine Balkenlage aus Holz oder Eisen oder auch durch Einziehen von Zugankern oder falls es angängig ist, die Verstärkung des Mauerwerks.

Ein weniger durchgreifendes Mittel ist folgendes. Nach eingebrachter Abstützung des Gewölbes und Aufbringung eines Hilfsbodens über demselben wird die ausgebrauchte Mauer aus ausgesuchtem Material und Zementmörtel wieder hergestellt und die Risse im Gewölbe ausgebessert.

Schwere Fälle.

Wenn das Überhängen sehr bedeutend oder wenn das Mauerwerk sehr schlecht ist, so wird mit dem Einziehen von Ankern und durch Unterfangungsarbeiten an den Fundamenten die Kippbewegung nicht zum Aufhalten gebracht, es muß dann zu den folgenden Maßnahmen gegriffen werden:

a) Absteifung der kippenden Mauer,

b) Entlastung der kippenden Mauer von Dach- und Deckenlasten durch Einbringen von vertikalen Steifen und von Auflagerhölzern unter den Balkenköpfen,

c) Abtragung des Dachteiles, der auf der überhängenden Mauer lastet,

d) Abtragung der beschädigten Mauer und Wiederherstellen derselben auf besserer Gründung und in größerer Stärke.

Zusammenhängende Erscheinungen.

Die Erscheinungen, die durch mangelnde Standfestigkeit bei einem Gebäude erzeugt werden, treten selten vereinzelt, sondern fast immer in folgendem Zusammenhang auf:

1. das Setzen ist fast stets von einem Kippen begeitet;
2. die Zerdrückungen erzeugen immer Setzungserscheinungen in den darüberliegenden Zonen;
3. die gewöhnlichen Kipperscheinungen sind häufiger durch Bodensenkungen als durch Schubkräfte hervorgerufen,
4. das Ausgleiten zieht immer eine Senkung und eine Kipperscheinung der Mauerwerkstragkonstruktion nach sich.

Verdrehung von Treppenläufen.

Auskragende Treppen. Die als Kragträger ausgebildeten Steintreppen (Sandstein, Kalkstein, Granit, Marmor usw.), die ein vorsichtiger Konstrukteur nie über 1,50 m breit macht, haben einen freien und einen eingespannten Teil. Der letztere beträgt etwa $^1/_5$ der Gesamtlänge aber nie weniger als 25 cm.

Wenn das Mauergewicht über der Einspannstelle nicht ausreicht, um dem Einspannungsmoment das Gleichgewicht zu halten, so entsteht ein Verdrehen des Laufes, welches zu Brüchen in den Steinen in der Nähe der Einspannstelle führt. Dieses kann leicht eintreten in den oberen Geschossen, wenn die Treppenhauswände zu leicht gebaut sind, oder wenn über den Einspannstellen Öffnungen vorhanden sind und die Wirkung des fehlenden Gewichts nicht irgendwie ersetzt wurde.

Brucherscheinungen bei eingespannten Steinstufen können auch auftreten bei ungenügender Auflagerlänge.

Im ersten Fall genügt es, für geeignete Maßnahmen zu sorgen, die dazu führen, das Kragmoment im Gleichgewicht zu halten.

Im zweiten Fall hingegen ist die Treppe nach erfolgter Abstützung abzutragen, die notwendige Auflagerlänge genau zu berechnen und danach auf Grund der Rechnung die Treppe neu herzustellen.

I.

Ansteigende Gewölbe. Bei gewendelnden Treppen mit drei oder auch zwei Läufen, liegen die Stufen mitunter auf ansteigenden Gewölben ohne in die Treppenhauswände eingespannt zu sein. Die Gewölbe stützen sich auf die Mauern ab.

Wenn bei solchen Treppen — auf ansteigenden Gewölben — durch fehlerhafte Konstruktion die Stufen in das Mauerwerk hineingeführt worden sind, dann können die Steine an der Einspannstelle auch zum Bruch kommen aber in diesem Fall nicht, wie bei eingespannten Stufen, durch fehlendes Mauergewicht oder ungenügend tiefe Einspannung, sondern durch ungleiche Setzung im Gewölbemauerwerk.

Es ist bekannt, daß die wichtigste Voraussetzung für die Standfestigkeit eines romanischen Gewölbes das richtige Verlegen der Steine im Sinne der Gewölberadien ist; und ist dieses Verlegen ohne Sorgfalt ausgeführt, so kann die Standsicherheit darunter leiden.

Es ist klar, daß ein unrichtiger Stich des Gewölbes trotz einer reichlichen Gewölbestärke für diese Konstruktionselemente gefährlich wird.

Der erfahrene Techniker weiß, daß wegen der fehlenden Einspannung die Verdrehung der Bögen — zusammen mit den oben angeführten Bedingungen — den Riß *a o* der Abb. 108 erzeugen kann.

Hauptsächlich wird aber die Standsicherheit solcher ansteigender Bögen durch Einbinden in drei Auflagerwänden sichergestellt.

Die hauptsächlichsten Ursachen, welche die gemauerten Treppenläufe in ihrer Standsicherheit beeinträchtigen, sind also die folgenden:

1. ungenügendes oder fehlendes Gegengewicht an den Einspannungsfugen bei auskragenden Treppen,
2. ungleichmäßige Setzungen im Mauerwerk bei Treppen auf ansteigenden Gewölben,
3. unrichtige Ausbildung durch schlechtes Stichverhältnis bei großer Gewölbestärke des ansteigenden Bogens,
4. ungenügende Auflagerlänge bei Einspannungen.

Diese Konstruktionen, die durch gegenseitiges Verspanntsein ihre Stabilität erhalten, werden durch die Maurermeister nach reinen Erfahrungsregeln ausgeführt. Diese Regeln genügen infolge der jahrelangen Erprobungen im allgemeinen recht gut.

In Neapel werden die Treppenläufe auf Lehren errichtet, die nach Erfahrungsregeln erstellt sind und auf welche Hohlsteinziegel in reinem Gipsmörtel aufgemauert werden.

In Rom werden die sogenannten romanischen Gewölbe aus schmalen Ziegeln in Zement- und Puzzolanemörtel erstellt, die den Erdbebenstößen von mittlerer Stärke trefflich standhalten.

II.

Die Mittel zur Behebung der vorstehend erwähnten Schäden an Treppenläufen müssen durchgreifend sein:

a) Sorgfältige Absteifung der Treppe,

b) Abtragung und Wiederherstellung der Treppenläufe, indem mit diesen Arbeiten im obersten Geschoß begonnen wird[1]).

Die Wiederherstellung kann entweder in Mauerwerk geschehen oder durch Mauerwerk zwischen einem Eisenbalkengerippe oder auch in Eisenbeton.

Der Wiederherstellung in Mauerwerk muß das Aufstellen eines Lehrgerüstes vorausgehen, das von einem erfahrenen Meister zu projektieren und von Spezialarbeitern auszuführen ist.

Der Verfasser hatte zweimal Gelegenheit, beschädigte Treppen reparieren zu müssen und in beiden Fällen hat er völlige Neuherstellung vorgesehen.

Die Abb. 108 zeigt die Beschädigung einer Treppe auf ansteigendem Gewölbe in einem Gebäude in Rom. Nach einer wohldurchdachten Einrüstung wurde diese Treppe zwischen einem Eisengerippe neu hergestellt und mit dieser Arbeit im vierten Geschoß begonnen.

In der Abb. 108 ist ersichtlich, daß die Konsole *a c m o* um den Punkt *o* eine Drehung ausgeführt hat und in die neue

[1]) Für die Fälle 1 und 2 lassen sich auch Maßnahmen ausdenken, die zwar umfangreich sind aber doch das Abtragen und Wiederherstellen vermeiden.

Lage *a e i o* übergegangen ist. Dadurch entstand der Riß *a o* und die gegen die ursprüngliche waagerechte geneigte schiefe Stellung *a c*.

Es ist wichtig, zu beobachten, daß eine solche Beschädigung, die hier bei der ungenügenden Einspannung entstand, nicht auftreten kann bei einem zusammenhängenden System von ansteigenden Bögen, außer wenn die Treppenhauswände aus der vertikalen Lage heraustreten.

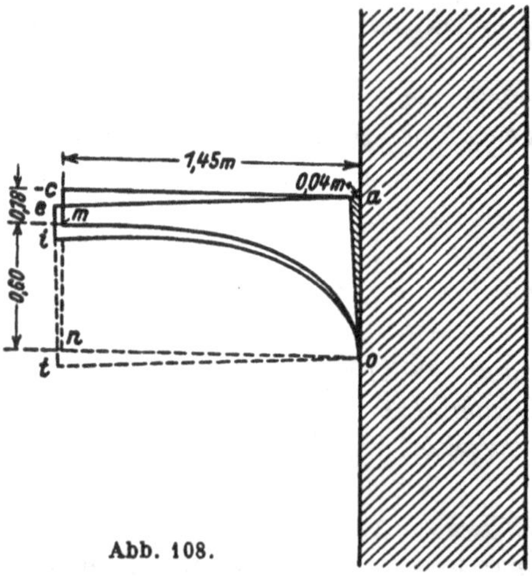

Abb. 108.

Darum wurden in dem untersuchten Falle weder die Risse *a a c c* zwischen Lauf und Podest, geschweige die Loslösung *d d* und *i i* der Podeste vom Mauerwerk beobachtet.

Der Vollständigkeit halber sei noch erwähnt, daß neben

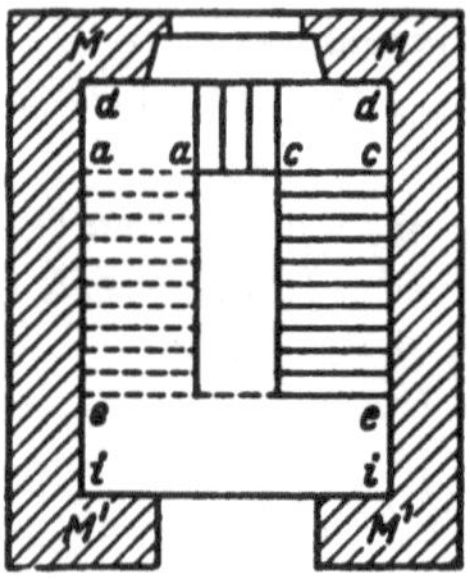

Abb. 109.

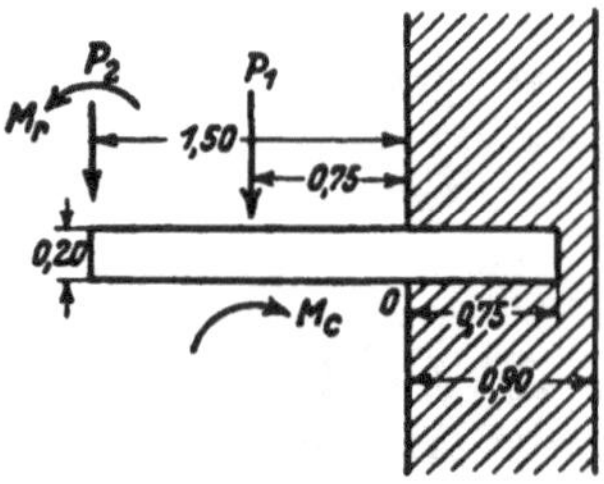

Abb. 110.

der Festigkeit der Tragstufen die Untersuchung sich auch auf die Einbindungstiefe zu erstrecken hat. Außerdem ist nachzuweisen, daß das überlastende Mauerwerk genügt, um die Aufnahme des Einspannmomentes sicherzustellen, unter Einhaltung der zulässigen Beanspruchungen.

Schäden durch Rutschungen in der Gründungssohle.

Unter dem Rutschen der Gründungssohle wird das Gleiten derselben auf einer Gleitfläche verstanden.

Bei gutem Baugrund hat die Verdichtung oder das Stampfen einen besseren Zusammenhang und eine Raumverminderung zur Folge. Die seit langem verdichteten Bodenarten sind daher die besten zur Aufnahme von irgendwelchen Gebäuden.

Ziemlich allgemein kann bezüglich der Bodenverhältnisse gesagt werden, der Zusammenhang vermindert sich oder wird aufgehoben bei zu großer Trockenheit oder bei zu reichlichem und wechselndem Wassergehalt.

Ein Gebäude kann ganz oder teilweise auf der Gründungssohle zum Rutschen kommen. Dieses wird um so gefährlicher je schlechter die Mauerwerksstruktur ist und je größer die Schubkräfte durch Gewölbe, Dächer und Hinterfüllungen sind, die auf die Umfassungswände wirken.

Wir bezeichnen mit Gleitfläche diejenige unterirdische Schicht, auf welcher die gleitende Masse rutscht.

Die Gleitfläche liegt selten an der Oberfläche, und allgemein kann etwa gesagt werden:

a) sie liegt in den meisten Fällen tiefer als die Gründungssohle;
b) sie ist meistens eine schlüpfrige Schicht und
c) fast stets in geneigter Lage.

Es ist leicht einzusehen, daß dieses in der Regel bei lehmigen, wasserhaltigen Schichten vorkommt. Diese Gleitflächen können sich besonders ausbilden an Berghalden, an Übergängen von Bergen nach den Ebenen und noch mehr an Bergflanken mit Flüssen oder Wildbächen.

Ursachen.

Es ist bekannt, daß durch Frost Risse entstehen, da dieser die Erde zum Anschwellen und nachherigem Loslösen bringt.

Aber da der Frost nicht dauernd wirkt, und da auf kurze trockene Perioden immer Regenzeiten folgen, so trifft man die Risse nicht im Winter an, sondern auch in der heißen Jahreszeit.

In der Tat beobachtet man während der Sommerhitze Spalten und Risse in lehmigem Terrain. Die Teile an der Oberfläche werden ausgetrocknet, und es öffnen sich die Risse, durch welche die Hitze in die tieferliegenden anschließenden Schichten eindringen kann.

Auf diese Weise entstehen zweierlei Schichten im Terrain: Die obere ist trocken und rissig, die untere wasserhältig und zusammenhängend. Das Wasser macht aber lehmigen Boden plastisch und schlüpfrig.

Das trockene Terrain wird durch die aufliegenden Gebäude zusammengedrückt und vermindert sein Volumen, dieses zwingt das Gebäude, die Bewegung nach unten mitzumachen.

Wenn die Zusammendrückung im vertikalen Sinne auf festem Grund erfolgt, so sind die Erscheinungen, die durch diese Bewegung hervorgerufen werden, unbedeutend. Wenn aber der Druck auf ein schlüpfriges Gelände auftrifft, dann muß das Gebäude die dadurch hervorgerufene Bewegung mitmachen, also talwärts rutschen.

Beschädigungen.

Aus den oben erwähnten Gründen treten die Schäden besonders im Sommer auf und kommen im Winter zum Stillstand.

Die Natur der Beschädigungen hängt direkt mit den Ursachen zusammen; es handelt sich also vorwiegend um Setzungserscheinungen, verbunden mit Kippbewegungen.

Diese Erscheinungen brauchen hier nicht besonders beschrieben werden, für dieselben sind bereits ausführlich Ursachen und Wirkungen angeführt worden, worauf der Leser hier verwiesen wird.

Die Skizze (Abb. 111), die der Wirklichkeit entnommen ist, zeigt mit großer Genauigkeit die Erscheinungen, die dabei auftreten und gibt zugleich die Erklärung für diese Art von Zerstörungen.

Wir sehen darauf:

1. Die Risse *a—a* der Wände, die talwärts geneigt sind,
2. Die Fundamentmauern *A A* sind nach der Höhe aufgebaucht;
3. die Stützmauer an der Straße ist in der Richtung nach dem Wildbach verschoben.
4. das Gebäude ist von Spalten und Rissen durchzogen;
5. die Gleitfläche *D C* beginnt in *D* und hat eine Neigung, die unter dem Wildbach durchgeht.

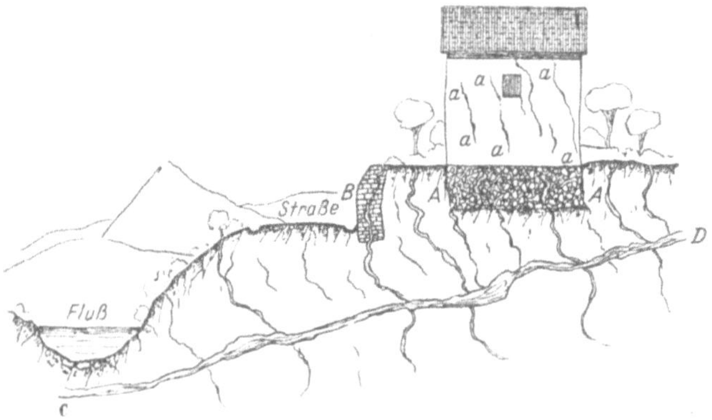

Abb. 111.

Abhilfsmittel.

Voraussetzungen. Die Rutschungen des Untergrundes umfassen durch die Natur der Sache selbst fast immer größere Gebiete. Sie ergreifen daher mehr als ein einzelnes Gebäude, außer wenn dieses allein in der Gegend steht. Die Gleitflächen erstrecken sich immer über größere Gebiete.

Die Gebäude der Berggegenden oder im Hügelland oder auch solche in der Nähe von steilen Halden, die auf lehmigem Grund aufstehen, werden sehr häufig durch Erdstürze, Flüsse oder Bergrutsche beschädigt.

Erdeinstürze werden häufig durch Auskolkungen im Erdinneren hervorgerufen, welche auf Wassereinwirkungen zurückzuführen sind. Bergrutsche sind durch Störungen in den tieferen Schichten des Untergrundes verursacht, wenn daselbst schlüpfrige Lehmschichten vorhanden sind.

Die Rutschungen können älteren oder jüngeren Datums sein. Die älteren können — wenn sie nicht mit der Zeit selbst aufhören — durch Wasserableitungen zum Stillstand gebracht werden.

Die Rutschungen sind erkennbar an der Loslösung und Senkung des umliegenden sowie der welligen Oberfläche des rutschenden Geländes.

Die Ursachen von Rutschungen liegen in der Störung des Gleichgewichtes zwischen Erdlasten und der Zusammenhangskraft des Materials, das durch eindringendes Wasser aufgelockert wird.

Erschütterungsschäden, die oft in Städten auftreten, lassen sich mitunter leicht erklären bei Anwesenheit von stagnierendem Wasser in der Gründungssohle.

Bestehende Gebäude.

Die erste Sorge des Fachmanns, der gerufen wird bei Gleiterscheinungen an Gebäuden, ist die, geeignete Maßnahmen auszudenken, um die Bewegung, wenn möglich, aufzuhalten.

Dieses ist jedoch nicht immer durchführbar, es hängt sehr vom Umfang der Erscheinung und von den vorhandenen finanziellen Mitteln ab. Auch hier bei diesen Unglücksfällen spielen die Kosten und die Zeit eine große Rolle in der Erzielung eines Erfolges.

Auf jeden Fall bestehen die hauptsächlichsten Befestigungsarbeiten, die, wenn immer möglich, in der guten Jahreszeit auszuführen sind, in folgemdem:

A. Den Befestigungsmaßnahmen bei Bewegungen großen Stils in Berggegenden hat eine Regulierung der Wasserläufe voranzugehen.

Die Wildbäche werden durch geeignete Mauerwerkseinbauten reguliert (Abtreppungen), diese ändern das Gefälle des Flußbettes und vermindern die Geschwindigkeit des Wassers, wodurch die Erosionstätigkeit herabgesetzt wird, welche Rutschungen hervorruft und Gleitungen des darüberliegenden Geländes ermöglicht.

Nach den Erfahrungen des Verfassers bilden Steinschüttungen das wirksamste Mittel zur Verhinderung von Erosionen. Dieselben müssen aus großen Blöcken von Stein oder Beton bestehen, die so bemessen sind, daß die Energie des fließenden Wassers dieselben nicht bewegen kann.

In dem Maß, wie die Steinblöcke im Flußbett infolge der Unterspülungen einsinken, werden oben neue aufgebracht, so lange bis die Unterspülung nichts mehr ausrichtet und die unteren Blöcke die maximale Tiefe erreicht haben.

In ungefähr paralleler Richtung zu dem Flußlauf werden bis in die Nähe der gleitenden Gelände in gewissen Abständen sogenannte Faschinen eingebaut.

Diese Faschinen sind eine Art Körbe, welche mit Steinen und Erde gefüllt werden. Damit sie sich senken können ohne zerstört zu werden, werden sie durch Leitpfähle unterteilt.

An Stelle der Steinschüttungen und Faschinenbauten können Mauern errichtet werden auf Gründungen aus Trockenmauerwerk, welches bis unter die gleitenden Schichten herunterzuführen ist.

Diese Mauerwerksabtreppungen, die in gleichmäßigen Abständen eingebaut werden, wirken der Erdbewegung im Gelände zwischen den Gebäuden und dem Fluß entgegen.

Diese Mauern dienen nicht nur zum Schutz gegen Unterspülung der Böschungen, sondern sie sind zugleich Stützmauern und müssen aus diesem Grund gut gegründet werden. Ferner sollen sie in der richtigen Weise mit Löchern für den Wasserabfluß versehen werden.

Die Stützmauern (Abb. 112) können zweckmäßig in hydraulischem Kalkmörtel hergestellt werden. Der äußere Anzug kann etwa $^1/_5$ betragen.

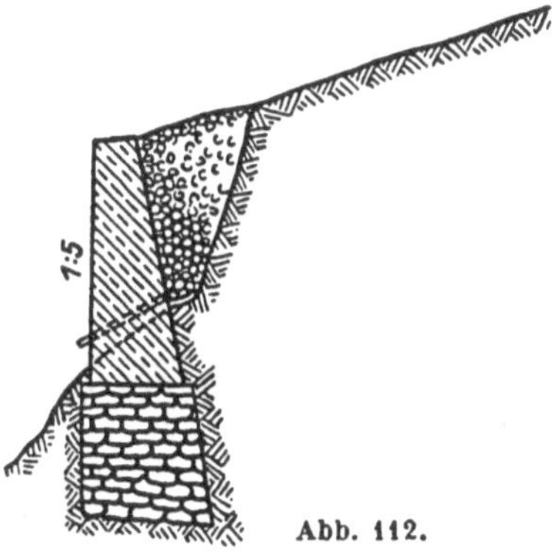

Abb. 112.

Aus statischen Gründen soll die Fundierungsebene soweit als möglich senkrecht zu der Resultierenden aller Kräfte, welche auf sie wirken, stehen. Das gleiche gilt in sinngemäßer Übertragung für die oberen Lagerfugen.

Zwischen die hintere Wand und das natürliche Gelände wird eine Steinpackung aus geeignetem Material eingebracht zu dem doppelten Zweck: Verminderung des Erddrucks und dann zur Entwässerung der Hinterfüllung.

Zu dem letzteren Ziel wird die Steinpackung auf eine geglättete Zementrinne aufgebracht. Diese hat ein doppeltes Gefälle, einmal gegen die Mauer und dann noch in der Längsrichtung der Mauer gegen Zentren hin, in welchen Ausflüsse durch die Mauer hindurch angebracht sind.

B. In Fällen, in denen nur ein enger begrenztes Gelände sich bewegt (besonders bei leicht geneigtem Gelände) sind lokale Ursachen anzunehmen, wie z. B. zum Stagnieren gekommenes Grundwasser[1]), Sättigung des Grundes durch Wasseraustritte aus Kanalisationen usw.

In einem solchen Falle ist das angestaute Wasser abzuleiten und der in Bewegung geratene Boden zu befestigen.

Die Entwässerung eines Geländes zum Zwecke der Trockenlegung geschieht mit Hilfe von Drainage-Anlagen[2]), d. h. mit

---

[1]) Ein klassisches Beispiel hierfür bildet der Stau des Bergwassers der Stadthügel infolge der seitlichen Flußmauern am linken Tiberufer.

[2]) Drainage. Jede Arbeit zum Zwecke der Austrocknung von sumpfigem Gelände wird als Drainage bezeichnet.

Die Drainage kann oberflächlich sein, wenn sie zu landwirtschaftlichen Zwecken oder aus hygienischen Gründen durchgeführt wird, sie kann tief angelegt sein, wenn sie den Zweck hat Gelände auszutrocknen, das Gebäudelasten aufnehmen soll, oder auf welchem bereits Gebäude stehen.

Die Drainagen werden in verschiedenartiger Weise konstruiert und verteilt, je nach den vorliegenden Fällen dienen aber alle demselben Ziel, Ableitung des unterirdischen Wassers zum Zwecke einer Vergrößerung der Bodenfestigkeit und des Zusammenhangs der Erdmassen.

Die gewöhnliche Form einer Drainage besteht in einem Kanal mit wasserdichter Sohle und wasserdichten Wänden und wasserdurchlässiger Abdeckung, der unterhalb der wasserführenden Schicht geführt wird und mit talwärts gerichtetem Gefälle, wenn möglich nach einem Fluß hin, versehen ist.

Auf die Abdeckung des Kanals wird ein Filter aus gewaschenem Steinmaterial aufgebracht, welches die wasserführende Schicht überragen muß.

Hilfe von Abzugsgräben, die bis zu 10 m Tiefe in offener Baugrube hergestellt werden und in größeren Tiefen als Brunnen und Stollen ausgebildet werden.

Ist der Untergrund und das umgebende Gelände des gleitenden Bauwerks durch die vorstehenden Maßnahmen gesichert, so geht man an die Wiederherstellung des Bauwerks selbst. Nach vorausgegangener Abstützung werden geeignete eiserne Verankerungen eingezogen und die beschädigten Teile werden nach den Grundsätzen wieder hergestellt, die in den Kapiteln über Senkungen und Kipperscheinungen auseinandergesetzt wurden.

Stützmauern.

Stützmauern, mit lehmiger Hinterfüllung, welche auf wasserhaltigen Lehmschichten stehen, sind fast vollständig gegen Gleitungen und Rutschungen gesichert, wenn

a) die Gründung ganz auf Trockenmauerwerk ausgeführt ist,

b) das aufgehende Mauerwerk durch geeignete gut überdeckte Eiseneinlagen in der Hinterfüllungsseite verankert ist,

c) oder wenn die Mauer nach der früher beschriebenen Methode ausgeführt wird (Abb. 112).

Diese Ausführungen werden, wie es bereits im Text gesagt wurde, entweder in offener Baugrube hergestellt, oder in Stollen; in diesem Falle ist derjenige Teil, der den Filter aufzunehmen hat, entsprechend zu verbauen.

Ein Einbau dieser Art, der bergseits von dem gefährdeten Bauwerk (in offener Baugrube oder in Stollen) hergestellt wird, schützt dieses Gebäude vor weiteren Wassereindringungen und schafft somit die Ursache von Rutschungen aus der Welt und gewährt somit die Standsicherheit des Gebäudes.

Wenn nicht eine eigentliche Rutschfläche vorhanden ist, sondern wenn nur der Untergrund mit eindringendem Wasser durchtränkt wurde, so wird das Terrain wieder in gesunden Zustand gebracht durch Ziehen von Kanälen, die mit Steinen und Kies ausgefüllt werden. Die Richtung dieser Kanäle ist sorgfältig nach dem Gelände zu bestimmen, dieselben münden in Abzugsgräben, denen man ein möglichst starkes Gefälle gibt. Dadurch wird das eingedrungene Wasser abgeführt und der Boden kann sich wieder in Ruhe setzen.

Rutschungen bei Wohngebäuden.

1. Unterlage in Trockenmauerwerk.

Wenn es vorkommt, daß eine Gebäude in rutschigem Gelände erstellt werden muß, so ist zu empfehlen, unter der Fundamentsohle eine Unterlage in Trockenmauerwerk zu errichten. Diese soll mindestens 50 cm tief sein und nach allen Seiten über die Gründungsfläche des Hauses hinausgehen.

Auf diese Weise wird die Erdaufschüttung und das Mauerwerk, welches über dieser Unterlage aufruht, vom Wasser isoliert und hält sich in Ruhe, sobald die Gebäudelast vorhanden ist. Das Wasser fließt durch das Trockenmauerwerk hindurch ab, ohne das Gebäude zu gefährden.

In Gebäuden, die auf solches Gelände aufgestellt werden, ist es unvorsichtig, Bögen und Pfeiler und Gewölbe zwischen Außenmauern zu errichten. Es sollen überall Vollmauerwerk und Balkendecken vorgesehen werden.

2. Durchgehende Grundplatte.

An Stelle einer Unterlage aus Trockenmauerwerk kann auch eine durchgehende Grundplatte aus Beton hergestellt werden.

Der Justizpalast in Rom ist auf einer solchen Betonplatte aufgestellt worden. Dieselbe ist in Stärken zwischen 2 und 3 m ausgeführt, der Beton besteht aus Ziegelbruchstücken, Fettkalk und Puzzolane.

3. Eisenbetonplatte.

An Stelle der beiden bereits erwähnten Methoden kann auch eine Eisenbetonplatte errichtet werden, die aus einer dünnen Platte mit Verstärkungen durch Rippen und Balken besteht.

Da die Platte von unten nach oben beansprucht ist (Bodenreaktion), so werden die Rippen und Balken oben angeordnet.

Auf diese Weise entsteht eine wasserdichte Schicht zwischen dem wasserführenden Lehm und dem aufgehenden Mauerwerk. Diese Schicht erhärtet immer besser im Kontakt mit dem Wasser.

Kommt ein Gleiten vor, so erleidet das Gebäude keine Schäden, da die Bewegung fast ganz gleichförmig vor sich geht.

Es treten keine schädlichen Senkungen auf, da die Platte das Gebäude im Gleichgewicht hält. Da die Grundplatte zusammenhängt, so muß die ganze Platte und damit auch das ganze Gebäude die Schiebebewegung gleichmäßig mitmachen; das Gebäude ist somit in der Lage, Gleitbewegungen ohne Schaden auszuführen.

4. Sandschüttungen.

Bringt man auf eine (wasserundurchlässige) Lehmschicht eine (wasserdurchlässige) Sandschüttung auf, so ist damit folgendes erreicht:

a) die unterirdischen Wasser, die auf der Lehmschicht fließen, erhalten einen geregelten Abfluß;

b) das Gleiten des Gebäudes in der Gefällsrichtung der Gleitfläche wird behindert;

c) die Tragfähigkeit des Baugrundes wird erhöht.

Ausgedehnte Anwendungen von Sandschüttungen in Deutschland haben zu folgendem System geführt. Der schlechte Grund (nasser Lehm, Torf, Pflanzenerde usw.) wird ausgehoben bis auf die Tiefe, in welcher der tragfähige Boden gefunden wird.

Dann wird je nach dem gerade vorliegenden Falle eine 1,0 bis 3,0 m mächtige Sand- oder Kiesschicht eingebracht. Die Böschung derselben wird unter 45° geneigt hergestellt. Der Sand wird gehörig eingestampft. Diese Anordnung hat sich sehr gut bewährt, da diese Schüttung nicht schadet, wenn sie zeitweise unter Wasser und zeitweise trocken liegt. Sie ist vor fließendem Wasser zu schützen.

Die Sandschüttung, die billiger ist, als die anderen Systeme, verteilt die Fundamentpressungen gleichmäßig auf den Untergrund und sie verhütet dadurch ungleichmäßige Setzungen, denn wenn das ganze Gebäude absackt, so setzt es sich gleichmäßig.

Schäden durch Erdbeben.

Schwere Schäden.

Heftige und plötzliche Erdstöße zerstören die Gebäude vollkommen. Die Schäden in den Teilen, die stehen bleiben, sind durch Erscheinungen ohne feste Regeln hervorgerufen[1]), und es ist deshalb schwer, dieselben zu klassifizieren.

Es liegt in der Natur der Sache, daß Erdbeben vorwiegend Einstürze zur Folge haben. Davon werden alleinstehende Häuser, Mauern und Säulen am schwersten betroffen.

Um die Wirkungen der Erdbeben besser verstehen zu können, soll eine kurze Darstellung ihrer wissenschaftlichen Erklärungen gegeben werden.

Festgestellte Beobachtungen.

Die Erdbeben breiten sich in Wellen aus, die als seismische Wellen bezeichnet werden.

Die stärksten Auswirkungen treten über dem Mittelpunkt des Erdbebens, dem Epizentrum, auf. Sie äußern sich hier in lotrechten Stößen, welche mitunter sehr schnell aufeinanderfolgen und je nach ihrer Intensität verheerende Wirkungen zur Folge haben. Mit wachsendem Abstand von dem Epizentrum kommt an der Erdoberfläche nur noch der waagrechten Wellenbeschleunigung eine Bedeutung zu. Die zerstörenden Wirkungen nehmen entsprechend ab.

Die Seismographen registrieren mit guter Genauigkeit die Geschwindigkeit, mit welcher sich die seismischen Wellen ausbreiten. Die Erdbebenforscher geben einheitlich die minimale Beschleunigung (bei starken Beben) mit 100 mm in der Sekunde und die maximale mit 2000 bis 4000 mm/s (katastrophale Beben) an.

Dieser Wert, der als seismische Beschleunigung bezeichnet wird, stellt das Maß der Zerstörungskraft eines Erdbebenstoßes dar, der ein Gebäude durch konstruktive Mittel zu widerstehen hat.

Die Gegenden, die von Erdbeben heimgesucht werden, sind immer dieselben.

Aus diesem Grunde stellte Baratta die seismische Karte Italiens zusammen, in welcher er die Erdbebenzentren eingezeichnet hat.

---

[1]) Es gibt öfters Fälle, wo vollkommen intakt gebliebene Gebäude neben vollkommen zerstörten stehen. Man darf aber hier nicht ohne weiteres, Gebäude gleich Gebäude setzen, denn das Tragwerk gleichaussehende Gebäude, kann, nach statischen Gesichtspunkten, grundverschieden sein. (Sch.)

Daraus geht hervor, daß die tellusischen Stöße immer in derselben Weise auftreten, das heißt eine bestimmte Gegend schwingt jedesmal in derselben Richtung. Dieses wird auch durch die Tatsache bestätigt, daß die neuen Erdbeben immer die ausgebesserten Schäden der vorangegangenen wieder aufreißen.

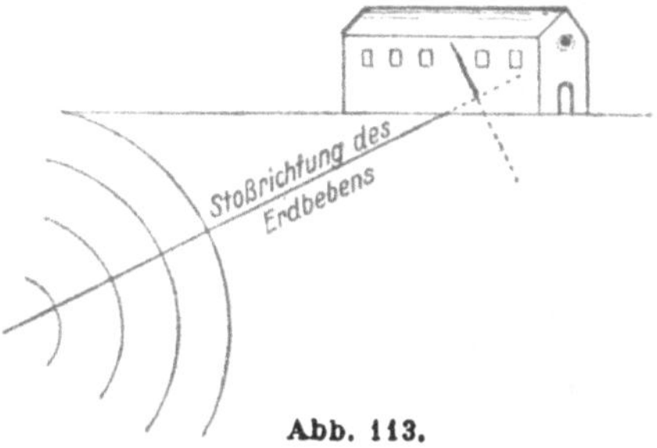

Abb. 113.

Lage der Beschädigungen.

Eine der wichtigsten Beobachtungen für die seismische Baukunst ist die, daß die in Bauwerken entstehenden Risse senkrecht zum seismischen Radius verlaufen (Abb. 113).

Die empfindlichsten Mauern.

Diejenigen Mauern, die senkrecht zur Stoßrichtung verlaufen, werden durch die Erdbebenwellen am meisten beschädigt.

Abb. 114.

Dieser Umstand gibt dem Techniker das Mittel in die Hand, die Wirkungen der Stöße dadurch zu mildern, daß er die Häuser derart orientiert, daß die Stöße in deren Diagonalrichtung verlaufen.

Die Erfahrung zeigt wiederholt, daß die Außenmauern der Häuser, die vom Stoß senkrecht getroffen werden, sich von den Quermauern loslösen und nach außen umstürzen und derart das Gebäudeinnere bloßlegen.

Dieses trat in Messina und in Reggio im Jahre 1908 an vielen Häusern ein. Es ereignete sich ebenso während des Erdbebens in den Abruzzen am 13. Januar 1915. Die Abbildungen 114 und 115 zeigen derartige Schäden in Banca Marsicana (Pescina) und in Arezzano.

Abb. 115.

In derselben Weise wurden die Fassaden der Stationen von Seurgola und von Sora von den Gebäudequermauern losgelöst.

Einteilung der Schäden.

Die Wirkungen, die bei Erdbebenkatastrophen beobachtet wurden, führen dazu, die Beschädigungen an Gebäuden aus gewöhnlichem Mauerwerk in drei Kategorien zu unterteilen:

1. Kettenförmige Risse oder Brüche, die durch von unten nach oben gerichtete starke Stöße verursacht werden,

2. Risse, die gegen die Schubrichtung geneigt sind, dieselben sind Wirkungen von wellenförmigen Stößen (s. die Risse *bb* Abb. 19 und 20).
3. Parabelförmige Risse, die durch leichte Stöße von unten her erzeugt sind.

I. Kettenförmige Risse.

Die von unten kommenden heftigen Stöße haben das Bestreben, den oberen Teil der Gebäude abzuheben, und zwar längs einer Linie, die einer Kettenlinie ähnlich sieht.

Abb. 116.

Solche Erscheinungen traf man an vielen Gebäuden in Messina und Reggio, nach dem Erdbeben von 1908 und ebenso nach dem jüngsten Beben in den Abruzzen.

Die Abb. 116 zeigt die Schule von Colle Armele, bei welcher der obere Teil längs einer Kettenlinie abgerissen wurde.

II. Beschädigungen (Risse) mit Neigung zur Schubrichtung.

Der wellenförmige Erdbebenstoß verursacht in den Fassadenmauern, die parallel zur Stoßrichtung verlaufen (wenn es nicht zum Einsturz kommt) solche Risse, die zur Richtung der Schubkraft geneigt sind.

Die geneigten Risse der Kirche von Magliano de Marsi, die wir in der Abb. 117 darstellen, zeigt mit großer Augenscheinlichkeit das Gesagte, wenn man die Örtlichkeit der Kirche in Betracht zieht und die Stoßrichtung, die den Schaden erzeugte, die in der Richtung von Nordwest nach Südost verlief, der gewöhnlichen Wellenbewegung dieser Gegend[1]).

In derselben Abbildung bemerkt man zweierlei Wirkungen derselben Ursache.

Der seismische Stoß hat einerseits in der besprochenen Weise die Fassadenmauer der Kirche beschädigt, weil diese

Abb. 117.

Mauer in der Stoßrichtung verlief, aber andererseits hat er die Vordermauer des Nachbargebäudes umgeworfen, da dieselbe senkrecht zu ihm stand.

III. Parabolische Risse.

Die Beben tektonischen Ursprungs weisen am Epizentrum starke Wellenstöße auf und haben in den Richtungen des kleinsten Widerstandes innerhalb der Erdschichten sog. tektonische Verlagerungen zur Folge. Sie können wie folgt eingeteilt werden:

1. Im horizontalen Sinn, d. h. durch Gleitungen oder Verschiebungen, in diesem Fall erleiden die Gebäude (falls sie nicht einstürzen) Beschädigungen, wie sie im vorangehenden beschrieben worden sind,

---

[1]) In Italien ist die häufigste Erdbebenrichtung NW—SO und NO—SW.

2. im vertikalen Sinne, d. h. es entstehen Sprünge, in diesem Falle erleiden die Gebäude zweierlei Schäden:
   a) einmal durch den von unten kommenden Stoß und dadurch wird — wie früher gesagt — ein Abheben oberer Gebäudeteile längs einer Kettenlinie hervorgerufen,
   b) und weiter entstehen parabolische Risse in dem stehenbleibenden Teil der geköpften Mauer.

Die Abb. 118 zeigt die beiden Wirkungen, die obere Zerstörung nach einer Kettenlinie und die parabelförmigen Risse. Die Abbildung ist für andere Zwecke von den Professoren T. Taramelli und G. Mercalli wiedergegeben in dem Bericht: »Die andalusischen Erdbeben vom 25. Dezember 1884 (Rendimenti delle R. Accademia dei Luicei Roma 1886).

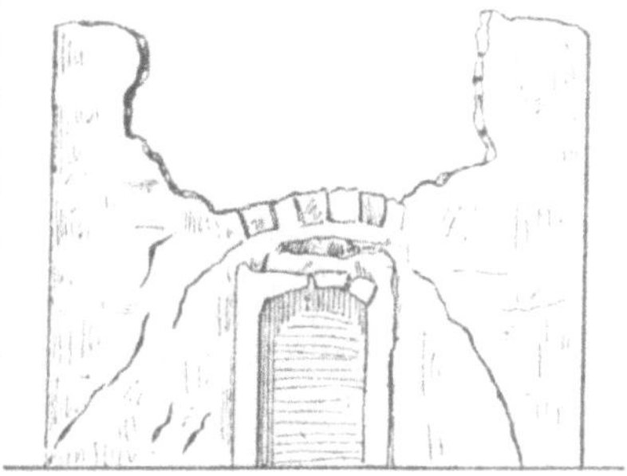

Abb. 118.

Gewölbe. Die Gewölbe mit vertikaler Achse (Turmapsis, Kuppelbauten usw.) widerstehen den Erdstößen sehr gut.

Die Gewölbe mit horizontaler Achse hingegen werden durch Beben sehr stark in Mitleidenschaft gezogen.

In der Tat sieht man auf der Abb. 119, welche die Kirche von Cerchio (Erdbeben in den Abruzzen vom 13. Januar 1915) darstellt, daß das Tonnengewölbe (Gewölbe mit horizontaler Achse), welches die Kirche abgedeckt hatte, eingestürzt ist. während die Apsis (d. h. Gewölbe mit vertikaler Achse), welche den Hauptaltar umfaßt, instand geblieben ist.

In ähnlicher Weise wurde 1908 beim Erdbeben von Messina die Kirche S. M. Arena völlig zerstört bis auf die Kuppel, die intakt blieb.

Von diesen Feststellungen ausgehend, schlägt Torres vor, die Häuser zylindrisch, d. h. mit gebogener Außenfläche zu konstruieren, um die Wirkungen der Erdbeben zu vermindern. (G. Torres, La casa anticismica, Roma 1909, Das erdbebensichere Haus).

Teilweise Sicherung. Eine nicht unwichtige Feststellung ist die, daß Häuser, die in ehemaligen Tuffbrüchen aufgestellt sind, beinahe unberührt bleiben von den Wirkungen der Beben.

Abb. 119.

Diese Feststellung wird wieder beobachtet bei den Ausgrabungen unter den Pyramiden und bei den Anlagen, welche die alten Römer unter den Fundamenten des Kapitols ausführten, was die Sicherung gegen Erdbeben durch angelegte Gruben beweist.

Erscheinungen von mittlerer Stärke.

Wir bezeichnen als solche die Erscheinungen in den Gebäuden, die entstehen durch ein Beben zwischen dem 7. und

8. Grad der seismischen Mercalli-Skala. Bei Eintreten dieser Beben werden die Gebäude mehr oder weniger beschädigt, stürzen aber nicht ein, ausgenommen, wenn sie sich in sehr schlechtem Zustand befinden. In solchen Fällen ruft ein von unten nach oben gerichteter Stoß nachstehende Erscheinungen hervor:

a) Treppen, Vorsprünge, Brüstungen usw. werden von ihren Auflagern abgelöst,
b) Balken werden an den Einspannungsstellen gelockert, es zeigen sich Ausbauchungen und Loslösungen des Putzes an diesen Stellen,
c) Stürze, Gesimse usw. reißen,
d) Loslösungen von Steinen aus Pflasterungen usw.

Der wellenförmige Stoß hingegen verursacht:

a) Bewegungen der Balkenköpfe in den Auflagern, die manchmal ein Herausreißen aus den Auflagermauern zur Folge haben, besonders wenn die Auflagerlänge sehr klein bemessen ist,
b) Verbreiterung von bestehenden Rissen in der Richtung der Wellenbewegung,
c) Loslösung und manchmal Einsturz von Bogen,
d) Verlagerung und Lockerung der Gewölbesteine besonders bei alleinstehenden Gewölben,
e) Einstürze von Kirchtürmen, Absturz von vorspringenden Teilen an Gebäuden und Denkmälern,
f) Vergrößerung von bestehenden Zerdrückungserscheinungen,
g) Erzeugung von Rissen in allen Richtungen, besonders aber solche, von denen unter dem Titel »wellenförmiger Schub« die Rede ist.

Leichte Erscheinungen.

Die leichteren Stöße haben auch leichte Beschädigungen zur Folge und erfassen gewöhnlich nur besondere Teile und selten Konstruktionen im Innern der Gebäude.

Daraus erklärt sich die Tatsache, daß an Gebäuden von guter Struktur oft einzelne unzusammenhängende Zerstörungserscheinungen zu finden sind, die sich schwer durchschauen lassen, weil sie nicht gemeinsame Ursachen der statischen Störung haben.

Nicht selten trifft man Tür- und Fensterpfosten aus Travertin, die sich aus dem Mauerwerkzusammenhang gelöst haben, oder zylindrische Steine in Säulen, die sich in den Lagerfugen gelockert haben und nach außen gerutscht sind, oder Obelisken die gesprungen und auf der eigenen Masse verlagert sind[1]) usw.

Allgemeine Betrachtungen.

Der von unten nach oben gerichtete Stoß hat in den unteren Geschossen stärkere und oben geringere Beschädigungen zur Folge. Das wellige Beben hingegen wirkt umgekehrt indem es die oberen Geschosse stärker ruiniert als die unteren.

Die Häuser, die im Zusammenhang mit anderen Gebäuden errichtet sind, erleiden geringere Schäden durch Erdbeben, welcher Art diese auch seien.

Man wird hierdurch zu der Annahme geführt, daß eine gegenseitige Abstützung der Gebäude stattfindet. Diese Annahme wird noch dadurch erhärtet, daß bei freistehenden Gebäuden die Schäden i. d. R. größer als bei solchen sind, welche einen zusammenhängenden Gebäudekomplex bilden.

Die vollkommen isoliert stehenden Gebäude, Kirchtürme, Statuen usw. sind die Konstruktionen, die am meisten unter Erdbeben zu leiden haben.

Die folgenden Häuserarten leiden am wenigsten unter Erdbeben:

a) die auf Fels oder kompaktem Grund fundierten,
b) diejenigen, die diagonal zur Stoßrichtung stehen und deren Ecken gut mit Eisenankern bewehrt sind,
c) die mit geringer Höhe,
d) diejenigen, die aus winkelrechten Steinen mit gutem Eckverband, in gutem Mörtel gemauert sind und keine Gewölbekonstruktionen enthalten,
e) diejenigen mit hölzernen oder eisernen Balkenlagen, bei denen je zwei Balken miteinander verbunden sind,

---

[1]) Ziemlich bekannt ist die Beschädigung des Obelisken des Klosters von S. Bruno in St. Stefano in Kalabrien, welcher bei dem Erdbeben im Jahre 1873 um sich selbst gedreht wurde.

derart, daß sie Zwillingsanker darstellen, die die Außenmauern halten,

f) diejenigen mit langen Balkenauflagern, besonders in den oberen Stockwerken, wo die Ausschläge bei seismischen Erschütterungen am größten sind,

g) diejenigen mit stark abgewalmten Dächern,

h) diejenigen mit Wendeltreppen oder mit Treppen zwischen Innenmauern, derart, daß die Stufen auf zwei Mauern aufliegen oder auf eine Eisenkonstruktion abgestützt sind.

Abhilfsmittel.

Die Mittel zur Behebung der Schäden richten sich nach dem Umfang des Schadens an den Gebäuden. Wenn nur ein Teilschaden entstanden ist, so kann der eingestürzte Teil wieder neu ausgeführt und die weniger beschädigten Mauern können ausgebessert werden. Mit nicht übermäßigen Kosten kann die frühere Standfestigkeit wieder hergestellt werden.

Ist hingegen eine vollständige oder beinahe vollständige Zerstörung eingetreten, so läßt sich eine gänzliche Neuherstellung nicht vermeiden; aber in einem solchen Fall (zur Garantierung der Sicherheit des Neubaues) muß man sich an die ministeriellen Normen für die Herstellung von erdbebenfesten Gebäuden für Erdbebengebiete halten.

Bei Totalschäden gibt es zwei Lösungen, eine provisorische und eine endgültige.

Die provisorische besteht darin, daß für den Fall, wo nicht zu Wachstuchzelten gegriffen wird, zunächst Holzbaracken hergestellt werden.

Die Japaner sind Meister in diesen Ausführungen. Sie haben dieselben zu sehr großer Vollkommenheit gebracht. Doch sind dieselben zu sehr den Feuerkatastrophen ausgesetzt und werden deshalb heute nicht mehr gerne angewendet.

Das Dach einer erdbebensicheren Holzkonstruktion muß auf solide Rahmen abgestellt werden. Letztere bestehen aus vertikalen, horizontalen und diagonalen Hölzern, die untereinander durch Knotenbleche und Eisenplatten verbunden sind, derart, daß die ganze Konstruktion ein zusammenhängendes Ganzes bildet.

Bedingung für die Sicherheit einer solchen Konstruktion ist, daß die vertikalen Hölzer fest in die Fundierung eingespannt werden.

Es gibt viele Methoden zur Herstellung der Einspannung, die besten sind jedoch diejenigen mit Hilfe von Zangen und Ankern.

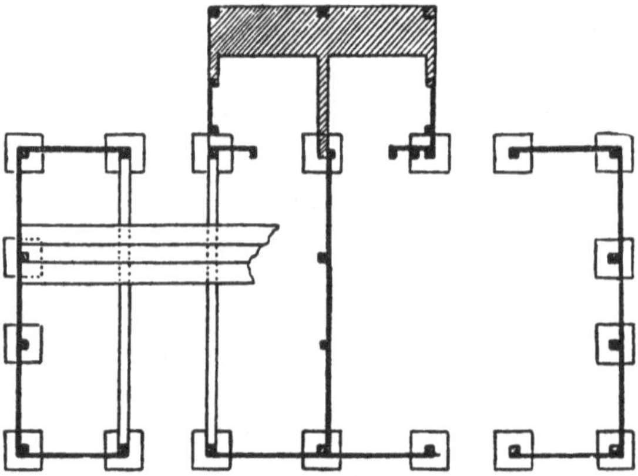

Abb. 120.

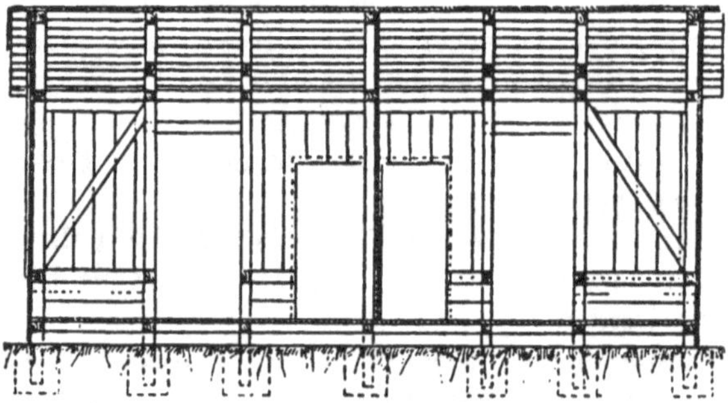

Abb. 121.

Aus ökonomischen Gründen werden die vertikalen Pfosten auf Einzelfundamente abgestellt.

In den Abb. 120, 121 und 122 ist der Typus von Holzbaracken dargestellt, der vom Minister der öffentlichen Arbeiten vorgeschlagen ist, und der vom Genio civile für Holzhäuser in den Erdbebengebieten von Arezzano und Sora gezeichnet wurde.

Barackenbauten.

Der Barackenbau oder die Bauweise Beneventano wird nach den Baunormen des Bourbonischen Kodex, der nach dem Erdbeben von 1783 herauskam, ausgeführt.

Diese Häuser haben auch bei dem Beben von 1902 in Messina und Reggio standgehalten. Sie bestehen aus Backsteinwänden oder aus Bruchsteinmauern mit einer Stärke von einem Achtel der Höhe, die innerhalb eines Holzfachwerkes aufgeführt sind. Das Fachwerk besteht aus vertikalen, horizontalen und diagonalen Hölzern, die sehr gut untereinander verbunden sind.

Abb. 122.

Die abgewalmten Dächer sind in den Kanten durch Holz- oder Eisenbalken verspannt. Die Verbindungen der Binder, die Einspannungen der Zangen an den Pfosten, den Hängesäulen und Streben sind mittels Eisenplatten hergestellt.

Häuser mit parabolischen Mauern.

Damit den Angriffen der seismischen Stöße gegen Einsturz und Ausbiegen der Mauern Widerstand geleistet werden kann, sollen die tragenden Mauerwerksteile solche Querschnitte erhalten, die mit Sicherheit gegen Zug und Biegung Stand halten. Das gewöhnliche Mauerwerk ist wenig geeignet, solche Kräfte aufzunehmen.

Dasjenige Mauerwerk, das am besten den genannten Kräften widersteht, ist das von dem japanischen Professor Omori erfundene parabolische Mauerwerk. Durch dasselbe wird in jedem horizontalen Schnitt durch das Gebäude die gleiche Biegungsfestigkeit erzielt.

Die Mauern mit parabolischem Querschnitt sind daher Bauteile mit gleichbleibender Biegungsfestigkeit.

Der Pater Guido Alfani, Direktor des Osservatorio Ximeniano von Florenz, ist leidenschaftlicher Förderer der Bauweise mit parabolischen Mauern.

Wenn auch die Lösung des Prof. Omori theoretisch vollkommen ist, so läßt sich dieses keineswegs vom praktischen Standpunkt aus sagen. Zu dem Übelstand, daß die Innenwände der Mauern einen Anzug haben, statt vertikal zu verlaufen, kommt noch der, daß eine große Grundfläche erforderlich wird. Das bedeutet aber, daß die Mauern viel Platz wegnehmen, die unteren Geschosse stark beeinträchtigt und überdies außerordentlich große Ausgaben erforderlich werden.

Fachwerkhäuser.

Die seismische Bauweise hat in Italien nicht wenig Förderer, aber nach dem Beben von 1908 in Messina und Reggio wurden durch den würdigen Prof. Canevazzi, Leiter der Ingenieurschule von Bologna und durch den Prof. Panetti vom Polytechnikum in Turin die theoretischen Grundlagen geschaffen zur Lösung des Problems der erdbebensicheren Bauweise. *Dadurch wurde ein Fortschritt erzielt über die nur empirischen Kriterien der vorhergehenden Zeiten.*

Prof. Canevazzi hat auf Grund wissenschaftlicher Betrachtungen ein abgekürztes Berechnungsverfahren aufgestellt für bebensichere Bauten mit einer Formelzusammenstellung für die verschiedensten vorkommenden Fälle mit vier Anwendungsbeispielen.

Ferner sei auf die durch hohes wissenschaftliches Niveau ausgezeichneten Arbeiten von Prof. Panetti hingewiesen.

Wir empfehlen dem Leser, der sich in einem wichtigen Zweig der Technik zu vervollkommnen wünscht, diese wichtigen und genialen Untersuchungen, die im zweiten Bericht der Kommission für die Revision der obligatorischen Baunormen für die vom Erdbeben vom 28. Dezember 1908 und früher betroffenen Gemeinden enthalten sind.

Derselbe ist von Giosuale del Genio civile herausgegeben[1]).

[1]) Siehe Praktische Beispiele in bewehrtem Mauerwerk und in Eisenbeton mit starken und schwachen Rahmen, im Werk des gleichen Verfassers »L'Ingegnere costruttore«, Costruzioni in cemento Armato.

Von uns aus soll nur eine Andeutung gemacht werden.

Das System der Fachwerkbauten ist dasselbe wie bei den Barackenbauten, nur daß das Holz durch Eisen ersetzt wird, der größeren Festigkeiten wegen.

Das Fachwerk besteht aus eisernen Eckpfosten und aus Stützen an den Mauerkreuzungen, die alle gut in das Fundament eingespannt sind. Diese Pfosten sind untereinander durch horizontale Ankereisen verbunden, welche um die Balkenlage jedes Stockwerkes herumlaufen. Die Anker haben an ihren Enden Schienen, die in die Mauerwerkswände eingreifen. Das Ganze bildet ein System, das die Deformation des Gebäudes herabsetzen soll.

Bei Ausbesserungen kann ein solcher Rahmen außen aufgebracht oder in das Mauerwerk eingelassen werden. Bei Neubauten wird derselbe in das Mauerwerk eingemauert.

Der Verband des Gerippes muß immer so sein, daß das Mauerwerk bei der Aufnahme von irgendwelchem äußeren Kraftwirkungen mitarbeitet, was — wie Canevazzi sagt — den Begriff des bewehrten Mauerwerks ausmacht.

Die Türen und Fenster werden durch solide Eisenrahmen eingefaßt, von denen zwei Seiten bis zu den horizontalen Verankerungen verlängert sind.

Um genügend starke Querschnitte gegen von unten kommende Stöße zu erhalten, genügt es für jeden Konstruktionsteil, 50% zu der vorhandenen Last zuzuschlagen, wodurch natürlich eine Verstärkung der tragenden Teile entsteht. In jedem Falle aber ist in solchem Gebäude die Anordnung jeder schiebenden Konstruktion (Gewölbe) zu vermeiden.

Für die Berechnungen, bei Anwendung der genannten Normen, verweisen wir den Leser auf die Formelsammlung, die von Prof. Canevazzi bearbeitet ist.

Häuser in Eisenbeton.

Infolge der Elastizität des Eisenbetongerippes ist für bebensichere Gebäude heute die Eisenbetonbauweise jeder anderen vorzuziehen. Da das verhältnismäßig hohe Eigengewicht des Eisenbetons entsprechend hohe Massenkräfte auch in waagrechter Richtung zur Folge hat, so sucht man diesem Nachteil durch Einbau von Hohlsteinen an geeigneten Stellen entgegenzuwirken.

Tatsächlich haben bei dem Erdbeben von San Franzisko 1906, demjenigen von Kingstonw 1907 und ebenso in Reggio und Messina 1908 die Eisenbetonbauten den Erdstößen vorzüglich standgehalten ohne einzustürzen.

Während des Bebens in den Abruzzen war das einzige Haus, das aufrecht blieb in Avezzano in Eisenbeton gebaut und hatte nur zwei Stockwerke, war also von geringer Höhe.

Abhilfsmittel

bei mittelstarken Erscheinungen.

Bei Ausbesserungen von Außenmauern, Bogen, Gewölben, Stürzen usw. soll der erste Gedanke des Technikers immer die Absteifung der beschädigten oder gefährdeten Konstruktionen sein.

Alsdann können die nachgenannten Arbeiten folgen:

a) es werden die Stürze, je nach der Größe der Beschädigungen, ausgebessert oder ersetzt aber immer mit I-Eisen bewehrt, die durch Bolzen untereinander zu verbinden sind. Dadurch erhalten die Öffnungen sichere Überdeckungen,

b) die Bogen werden ausgebessert und je nach dem Fall in den Drittelpunkten oder in der Auflagerlinie mit Zugankern versehen. Dieselben werden fast wieder wie neu hergestellt, um nicht durch eine sichere Konstruktion die übriggebliebenen Mauerteile zu gefährden,

c) die gekippten Außenmauern und die beschädigten Zwischenmauern werden untereinander verankert durch sorgfältig berechnete Ankereisen. Nach dem Einziehen der Anker werden die Risse ausgestrichen.

d) die Trennwände, die aus der vertikalen Lage gekommen sind, sollen Eisenrahmen erhalten, die eingelassen werden. In schwereren Fällen werden die Wände abgetragen und neu hergestellt,

e) kleinere Risse werden ausgekratzt und mit gutem Zementmörtel ausgestrichen, diejenigen aber, die durch die ganze Mauerstärke hindurchgehen, werden durch ausgewählte Ziegelsteine in Wechselverband geschlossen.

Oft wird bei Gebäuden aus gewöhnlichem Mauerwerk über die Reparatur hinaus noch eine allgemeine Verstärkung notwendig. Für diesen Fall schreibt der Artikel 34 der technischen Normen des Ministeriums vor, daß die Verstärkung durch senkrechte Bänder aus Holz, Eisen oder Eisenbeton vorzunehmen ist. Diese Bänder müssen von der Gründung bis zum obersten Gesims des Gebäudes verlaufen und durch Horizontalverbände in jedem Stockwerk untereinander versteift werden, derart, daß eine äußere Eingitterung entsteht.

Abhilfsmittel
bei leichten Erscheinungen.

Die Zerstörungen, die durch leichte Erdbeben hervorgerufen werden, müssen rechtzeitig ausgebessert werden, damit größere Schäden vermieden werden, die eintreten können, wenn eine neue Erschütterung nachfolgt.

Was die Pfosten der Öffnungen betrifft, so ist es am zweckmäßigsten, Fenster und Türen abzusprießen und nach notwendigem Ausspitzen des Mauerwerks die Pfosten mittels Hebels wieder in die ursprüngliche Lage und in lotrechte Stellung zurückzuführen.

Wenn dieses mit zu großen Schwierigkeiten verbunden ist, so ist es vorzuziehen, die Pfosten herauszubrechen und sie durch Mauerwerk in Zementmörtel zu ersetzen.

Als provisorisches Mittel kann gelten, die Pfosten mittels Eisen zu binden, die in dem Sturz oder im Mauerwerk zu befestigen sind. In diesem Falle sind die Eisenbänder mittels Steinschrauben, die in Zement vergossen werden, festzumachen.

Was Pfeiler, Säulen usw. betrifft, so kann als schnelles und wirksames Wiederherstellungsverfahren das Folgende angesehen werden:

Nach dem Verlegen der Steine in ihre ursprüngliche Lage wird die Säule mit vertikalen Eisen umgeben und diese durch heißaufgezogene Ringe zusammengehalten.

Solche Einbindungen können überall beobachtet werden, z. B. an den Säulen der Lauben der via Zamboni und piazza Comunale in Bologna und derjenigen des Forum Romanum in Rom usw.

Diese Umschnürungen eignen sich auch für Säulenschäfte, die gesprungen oder verwittert sind.

Ein typisches Beispiel hierfür bildet die Ersetzung der Engelsäule im Süden des königlichen Palastes in Venedig, welche durch die Fundamentsenkung absackte.

Anhang zum ersten Teil.

Beschädigungen an Kuppeln.

Die gemauerten Kuppeln sind kühne Bauwerke, die die größte Zierde der Kirchen bilden. Auch sie sind mannigfaltigen Beschädigungen unterworfen.

Ursachen der Schäden.

Mit Ausnahme des Falles, wo infolge Überbeanspruchung (was selten vorkommt) die Kuppel abgetragen und neu hergestellt werden muß, haben die Beschädigungen der Kuppeln folgende Ursachen:

A. Bei neuen Kuppeln.

1. Bodensenkung. Die Gestaltung der Kuppel selbst, die durch Auflagerpfeiler auf verschiedenen Punkten eines Geländes ungleicher Tragfähigkeit steht, führt zu ungleichmäßigen Zusammendrückungen im Terrain, als deren Folge mehr oder weniger starke Risse auftreten.

2. Unrichtiger Setzungsvorgang des Mörtels. Das unregelmäßige Fortschreiten der Arbeit, das Fehlen oder das unrichtige Einschalten von Ruhepausen führt zu ungleichmäßigem Erhärten des Mörtels. Dadurch treten mehr oder weniger fühlbare Verlagerungen der Steine auf und feine Risse, die ungefähr den Fugen der Steine folgen.

B. Bei Kuppeln älterer Konstruktion.

1. Senkung der Auflagerpfeiler. Der Basisring der Kuppeln ruht im allgemeinen auf Bogen, die wiederum auf Pfeilern stehen.

Das Gewicht der Pfeiler, Bogen und der Kuppel lastet auf kleinen Terrainzonen, d. h. diese Stellen erleiden eine größere Bodenpressung als die übrigen Teile der Fundamentsohle der Kirche.

Können diese Stellen die Mehrbelastung nicht aufnehmen, oder sind sie nicht besonders befestigt worden, so ist es logisch, daß sie schließlich nachgeben müssen. Dadurch werden folgende Erscheinungen hervorgerufen. Risse in der Kuppel, Bruch eines oder mehrerer Bogen der Auflagerkonstruktion. Überhängen (außer dem Lot gehen) von mehr oder weniger Bedeutung in einem oder mehreren Pfeilern.

2. Schubkräfte. Diese können in folgendem ihre Ursache haben.

a) In der Kuppel selbst, dann sind sie hervorgerufen durch die enorme Materiallast und können Einstürze erzeugen, wenn sie nicht durch Zangen aufgenommen werden.

b) Von den Bogen, auf welchen die Kuppel auflagert. In diesem Fall öffnet sich der Bogen im Sinne der Darstellung (Abb. 28), ein Teil der Kuppel senkt sich dann unter Erzeugung von Rissen entweder senkrecht nach dem Punkt *a* oder in zwei Punkten an den Seiten von *a*.

c) Von Materialzerdrückungen. Zerdrückungen können auftreten bei mangelnden Querschnittsabmessungen oder bei hohem Alter. In einem wie im anderen Fall baucht die Kuppel aus, indem Loslösungen und Öffnungen in der mittleren Zone entstehen, dort wo die stärkste Beanspruchung auftritt.

Abhilfsmittel.

Bei neuen Konstruktionen. Die Risse, die infolge von Bodensetzungen und Setzungen im Mörtel entstehen, sind geringfügig und geben zu keinen Besorgnissen Anlaß. Es genügt, die Risse mit Zementmörtel gut auszustreichen, nachdem dieselben entsprechend angenetzt sind.

Bei alten Konstruktionen. Bei alten Bauten sind hingegen die aufgetretenen Risse bloßzulegen und zu untersuchen.

Leichte Setzungen. Bei nur leichten Senkungen soll man nicht zu Fundamentuntersuchungen greifen, weil diese Arbeiten sehr gefährlich sind und bei der unvermeidlichen Unvollkommenheit solcher Maßnahmen erfolgt eine Lockerung in dem darüberstehenden Mauerwerk, was das Übel u. U. noch vergrößert.

Hat man sich überzeugt, daß die Bewegungen aufgehört haben (mit Hilfe von innen und außen angebrachten Dübeln), so genügt es, die Risse auszukratzen und auszufüllen, wie es im Kapitel über Senkungen gesagt wurde.

Große Setzungen. Bei bedeutenden Setzungen sind folgende Maßnahmen zu ergreifen:

a) Einrüstung der ganzen Kuppel,
b) Ausspreizung des abgesackten Mauerwerks,
c) Untersuchung der Pfeilerfundamente nach den Regeln, die im Kapitel über die großen Senkungen im Mauerwerk angegeben sind,
d) Ausrüstung der Kuppel und der Pfeiler nach der Setzungsperiode,
e) Ausstreichen der Risse innen und außen.

Wenn die Pfeiler stark gekippt sind und man nicht zu einer vollständigen Ersetzung derselben greifen will, so ist für eine Verankerung mittels eiserner Zugstangen in solidem Mauerwerk zu sorgen.

Schubkräfte, Erdbeben, Zerdrückungen. Wenn Schübe auftreten, die von den tragenden Bogen herrühren, sind dieselben durch Zuganker oder Strebepfeiler (Typ A, Abb. 32) aufzunehmen.

Kommen die Schubkräfte hingegen aus der Kuppel, so bleibt nichts anderes übrig, als dieselbe durch eiserne Ringe aufzunehmen.

Anzahl und Querschnitt dieser Ringe müssen den aufzunehmenden Kräften entsprechen, diese selbst hängen von den Verhältnissen wie Höhe, Form, Struktur usw. des Bauwerks ab.

Gewöhnlich sind Ringe aus Flacheisen von 0,35 auf 80,0 mm Stärke, die an den Stellen der gefährlichen Risse aufgezogen werden, mehr als genügend.

Nach dem Aufbringen der Ringe werden die Risse im Innern ausgebessert.

Solche Bänder, die schon 1523 von dem berühmten Architekten Giacomo Sansorino bei der Restauration der Kirche von S. Marco in Venedig verwendet wurden, sind ebenfalls mit Erfolg bei der Kuppel von San Pietro in Rom zur Verwendung gelangt.

Es gibt viele Ansichten über die Wirksamkeit solcher Ringe, man erinnere sich an die Diskussion, die 1770 in Florenz stattfand, als einige Risse an der Kuppel von Santa Maria del fiore sichtbar wurden. Man hielt es damals nicht für nötig, Ringe einzuziehen, weil die Kuppel der königlichen Kapelle von Sant Laurent in Paris mit derselben Wölbung und denselben Bedingungen wie Santa Maria del fiore keine solchen Eisenringe benötigt hatte.

Wir sind der Ansicht, daß mit Ausnahme der Fälle, in denen die Setzungen bald zum Stillstand kamen, Ringe überflüssig sind, was aber die Ausnahme und nicht die Regel bildet. Ringe sind nötig

1. bei bedeutenden Senkungen,
2. bei Störungen infolge Erdbeben,
3. bei mangelndem Querschnitt.

Zur Verminderung der Schubkräfte durch Eigengewicht ist es vorteilhaft, im Rahmen des Erlaubten Hohlsteine zu verwenden[1]).

In solcher Struktur (Lochsteine aus gebranntem Ton) ist tatsächlich die Kuppel der Kirche von S. Vitale in Ravenna ausgeführt. Der Bau derselben stammt aus der Zeit des Kaisers Justinian (482—560).

Zum Schluß sei noch bemerkt, daß bei Einsturzgefahr durch Eigengewicht oder bei Zerdrückungserscheinungen bei geringem Querschnitt das Einbinden durch Eisenringe von großer Wirksamkeit ist, dasselbe ganz unnütz ist bei Zerdrückungen infolge zu hohem Alter. In solchen Fällen hilft nur Neuherstellung.

Schäden an Eisenbetonbauten.

Ganz allgemein können Schäden an Eisenbetonkonstruktionen mechanischer oder chemischer Natur sein. An der Art ihres Auftretens lassen sie sich, als von der einen oder andern Ursache herrührend, meist leicht erkennen. Die Gründe für das Entstehen von Schäden sind sehr groß und lassen sich oft nur schwer erkennen. Hier z. T. vollendete Klarheit und sichere

---

[1]) Gipsmörtel ist für ähnliche Bauten ausgeschlossen; er verliert durch Nässe seine Festigkeit, und es ist daher hydraulischer Mörtel anzuwenden .

Unterlagen für die Beurteilung von Schäden in anerkennenswerter praktischer und wissenschaftlicher Forschertätigkeit geschaffen zu haben, ist eines der schönsten Verdienste der Eisenbetoningenieure und Chemiker. Indessen darf man — wie auch bei entsprechenden Arbeiten auf anderen Gebieten — diese Untersuchungen nicht als abgeschlossen betrachten, vielmehr hat man neben Vertiefungen von bekanntem Stoff noch manches neue und wertvolle Ergebnis zu erwarten.

Geht man nun den Gründen für die Entstehung von Schäden nach, so kommt man etwa auf folgende Einteilung:

A. Vermeidbare Schäden entstehen durch

1. unzureichende Projektbearbeitung,
2. unzureichende Preise; hierdurch muß und wird ausnahmslos die Güte der Herstellung leiden,
3. Fehler prinzipieller Natur bei Aufstellung der statischen Berechnungen und der Konstruktionszeichnungen,
4. Fehler bei der Bauausführung; hier findet Unkenntnis und Verantwortungslosigkeit (nicht nur des Unternehmers) das weiteste Feld zu einer sich sehr oft schädlich auswirkenden Betätigung. Abgesehen von den vielen Menschenopfern, die diese fordert, ist sie auch im allgemeinen Interesse zu bedauern, oder doch wenigstens insoweit als verantwortungsvolle Fachleute hierunter leiden müssen,
5. Materialfehler; diese setzen sich zusammen aus erkenn- und darum vermeidbaren und solchen, die trotz aller Vorsicht infolge Unzulänglichkeit der Beobachtungsmethoden sich doch hier und da immer einschleichen werden,
6. Schwächung von fertigen Konstruktionsgliedern während und nach der Bauausführung durch bauliche Veränderungen (nicht genügend vorher überlegte Stemmarbeiten).

B. Schäden, denen nicht in vollem Umfange vorgebeugt werden kann, entstehen durch

7. Erdbeben, Erdsenkungen durch Bergschäden und Unterspülungen, Hochwasser, Blitz, Explosionen, Brände u. a. m.,

8. unvorhergesehene chemische Einwirkungen oder solche, bei denen ein vollkommen sicherer Schutz nach dem derzeitigen Stande der Wissenschaft noch nicht möglich ist.

Es ist nun wohl selbstverständlich, daß die Schäden, je nach der Ursache ihres Entstehens, sich in den mannigfachsten Formen zeigen werden, und dementsprechend schwanken sie auch zwischen leicht behebbaren Mängeln und Baukatastrophen.

Einerlei nun, wie die Schäden mechanischer Natur entstanden sind, wird immer, soweit Rekonstruktionsarbeiten einen Sinn haben, die gleiche Aufgabe vorliegen einem Bauwerk eine genügende Sicherheit zu verschaffen. Diese Lösung dieser Aufgabe ist fast stets auf mancherlei Wegen möglich, und es lassen sich hierfür keine generellen Angaben machen. Man wird aber verlangen müssen, daß die Verstärkungskonstruktionen so durchgebildet werden, daß der verlangte Endzweck schon durch ihre mechanische Wirkung allein sichergestellt wird. Damit ist u. a. gemeint, daß, soweit möglich, in der Verbindung von alten und neuen Traggliedern durch Mörtel nicht die Sicherheit selbst, sondern nur eine Erhöhung derselben liegen soll.

Anders liegt es bei Schäden, die auf chemische Einflüsse zurückzuführen sind. Kennt man die schädigenden Ursachen, so ist man dank der neueren Forschungen in der Lage, die Schäden zu beheben, zu mildern oder auch ganz abzustellen. Hier sei insbesondere auf die einschläglichen Arbeiten von Goebel, Graf, Grün, Hundeshagen, Kühl, Michaelis, Nitsche usw. hingewiesen[1]).

Faßt man die Darlegungen kurz zusammen, so kann man behaupten, was die Erfahrung bestätigt, daß die meisten und schwersten Unglücke und Schäden auf jene Ursachen zurückzuführen sind, welche nach obenstehender Einteilung vermeidbar waren.

Beschädigungen an Türmen.

Allgemeines.

Die Untersuchungen der Schäden an Türmen infolge statischer Störungen erfolgt nach denselben Grundsätzen wie bei gewöhnlichen Bauten.

---

[1]) Vgl. hierzu auch die ausgezeichnete Neuerscheinung, Dorsch, Erhärtung und Korrosion der Zemente. Berlin 1932. Hier sind auch weitere Literaturangaben zu finden.

Es ist jedoch nötig, zu bemerken, daß es sich hier um alleinstehende Bauwerke handelt, bei denen die Erscheinungen schwerwiegender sind als bei zusammenhängenden Häusern und daß die Sicherungsmaßnahmen, welche den Ausbesserungsarbeiten vorangehen, schwieriger und kostspieliger sind als bei Häusern von der genannten Bauart.

Wir unterscheiden bei den Türmen zwei Kategorien:

1. Türme mit polygonalem und
2. solche mit rundem Grundriß.

Und bei jeder dieser Kategorien machen wir einen Unterschied, ob gewöhnliches oder monolithisches Mauerwerk verwendet wurde.

Senkungen und Kippen.

A. Monolithische Struktur, Polygonaler Grundriß. Schwere Erscheinungen.

Diejenigen Türme, die am meisten den Senkungserscheinungen ausgesetzt sind, sind solche aus monolithischem Mauerwerk mit polygonalem Grundriß.

Leistet der Untergrund im Bereich einer Ecke des polygonalen Turmes aus monolithischem Mauerwerk nicht in demselben Maße Widerstand wie es an den anderen Stellen der Fall ist, dann kann sich u. U. das ganze Bauwerk, wie ein einziger Körper in der Richtung dieser Ecke neigen, und je nach der Größe der Senkung entstehen entsprechende Schäden.

Die Anzeichen des beschriebenen Vorgangs sind: Überhängen der abgesackten Kante, Bruch der Stürze über den Öffnungen, wie auch Risse in den Mauerwerkswänden mit Neigungen nach der abgesackten Ecke hin.

Die Abhilfsmaßnahme, die vor allem zu ergreifen ist, ist die Sicherung des Gebäudes gegen weiteres Setzen durch eine ausreichende Abstützkonstruktion.

Sofort nach deren Ausführung sind Verankerungen anzubringen. Dieselben werden am oberen Abschluß und auf der Höhe der Geschoßdecken des Gebäudes eingezogen mit Ausnahme des Erdgeschosses.

Um bei schweren Schäden die Festigkeit des Turmes besser gewährleisten zu können, werden an den Kanten je zwei vertikale Platten angebracht, die untereinander durch horizontalen Zuganker gehalten sind. Auf diese Art wird ein Gerippe geschaffen, welches die Deformation des Turmes aufhält.

Abb. 123 zeigt die Anordnung der vertikalen und horizontalen Eisen.

Die Zuganker werden mit Gelenken angeschlossen und mit Dübeln festgemacht. An den Anschlußstellen werden sie verbreitert.

Abb. 123.

Nach Beendigung der Arbeiten für die Verankerung wird die Unterfangung der Fundamente in Angriff genommen, indem diese nach Maßgabe einer genauen Berechnung verbreitert werden. Die Verbreiterung der Sohle geschieht am einfachsten mittels Zementbeton in entsprechender Stärke.

Auf die Betonmasse wird in Ziegelmauerwerk in hydraulischem Kalkmörtel weitergemauert. In besonders schweren Fällen wird Zementmörtel verwendet, um das Abbinden zu beschleunigen und um die Setzungserscheinungen in gewissen Grenzen zu halten und wenn möglich für die Folge ganz auszuschalten.

Bei der Durchführung der Befestigungsarbeiten ist besonders darauf zu achten, daß die Veränderungen an der absteifenden Holzkonstruktion besonders vorsichtig vorgenommen werden und das neu zu errichtende Mauerwerk möglichst gleichmäßig und mit dünnen Fugen hochgeführt wird.

Leichte Erscheinungen.

Die leichten Erscheinungen haben nur feine Risse an den Stürzen und Bogen zur Folge.

Die Abhilfsmittel bestehen nur im Reinigen und Ausstreichen der Risse.

B. Gewöhnliches Mauerwerk, Polygonaler Grundriß.

Die Schäden bei gewöhnlichem Mauerwerk, die durch Absacken und Kippen eintreten, sind von derselben Natur und verlangen dieselben Maßnahmen wie bei monolithischem Mauerwerk. Es ist aber zu beachten, daß bei letzterer Bauart die Beschädigungen allgemeiner sind, während bei gewöhnlichem Mauerwerk die Beschädigungen lokalisiert bleiben können. Sie können sich auf eine Wand oder eine Ecke beschränken, ohne die anderen Teile des Gebäudes in Mitleidenschaft zu ziehen.

C. Monolithische und gewöhnliche Struktur. (Runder Grundriß.)

Die Türme mit bogenförmigem Grundriß leiden weniger als andere unter Senkungserscheinungen des Untergrundes.

Selbst bei starken Absackungen sind die Risse begrenzt und von geringfügigen statischen Folgen. Die einheitliche Masse (bei monolithischer Struktur) und die gegenseitigen Verbindungen (bei gewöhnlicher Struktur) bilden einen ringartigen Tragkörper, der sich wenig oder gar nicht deformiert bei den Absackungen eines Teiles des Untergrundes[1]).

Gleichmäßige Setzungen geben zu keinen Besorgnissen Anlaß, da in der Regel gleichförmige Senkungen so erfolgen, daß keine Schäden entstehen.

Es ist indessen zu beobachten, daß gleichförmige und gleichzeitige Senkungen der ganzen Gründungssohle äußerst seltene Erscheinungen sind. Die Gleichförmigkeit bei gewöhnlichen Setzungen ist aber die Regel. Diese treten aber nur bei Neubauten auf und haben keine schädlichen Folgen für das Gebäude.

Rutschungen.

Wie in dem Kapitel über Rutschungen bereits gesagt wurde, haben Rutschungen Senkungs- und Kipperscheinungen zur Folge.

[1]) Oft findet man unter solchen Bauten Löcher, ohne daß das darüberhängende Mauerwerk Beschädigungen durch die Absackung aufweist.

Bei Türmen treten dieselben Folgen zutage, nur sind sie hier schwerwiegender.

Die Sicherungs- und Abhilfsmaßnahmen erfahren dann eine Änderung, wenn die entstandenen Schäden auf einen Wassereinfluß zurückzuführen sind. In diesen Fällen ist u. U. zunächst für eine Entwässerung des Bodens zu sorgen.

Zerdrückungen.

Als Ursache der Zerdrückung wird eine Zerbröckelung des Mörtels infolge großen Alters vorausgesetzt. Es bleiben also Zerdrückungen, die auf zu geringe Querschnittsabmessungen zurückzuführen sind, außer Betracht.

Das typische Zeichen für diese Zerdrückungserscheinungen ist immer der dumpfe Ton beim Anschlagen.

Das Zeichen für fortgeschrittene Zerdrückungen ist das Heraustreten der Steine aus den Verband der Mauer mit mehr oder weniger ausgesprochener Ausbauchung der Wände.

Bei leichten Erscheinungen genügen Zementausgießungen (Einführung von reiner Zementbrühe durch geeignet angebrachte Öffnungen) und ein guter Putz in Zement- oder hydraulischem Kalkmörtel um den Mauerwerkszerfall aufzuhalten.

Bei Erscheinungen mittleren Grades muß man zu abschnittweisem Wiederherstellen der beschädigten Stellen greifen.

Bei schweren Beschädigungen ist das einzige Mittel die vollkommene Wiederherstellung der zerstörten Teile.

Ebenso bei den mittleren wie bei den schweren Schäden müssen den eigentlichen Reparaturarbeiten geeignete Sicherungen durch Abstützungen aus Holz oder Mauerwerk vorangehen.

Holzverschalungen, durch Rahmen aus Tannenholz oder durch Flacheisenbänder gehalten, Strebepfeiler und Widerlager aus Mauerwerk sind für diesen Zweck sehr geeignet.

Erdbeben.

Die Türme mit rundem Grundriß sind fast unempfindlich für Erdbebenkräfte. Sie bilden vertikale Gewölbe, von denen im Abschnitt Gewölbe unter den Erdbebenerscheinungen die Rede ist.

Die Türme mit polygonalem Querschnitt leiden hingegen um so mehr unter Beben, besonders unter den wellenförmigen.

Wiederherstellungsmaßnahmen richten sich nach den entstandenen Schäden und sind von Fall zu Fall festzulegen indem man sich an die Angaben des Kapitels über Beschädigungen infolge Erdbebens hält.

Dübel — Zugbänder — Abschluß von Öffnungen.

a) Dübel (Gipsbänder).

Der Dübel oder besser Gipsband (Abb. 51) ist ein Mittel, um gewisse statische Störungen an einem Gebäude feststellen zu können.

Es wurde gesagt, daß, wenn der Dübel reißt, man den Beweis für den Fortgang der Bewegung hätte, im entgegengesetzten Fall hat man den Beweis dafür, daß die Bewegung zum Stillstand gekommen ist.

Bekanntlich können Störungen

1. eintreten und sofort wieder aufhören, indem sie so geringe oder keine Schäden hinterlassen;
2. eintreten und gleich zum Stillstand kommen, aber sich wiederholen, also periodisch auftreten, dann liegt die Schwere des Falles in der Periodizität der Erscheinung,
3. eintreten und fortdauern.

In allen diesen Fällen haben die Gipsbänder die Aufgabe, den Konstrukteur rechtzeitig zu unterrichten, damit er seine Maßnahmen treffen kann.

Dieses »rechtzeitig« gilt für die gewöhnlichen statischen Störungen, da dieselben in der Regel langsam wirken, der Dübel kann dann durch sein Reißen oder Nichtreißen den Fortgang oder Stillstand der Bewegung anzeigen.

Die Erdbeben haben nicht langsam eintretende, sondern plötzliche Wirkungen, und ihre Aktion ist momentan, nicht andauernd (wenn nicht die mehr oder weniger starken Nachbeben, die nach kurzer Zeit folgen, betrachtet werden), es ist deswegen keine begründete Maßnahme, die durch Erdbeben hervorgerufenen Risse zu beobachten.

b) Zugbänder (Anker).

Zur bessern Einprägung der Richtlinien, die den Techniker bei der Anbringung von Ankern leiten sollen, um unvorherzusehende Unglücksfälle zu vermeiden, halten wir die folgende Darstellung als dienlich:

Bei Kipperscheinungen, die durch gewöhnliche statische Störungen hervorgerufen werden, sind Anker am wirksamsten, bedingen aber Mauerwerke von guter Qualität. Je besser das Mauerwerk ist, d. h. je mehr es ein homogenes Ganzes bildet, um so sicherer können Zuganker mit Hilfe der Ankerplatten die Standfestigkeit überhängender Mauern erhöhen bzw. gewährleisten.

Besonders vorsichtig bemesse man Größe und Stärke der Ankerplatte, mit Rücksicht auf die Güte des Mauerwerks bzw. den größtmöglichen Ankerzugkräften, was aber im Grund genommen eine einfache Aufgabe ist.

Beobachtungen haben ergeben, daß das Einziehen von Ankern bei sehr schlechtem Mauerwerk völlig wertlos ist. Das von der Ankerplatte unmittelbar gefaßte Mauerwerk wird aus dem Verband herausgerissen, und im übrigen gehen die Kipp- bzw. Ausbauchungserscheinungen weiter.

Diejenigen Zuganker, die am vollkommensten ihren Zweck erfüllen, gekippte Mauern nach und nach zurückzuziehen, sind die warm eingebrachten.

Anker mit mittlerem Spannschloß dürfen bei der Montage nicht allzu straff angezogen werden, sie dienen nur dazu, zukünftige Kippbewegungen zu verhindern.

In der Regel werden Zuganker, weil sie Bewegungen rückgängig machen oder verhindern sollen, in oberen Stockwerken eingezogen, mit Ausnahme von den Fällen, in denen Schubkräfte von sprengenden Konstruktionen (Gewölben) in den unteren Geschossen aufgenommen werden müssen.

Praktisch kann man für die Anbringung der Anker folgende Grundsätze aufstellen:

Sie werden in jedem Geschoß angebracht. Man weist einem Zugband gewöhnlich eine Zone zu, die nicht höher als 4,0 m und nicht breiter als 5,0 m ist.

Aus praktischen Gründen lasse man die Länge des Zugbandes nicht über 20,0 m hinausgehen, in Ausnahmefällen 30,0 m.

Bei geringen Abständen bis 4,0 m werden mit befriedigendem Erfolg Zugstangen ohne Spannschloß und Öse verwendet. Als Ankerplatte finden hierbei [-Stücke Verwendung. Die Anziehung der Schrauben hat wieder vorsichtig zu erfolgen.

Zweiter Teil.

Ursachen der statischen Störungen.

Feststellung der Schäden und Abhilfsmittel.

Beim Aufsuchen der Ursachen von statischen Störungen muß der Ingenieur mit größter Aufmerksamkeit vorgehen, indem er eine Möglichkeit nach der anderen genau prüft. (Die Erzielung einer Gewißheit ist oft sehr schwierig und manchmal unmöglich.) Er muß sich die nachfolgenden Gesichtspunkte, die eine Frucht persönlicher Erfahrung sind, stets gegenwärtig sein lassen.

Ausdehnung der Erscheinungen. Ursachen.

Die statischen Störungen sind immer nur auf Teile von Gebäuden ausgedehnt, fast nie allgemein.

Wie früher gesagt wurde, treten immer Schäden verschiedener Art auf. Daraus folgt, daß man bei einem beschädigten Gebäude (noch weniger bei einer Gruppe von solchen) fast nie eine einheitliche Ursache annehmen darf.

Ein Gebäude und noch mehr eine Gebäudegruppe mit statischen Störungen weist eine Menge von Teilschäden auf, jeder aus anderer Ursache entstanden und demzufolge mit anderen Wirkungen.

Eine Gesamtsenkung, eine durchgehende Zerdrückung, ein Überhängen aller Mauern findet man nie.

Alte und neue Schäden[1]).

Um die mehr oder weniger große Bedeutung einer Störung beurteilen zu können, muß man vor allem feststellen, welches Alter die Schäden haben.

---

[1]) Gewisse Techniker neigen zu der Auffassung, sich um alte Schäden nicht kümmern zu müssen. Dies ist ein Irrtum, der um so gefährlicher ist, je stärker die Schäden sind und je mehr sie stark beanspruchte Stellen betreffen (Ecken, Kreuzungen von Mauern, Bogen usw.).

Schaut man in alte Risse hinein, so findet man sie geschwärzt durch Insekten, Spinnweben, Pilze und Staub.

Schaut man hingegen in neue Risse, so erkennt man sofort deren Frische an dem reinen Aussehen der Rißflächen.

Ein Riß kann entweder den Putz, die Oberfläche oder eine größere Tiefe umfassen.

Putzrisse erfordern keine Beachtung. Oberflächenrisse beeinträchtigen die Standfestigkeit nicht, es genügt, dieselben auszukratzen und auszustreichen.

Tief eindringende Risse hingegen müssen gewissenhaft untersucht und dann nach den Grundsätzen der vorangehenden Kapitel behandelt werden.

Untersuchung an Ort und Stelle.

Ein altes baufälliges Haus muß behandelt werden wie ein Kranker, der bei der Untersuchung entkleidet und nicht in Tücher eingewickelt bleibt.

Man kann nicht stehenbleiben bei den äußerlich sichtbaren Anzeichen, man muß bei der Untersuchung die Schäden gut bloßlegen und dasjenige, was sie überdeckt, wegschaffen und außerdem noch geeignete Materialproben machen.

Je nach dem Fall wird es nötig sein, Putz abzuspitzen, Mosaik aufzunehmen, Ziegelverblendungen aufzubrechen, Steine herauszuhauen, die als Fassadenverkleidungen dienten usw. Es ist noch in guter Erinnerung, wieviel polemisiert wurde wegen der Untersuchung der Schäden an der Basilika von San Marco in Venedig. Die berühmtesten Fachgelehrten hielten mit Erfolg daran fest, daß die Mosaikverkleidung ausgehauen werden müsse, um die Natur und den Umfang der Risse erkennen zu können.

Dem Verfasser ist es begegnet, daß der Stützpfeiler des Turmes Cenci in Rom von der beträchtlichen Stärke von 1,70 m, der von außen aussah, als wäre er von monolithischer Struktur und der nur einen leichten Riß an einer Kante aufwies, in Wirklichkeit aus unbehauenem Tuff bestand, der sich in voller Auflösung befand. Die Ansichtsflächen waren mit einer halb Stein starken Ziegelverblendung versehen, die die innere Zerstörung deckte.

Materialproben.

Es sind außerdem Proben zu nehmen. Manchmal rühren unerklärliche Risse an richtig bemessenen Tragkonstruktionen von der Verwendung schlechter Materialien her.

Es ist bekannt, daß oft in früheren Jahrhunderten (besonders zwischen dem IX. und XII.) mit Abbruchmaterial[1]) gebaut wurde. Diese Praxis schädigt die Dauerhaftigkeit der Bauten.

Überdies bringt die Verwendung von Altmaterial, besonders von Lochziegeln und porösen Steinen, die unhygienische und widerliche Verbreitung von Ungeziefer auch in neue Wohnungen hinein, wodurch so viele Stadtteile moderner Städte verseucht werden.

Untersuchung der Schäden.

Die Risse sind in ihrem allgemeinen Verlauf und nicht in ihren einzelnen Veränderlichkeiten zu betrachten. Wollte man etwa einen Riß Millimeter für Millimeter untersuchen, so würde man nicht mehr die charakteristische Eigenschaft von dieser oder jener Erscheinung bekommen, sondern die verschiedensten kleinen Teilrichtungen würden die Erkenntnis der Erscheinung verhindern.

Stoßwirkungen gegen Mauern und deren Abstützungen.

Manchmal vermag ein starker Stoß, der gegen eine Mauer von nicht einwandfreier Beschaffenheit geführt wird, dieselbe zum Einsturz zu bringen, wodurch außerdem Zwischenwände, Decken, Dächer usw. mitgerissen werden können.

Ein solcher Fall trat ein bei dem Unglück vom Januar 1913 im Tritone (Rom), bei dem eine Stützmauer von 15 m Höhe während der Nacht durch Fundamentabsackung und Erddruckwirkung umstürzte und gegen ein benachbartes Gebäude anschlug. Die getroffene Mauer stürzte ein und erzeugte einen großen Schaden am Gebäude selbst und forderte mehrere Menschenleben als Opfer.

[1]) Auch heute noch wird dieses schlechte Verfahren angewendet, für Neubauten Ziegel aus Abbrüchen von anderen Gebäuden zu gebrauchen. In großen Städten gibt der Abbruch von den vielen Gebäuden zum Zwecke der Straßenregulierungen viel Anlaß zum Erwerb von billigem Altmaterial.

Ein Straßenbahnwagen, der in einer Kurve entgleist und gegen eine Gebäudewand stößt, kann bei geringer Festigkeit derselben ernsthaften Schaden erzeugen.

In engen Straßen ist es üblich, die gefährdeten Hausmauern durch Verstrebungen abzustützen, wie Abb. 95 zeigt. Dann kann es vorkommen, daß beim Antreiben der Keile der horizontalen Spreizen in der Wand, die als Widerlager dient, Schäden entstehen, wenn das Mauerwerk nicht solid ist. Diese Schäden treten dann nach der Entfernung der Verstrebung als Risse oder Zerdrückungen in Erscheinung. Dieses kann den Techniker (der die Ursache nicht kennt oder von ihr absteht) zu Irrtümern führen, wenn er solche Beschädigungen organischer Störungen, Senkungen im Untergrund oder im Mauerwerk oder Schubkräften im untersuchten Gebäude selbst zuschreiben wollte.

Solche Ausnahmeerscheinungen, die nicht statische Verhältnisse betreffen, sind nicht nach festen Normen zu behandeln. Dem erfahrenen Techniker sind die zu ergreifenden Maßnahmen nicht unbekannt.

Schäden durch Grabungen.

Grabungen, die an alte Gebäude anstoßen, sind deren gefährlichste Feinde.

Derartige Grabungen entstehen bei Herstellung von Kanalisationen, Tieferlegung von Straßen oder Neufundierungen von benachbarten Bauwerken. Sie ziehen häufig Senkungen bestehender Gebäude nach sich, und die auftretenden Schäden äußern sich in mehr oder weniger starken Rißbildungen.

Ähnliche Schäden entstehen, wenn an einem beschädigten Gebäude Unterfangungen der Gründung notwendig werden und infolgedessen Erdarbeiten für das Unterfangungsmauerwerk auszuführen sind.

Wasserschäden.

Eine sehr bedeutsame Ursache von Gebäudeschäden ist (besonders in großen Städten) das Wasser, das sich auf unendlich vielen Wegen im Untergrund verliert. Brunnen, die nicht mehr in Benutzung sind und unaufgefüllt dastehen, bilden eine gefährliche Quelle von Schäden an Gebäuden, besonders dann, wenn diese in unmittelbarer Nähe dieser Brunnen oder Schächte stehen.

Ein typisches Beispiel hierfür konnte beobachtet werden im Palazzo Valdabrini in Rom. Ein alter Brunnen schloß sich an eine Hofmauer an. Sein Wasser spülte den Untergrund und den Mörtel der Mauer aus (die natürlich unverputzt war), was über Terrain zu ernsthaften Rißbildungen führte, die in aller Eile nach vorhergegangener Auffüllung des Brunnens ausgebessert werden konnten.

Das Grundwasser, das aus irgendwelchen Gründen unter einem Hause stagniert, bildet eine ständige Gefahr für dieses. Das gleiche gilt für viele Häuser in Rom, die am Corso Umberto stehen. Es sammeln sich daselbst verschiedene antike Wasserflüsse, die vom Pincio und vom Quartier Ludovisi heruntergekommen. Ähnliche Verhältnisse finden sich bei vielen Gebäuden längs des Tibers. Die in den wasserführenden Schichten vorhandenen Wasser finden seit der Erstellung der seitlichen Ufermauern keinen Abfluß in das Strombett.

Die Erscheinungen, die durch Wassereindringungen entstehen, sind im wesentlichen Senkungen und Rutschungen.

Risse in den Stürzen.

Wie schon früher gesagt wurde, sind die Stürze die schwächsten Stellen der Gebäude, und wenn irgendwelche Störungen auftreten, so sind es in der Regel zuerst die Stürze, welche Risse erhalten.

Fehlen des Sturzes.

Wenn über einem Fenster oder einer Tür ein Riß sichtbar wird, so hat man zuerst nachzusehen, ob ein Sturz ausgebildet ist oder nicht.

Es ist nämlich keine Seltenheit, daß man bei alten Gebäuden Türen ohne Stürze findet.

Wenn dieses zutrifft, so hat der Riß keine Bedeutung für das Haus, sondern nur für sich und die Zone, die er durchläuft, mit Ausnahme des Falles, wo in derselben Lotrechten über der Öffnung ohne Sturz noch andere Türen oder Fenster sich befinden.

Eine erprobte Regel führt dahin, statt die Stelle über der Öffnung abzutragen, um einen regelrechten Sturz einzubauen, einfach das Mauerwerk durch ein Paar I-Eisen, die miteinander verbolzt sind, abzufangen und dann die Bruchstellen nach den bekannten Regeln zuzumachen. Dadurch vermeidet man Erschütterungen im alten und defekten Mauerwerk und hält so weitere Schäden ab.

Schadhafte Wirkung von verborgenen Öffnungen.

Manchmal trifft man an Gebäuden Risse, die auf eine Fundamentsenkung hinzuweisen scheinen, die aber verborgenen Aussparungen im Mauerwerk zuzuschreiben sind.

Da die alten Häuser mit sehr starken Mauern ausgeführt wurden, glauben manche Bewohner oder Besitzer, in diesen ungestraft Öffnungen ausbrechen zu können, um dieselben zu irgendwelchen Aufbewahrungszwecken zu benutzen (Abb. 124). Solche Ausbrüche, die so ohne Überlegung vorgenommen werden, können Ursachen von schweren Gefährdungen für die Gebäude werden. Der Verfasser hatte Gelegenheit, einen solchen Fall in einem großen Gebäude am Corso Umberto in Rom zu beobachten. Die ausgebrochene Öffnung des Aufbewahrungsraumes A war von dem benachbarten Fenster durch eine dünne Wand von kaum 0,45 m Stärke getrennt, was zu umfangreichen Rißbildungen in der Fassade führte.

Abb. 124.

Um das Gleichgewicht wieder herzustellen, muß ohne weiteres ein solcher Ausbruch zugemauert und die Risse ausgebessert werden.

Wenn in gewissen Fällen eine solche Öffnung nicht zugemauert werden kann, so sind die Fensterpfosten zu verstärken und das Auflager des Fenstersturzes durch geeignete Mittel zu sichern.

Schubkräfte.

Bei Häusern mit Gewölben findet man oft in den Zwischenmauern Ausbauchungen, Risse und Kipperscheinungen, die deren Standsicherheit gefährden.

Sehr oft ist die Ursache einer solchen Erscheinung nicht eine allgemeine Gleichgewichtsstörung im Gebäude, sondern der Abbruch von einem oder mehreren Zwischengewölben, welche auf die Mauer aufstoßen. Bei dem Umbau wurde dann nicht genügend Rücksicht auf die von den Gewölben herrührenden Horizontalkräfte genommen, und diese verursachen dann auch in der Regel die in Frage stehenden Schäden. Nach diesen Gesichtspunkten haben sich dann die Wiederherstellungsarbeiten zu richten.

Einbindungen.

Die Loslösungen, die in Ecken, Kreuzungen und an den Berührungsstellen der Quermauern mit den Fassadenmauern vorkommen, können entstanden sein:

a) aus der mangelnden Einbindung der Mauersteine, was leicht nachgeprüft und ausgebessert werden kann, indem abschnittweise auf die ganze Mauerhöhe der Verband in ordnungsmäßigen Zustand gebracht wird;

b) durch Absackungen des Untergrundes und seltener von Gleichgewichtsstörungen im Vollmauerwerk über Öffnungen (in diesen Fällen kommen die im Abschnitt über Senkungen angeführten Wiederherstellungsverfahren in Frage);

c) durch Kippbewegungen der Umfassungswände. Um diesen entgegenzuwirken, sind Zuganker einzuziehen, wie es in dem entsprechenden Kapitel ausgeführt ist.

Anzeichen von Zerdrückungen in Mauerwerk von guter Beschaffenheit.

Auf gutes Material hat die Zeit und das Wetter (Luft, Wasser, Feuchtigkeit, Frost, Nebel usw.) wenig Einfluß. Doch kann das dauernde Einwirken dieser Kräfte bei Mauern, die wenig oder schlecht unterhalten werden, dazu führen, daß der Mörtel aus den Fugen augewaschen wird. Dieses erzeugt auf den Ansichtsflächen schlangenförmige Risse und auch Zerbröckelungen, was charakteristische Zerdrückungszeichen sind. Es ist sofort durch Aufbringen einer guten Putzschicht für Abhilfe zu sorgen.

Scheinbare Zerdrückungen.

Besonders in den Ecken von Gebäuden[1]), welche mit Travertin oder Marmor verblendet sind, in Sockeln, Säulenfüßen und Kapitälen, Verzierungen von Patrizierpalästen oder auch in den Kanten von Denkmälern sieht man nicht selten Absplitterungen von Steinen, die auf den ersten Blick eine Zerdrückung vermuten lassen, doch handelt es sich oft um ganz andere Ursachen.

Wenn hinter den abgeplatzten Stücken gelbe, ins rötliche gehende Flecken sichtbar werden, dann kann man mit Sicherheit annehmen, daß Zerdrückung ausgeschlossen ist und daß der Schaden von gewissen üblen Gewohnheiten mancher Steinhauer und Bildhauer herrührt. Diese vergießen oft (aus Sparsamkeitsgründen) die Steinschrauben oder Dübel mit denen die Verkleidung angeheftet wird, mit geschmolzenem Schwefel statt mit Blei.

Kalkstein in Gegenwart von Eisen und Schwefel zersetzt sich. Es entstehen Schwefeleisen und freie Schwefelsäure. Das Schwefeleisen erzeugt die ockergelben Flecke, und die Säure greift den Marmor oder Travertin an und bildet Gips. Dieser fängt an infolge der Volumenvermehrung auszubauchen und bringt die Steinstücke zum Abplatzen.

Diesen Prozeß fördert noch besonders die Porosität des Travertins, welche den säurehaltigen Flüssigkeiten erlaubt, ins Innere des Steines einzudringen.

Abbinden und Haftung.

Bei abschnittweisen Wiederherstellungsarbeiten wird zur Verminderung der Setzungen und der damit zusammenhängenden Beschädigungen statt gewöhnlichem Mörtel am besten Puzzolane oder Zementmörtel verwandt.

In Rom sieht man jederzeit einzelstehende Mauern oder Pfeiler, die große Lasten aufnehmen und die infolge ihrer geringen Abmessungen oder ihrer schlechten Struktur eigentlich nicht halten könnten und die trotzdem wie durch ein Wunder stehenbleiben, einfach wegen der ausgezeichneten Festigkeit der römischen Puzzolane. Wer eine sprechende Bestätigung

[1]) Wo zur Erhöhung der Festigkeit Blöcke eingebaut sind.

haben will für diese Tatsache, der betrachte am Beginn der via di S. Teodoro am Forum Romanum die Mauern des Augusteums (von dem Teil des Vicus Tuscus), die trotz der tiefen Löcher, die in deren Sockel von den Schatzgräbern gehauen sind, seit 1900 Jahren ausgezeichnet halten.

Schäden durch bauliche Änderungen.

Sehr häufig treten Schäden im Anschluß an bauliche Änderungen auf und sind in der Regel auf mangelnde Planbearbeitung zurückzuführen. Deshalb ist es unerläßlich, bei Durchführung der Projektbearbeitung Feststellungen an Ort und Stelle über den tatsächlichen Zustand des bestehenden Gebäudes zu machen und den Einfluß zu studieren, den die baulichen Änderungen im Gefolge haben werden. Insbesondere ist darauf zu achten, welche statische Bedeutung den auszubrechenden Bauteilen zukommt und wie diesem Umstande Rechnung zu tragen ist.

Baufällige und überhängende Mauern.

Es gibt Mauern, die durch ihre innere Struktur, schlechten Mörtel oder in solchem Mörtel, der mit den Jahren seine Zusammenhangskraft verloren hat, eine abschnittweise Wiederherstellung nicht erlauben, weil dieses außerordentlich gefährlich (besonders bei größeren Höhen) wäre, oder weil sie von vielen Öffnungen durchbrochen oder von vielen Kaminröhren durchzogen sind.

Das beste Wiederherstellungsverfahren ist hier, die Decken und das Dach abzufangen, indem alle Balkenköpfe abgestützt und außerdem Bögen und Gewölbe mit Lehren versehen werden. Die Mauer wird dann mit allen Vorsichtsmaßregeln abgetragen, und dann erst kann eine Wiederherstellung von den Fundamenten aus erfolgen.

Bei Abbruch und Wiederherstellungsarbeiten sind die Nachbargebäude mit allen Mitteln zu schützen.

Ebenso liegt der Fall bei zu großen Überhängen. Es ist dann nicht möglich, eine abschnittweise Wiederherstellung, noch eine Verankerung vorzunehmen, ohne große Gefahren heraufzubeschwören. Hier ist immer nur eine Lösung möglich: Abstützungen, nachher Abbruch und Neuherstellung.

Schäden bei Erweiterungen von Räumen.

Oft kommt es vor, daß man bei Erweiterungen von Wohnräumen oder von Geschäftsräumen in Erdgeschossen die Vergrößerung derart bewerkstelligt, daß eine Zwischenwand herausgebrochen wird und die darüberstehenden Mauern durch einen eisernen Unterzug abgefangen werden.

Wenn die Auflager *A* und *B* (Abb. 125) der neuen Last nicht gewachsen sind, so tritt in der Mauerkreuzung eine Zerdrückung ein.

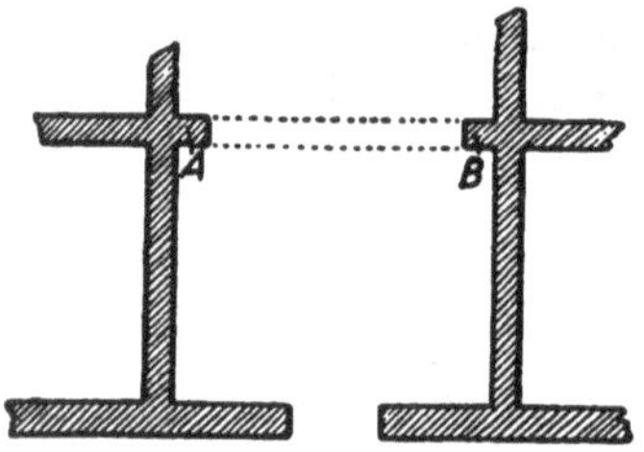

Abb. 125.

Durch das Zerdrücken zeigen sich an dem Ausbruch und den angrenzenden Zonen schlangenlinienförmige Risse, die der wenig erfahrene Techniker irrtümlicherweise einer allgemeinen Störung zuschreiben wird, während es sich um eine lokale Erscheinung in der Mauerkreuzung handelt, die durch den Ausbruch der Mauer *A B* verursacht ist.

Außer den Zerdrückungserscheinungen an den Unterzugsauflagern und dem angrenzenden Mauerwerk kann eine Erweiterung hervorrufen:

a) Senkung des Mauerwerks über *A B*, welches durch den eisernen Unterzug abgetragen wird.

b) Senkung des Untergrundes unter den Pfeilern *A B* infolge der Lastvermehrung durch das Mauergewicht.

Damit sind einige Ursachen von Störungen gekennzeichnet, die der Techniker aufzufinden in der Lage sein muß. Es sind Ursachen, wie man sieht, die kein ganzes Gebäude in Mitleidenschaft ziehen, sondern nur beschränkte Teile desselben.

Nicht selten rühren Schäden auch von Konstruktions- bzw. Traggliedern her, welche von vornherein zu schwach bemessen worden sind. Sind entsprechende Unterlagen (statische Berechnungen, Zeichnungen) vorhanden und findet sich für das Auftreten von Schäden kein offensichtlicher Grund an Ort und Stelle, dann muß auch das Vorhandensein von zu schwachen,

d. h. fehlerhaft dimensionierten Tragzylindern in Betracht gezogen werden, und es empfiehlt sich, daraufhin die vorgenannten Unterlagen durchzuprüfen.

Alarmierende Anzeichen bei Schäden.

Die statischen Störungen wirken sich in der Regel langsam aus, so daß die Abstützungen und die Ausbesserungen in Gegenwart der Bewohner vorgenommen werden können.

Doch kann es auch vorkommen, daß der Fortschritt der Schäden ein rascheres Tempo einschlägt.

Wir teilen diese beschleunigten Bewegungen in zwei Klassen:

1. Bewegung mit allmählicher Beschleunigung (die allgemein vorkommende),
2. Bewegung mit größerer Beschleunigung (weniger häufig).

Ein charakteristisches Zeichen für die allmählich beschleunigte Bewegung ist der Widerstand, den Fenster und Türen dem Öffnen und Schließen entgegensetzen.

Die rasch zunehmende Bewegung zeigt sich in dem von Stunde zu Stunde zunehmenden Anwachsen der vorhandenen und dem Erscheinen neuer Risse.

Im ersten Fall hängt es von der Vorsicht des Technikers ab, ob er die Ausquartierung anordnen will oder nicht.

Im zweiten Fall ist es auf jeden Fall höchste Zeit, die Bewohner zu entfernen, die Absteifung vorzunehmen und alle Maßnahmen zu ergreifen, welche die Bewegung aufhalten können.

Wo die Bewegung sehr rasch zunimmt, bleibt nur die Absperrung des Gebäudes, wie bei einer Feuersbrunst, übrig. Es ist dann der Einsturz abzuwarten oder planmäßig herbeizuführen und an die Aufräumung und den Wiederaufbau zu gehen.

Schlechte Ausführung von Wiederherstellungsarbeiten.

Neunzig Prozent aller Erschwerungen der Beschädigungen im Verlauf von Wiederherstellungsarbeiten sind auf die schlechte Ausführung derselben zurückzuführen.

Wenn bei der Herstellung von Neubauten, die den baupolizeilichen Vorschriften genügen sollen, gewissenhafte Einhaltung der guten Regeln der Baukunst erforderlich ist, so ist dieses noch viel mehr notwendig bei Wiederherstellungen von alten und beschädigten Bauteilen, und hier insbesondere bei Unterfangung von Gründungen.

Man kann nicht eindringlich genug empfehlen:

a) die über dem wiederherzustellenden Mauerwerk auflastenden Mauern vor dem Beginn der Arbeiten richtig abzufangen;

b) eine solide Aussteifung aller Baugruben und Arbeitsgruben vorzunehmen, ebenso die Ausspreizung von Fenstern und Türen in der auszubessernden Mauer und in denjenigen, die in dieselbe einbinden;

c) die Wiederherstellung nur in kleinen Abschnitten vorzunehmen;

d) rasch bindenden Mörtel zu verwenden;

e) die unvermeidlichen Mörtelfugen zwischen Ziegeln oder Mauersteinen nicht stärker als 5 mm zu machen;

f) die senkrechte Flucht und die winkelrechte Ausführung genau einzuhalten, was bei Wiederherstellungen schwieriger ist als bei Neubauten;

g) eine geeignete Abstützung aller auf die auszubessernde Mauer aufliegenden Gewölbe und Bögen und derjenigen, die an dieselbe anstoßen, vorzunehmen;

h) das Annässen aller angeschnittenen Mauerflächen, solange sie Wasser aufsaugen, bevor mit dem Aufbringen des neuen Mauerwerks begonnen wird;

i) das vollständige wechselseitige Einbinden der Mauersteine bei Mauerkreuzungen und zwischen altem und neuem Mauerwerk;

j) das starke Antreiben der Holzkeile zwischen dem alten Mauerwerk und dem neuen, das allmählich hochgeführt wird, an jedem Abend bei Unterbrechung der Arbeit;

k) die vollkommene Verbindung zwischen altem und neu herzustellendem Mauerwerk (diese erfolgt am besten mit Hausteinen oder besonders hochwertigen Mauerziegeln);

l) das Einschalten der nötigen Ruhepausen, damit die Erhärtung des Mörtels sich ungestört vollziehen kann;

m) die Ausführung der Wiederherstellung in kleinen Abschnitten ist so vorzunehmen, daß diese Abschnitte immer eine geringe Höhe haben, damit gleichförmige Pressungen und damit gleichförmige Setzungen ermöglicht werden.

Die strenge Einhaltung dieser angeführten Grundsätze und das Vermeiden von Gefahren jeder anderen Art ist etwas, was große Ersparnisse bringt.

Die Nachdrücklichkeit, mit der der Verfasser die vollständige Einhaltung dieser Vorschriften verlangt, kann denjenigen beruhigen, der sich noch nicht in solchen schwierigen Arbeiten erprobt hat, und sie wird als vollständig berechtigt anerkannt werden von demjenigen, der solche Arbeiten in Wirklichkeit ausgeführt hat. Diese werden auch zur genüge die Folgen kennen, die eine ungenaue Einhaltung dieser Maßregeln nach sich ziehen kann. Die Nichtinnehaltung vorgenannter Grundsätze erschwert die vorhandenen Beschädigungen und erzeugt neue (welche manche Konstrukteure unter der immer wiederkehrenden Ausrede: Setzungsrisse verbergen möchten), und es wird so die ganze Unterlage der Wiederherstellung unsicher, und neue Kosten können die Folge sein.

Arbeitsvorgang bei der Untersuchung eines beschädigten Gebäudes auf seine Standsicherheit.

Erkundigungen.

Die hauptsächlichsten Erkundigungen, die der Techniker einzuziehen hat, betreffen:

1. das Alter des Gebäudes,
2. das System der Fundierung,
3. die Beschaffenheit des Untergrundes.

Was das Alter anbetrifft, so unterscheidet man zwischen alten und neuen Gebäuden, indem man unter die neuern diejenigen rechnet, die im vergangenen Jahrzehnt hergestellt worden sind, und zu den alten diejenigen, die mehr als zehn Jahre stehen[1]).

[1]) Jeder Konstrukteur weiß, daß ein Haus von 30 Jahren auch neu ist, wenn es gut unterhalten wird. Wir machen die Unterscheidung, um die Untersuchung in Einklang zu bringen mit Erscheinungen, die in begrenzten Zeiten ablaufen.

Bei dem System der Gründungen handelt es sich um die Unterscheidung in durchgehende Gründungen und solche auf Bogen und Pfeilern.

Was die Terrainbeschaffenheit angeht, so muß hauptsächlich nachgesehen werden, ob der Grund, worauf das Gebäude steht, aus aufgefülltem Boden, Sumpfgelände mit fließendem oder stagnierendem Wasser, durchnäßtem Lehm oder einer anderen Bodenart besteht.

Neue Gebäude.

Bei neuen Gebäuden ist im allgemeinen ein Zerfall des Mörtels als ausgeschlossen zu betrachten. Es ist nicht anzunehmen, daß die Festigkeit des Mörtels, so gering sie auch sein mag, sich nicht zehn Jahre halten kann, es sei denn, daß sie durch chemische Einwirkungen zerstört wurde.

Ebenso ist Zerdrückung durch zu große Auflast ausgeschlossen. Ist ein Querschnitt für die Auflast zu gering bemessen, so zeigt sich die Ablösung der Steine im Mauerwerk schon vor der Beendigung des Baues und vor dem vollen Abbinden des Mörtels. Das Abbinden und das Anhaften des Mörtels wird durch die zu große Beanspruchung gestört.

Solche Fälle sind selten.

Und in solchen Fällen hat der Techniker noch Gelegenheit, rechtzeitig Abhilfe zu schaffen, indem er die Konstruktion auf das richtige Maß erweitert oder schwere Auflasten abfängt oder schließlich Hohlsteine für auflastende Konstruktionen einbaut usw.

Es ist Sache der Bauleitung, während Errichtung eines Gebäudes die tragenden Teile dauernd zu beobachten, um Schäden so früh als möglich begegnen zu können.

Halten wir die Voraussetzungen fest, so können wir schließen, daß bei neuen Gebäuden in der Regel folgende Schäden gefunden werden können. Setzungsrisse, Senkungsschäden, Beschädigungen durch Rutschungen im Untergrund und ausnahmsweise Schäden durch Kippen von tragendem Mauerwerk.

Die Erdbebenschäden sind als solche sicherer zu erkennen, da sie unmittelbar nach den Stößen konstatiert werden.

Setzungsrisse.

Sie sind die notwendige Folge von ungenauer Ausführung und von verspätetem und ungleichförmigem Abbinden des Mörtels. Sie sind leicht zu kontrollieren in der Zeit, in der sie auftreten.

Senkungsschäden.

Diese sind diejenigen Schäden, die am häufigsten in neuen Gebäuden angetroffen werden. Sie sind Folgen von den Setzungsvorgängen im Untergrund und nicht eigentliche Absackungen.

Die entstehenden Risse sind solche, wie sie durch die Abb. 19 und 20 dargestellt sind. Für dieselben gilt, was im Text zu diesen Abbildungen gesagt ist.

Wenn jedoch die Risse

a) durch die ganze Mauerstärke hindurchgehen,
b) am Gesims anfangen und daselbst am breitesten sind (wenn das Gebäude auf Bogen und Pfeilern steht) oder wenn sie an den Fundamenten beginnen (falls die Gründung durchgehend ist) und
c) wenn damit zugleich ein leichtes Überhängen eingetreten ist,

dann bedeutet das, daß nicht nur eine Setzung im Untergrund, sondern eine eigentliche Bodensenkung vorliegt, für welche die Ausführungen des entsprechenden Kapitels gelten.

Rutschungen im Untergrund können festgestellt werden, wenn das Gebäude an einem Hang steht und der Untergrund aus Lehmschichten mit fließendem oder stagnierendem Grundwasser besteht.

Kipperscheinungen können auftreten bei unrichtiger Berechnung der Schubkräfte von Bogen, Gewölben und Binderrahmen oder durch Erd- und Wasserdruck auf die Umfassungsmauern.

Alte Gebäude.

In alten Gebäuden können alle die verschiedenen Erscheinungen angetroffen werden und auch die verschiedensten Kombinationen derselben mit Ausnahme der Setzung.

Setzungserscheinungen sind nur bei neuen Gebäuden und bei Wiederherstellungen möglich.

Senkung.

Eine leichte Erscheinung ist charakterisiert durch die Abb. 19 und 20 unter der Bedingung, daß die Risse nicht durch das ganze Mauerwerk hindurchgehen.

Eine schwere Erscheinung zeigt sich durch die Zeichen, die eingehend betrachtet wurden und ruft hervor:

a) Risse, wie in Abb. 48 dargestellt, in Vollmauerwerk auf Bogen und Pfeilern,

b) Risse, wie in Abb. 22 dargestellt (das ganze Mauerwerk durchdringend), in Mauerwerk mit Öffnungen, welches auf Bogen und Pfeilern gegründet ist,

c) Risse, wie in Abb. 8 bis 11, in Vollmauerwerk auf durchgehender Gründung,

d) die Formen von Rissen, welche in dem Abschnitt, Mauern mit Öffnungen auf durchgehenden Gründungen, beschrieben worden sind.

Es ist zu beachten, daß eine Bestätigung für Setzungserscheinungen der Bruch der Türschwellen und Fensterbänke bildet, wenn der Riß senkrecht zur Front der absackenden Mauer verläuft, ebenso der Riß im Scheitel von Bogen und Gewölben, wenn solche vorhanden sind.

Wenn die Türschwellen nicht reißen, so heißt das, daß es sich um eine leichte Erscheinung handelt.

Zerdrückung.

In alten Gebäuden ist häufig

a) die Zerdrückung durch Zerbröckelung des Mörtels infolge zu großen Alters,

b) die Zerdrückung infolge ungenügender Querschnittsabmessungen (wobei der Mörtel zerrieben wird) bei unsachgemäßen Aufstockungen.

Das klassische Anzeichen für Zerdrückung ist der dumpfe Ton des angeschlagenen Mauerwerks. Das wirksamste Abhilfsmittel ist die abschnittweise Wiederherstellung nach vorangegangener Ausmauerung der Öffnungen.

Die hauptsächlichsten Anzeichen für Kippen durch Schubkräfte sind:

a) Überhängen der Wände,
b) die Loslösung der Mauer von den Decken, wenn die Böden auf Balkenlagen liegen,
c) der parallel zur kippenden Wand verlaufende Riß, wenn die Böden auf Gewölben aufgebracht sind,
d) der parabelförmige Riß der Abb. 89 auf der zur kippenden Mauer senkrecht stehenden Wand, wenn vollkommene Einspannung an dieser vorhanden ist,
e) die Loslösung dieser Wand bei unvollkommener Einspannung.

Das Kippen als Folge von Bodensenkungen ist erkennbar an:
a) dem Vorhandensein des Risses *a a b* der Abb. 69, wenn die kippende Mauer in die zu ihr senkrecht stehenden gut eingespannt ist,
b) den Lostrennungen der Bindersteine an den Einbindungsstellen der senkrecht auftreffenden Mauern, wenn diese nicht vollkommen eingespannt sind.

Rutschungen.

Rutschungen im Untergrund haben in den Gebäuden, die sie in Mitleidenschaft ziehen, kombinierte Beschädigungen zur Folge, und zwar Senkungs- und Kipperscheinungen.

Als notwendige Folge treten die für diese Schäden charakteristischen Anzeichen auf.

Dieselben sowie die Maßnahmen sind in den entsprechenden Kapiteln behandelt.

Erdbeben.

Die Wirkungen, die ein Erdbebenstoß auf ein Gebäude ausübt, sind diejenigen, die am sichersten ihrer Ursache nach zu erkennen sind, da die Ursache während ihrer Aktion auch vom Nichttechniker beobachtet wird.

Angaben über die Untersuchung und die Abhilfsmaßnahmen finden sich in dem Kapitel über Erdbebenschäden.

An Hand dieser Ausführungen muß und kann der Techniker, indem er eine Möglichkeit nach der anderen vornimmt und prüft, immer die Ursache einer Störung auffinden. Ist dieses erfolgt, so kann er auf Grund einer sicheren Überlegung auch die nötigen Abhilfsmaßnahmen vorschlagen.

Dritter Teil.

Zusammenfassende Betrachtungen über die Ursachen der Entstehung von Schäden während der Projektbearbeitung und Ausführung.

Von Dr.-Ing. Karl Schäfer.

Gar zu oft hat der mit der Durcharbeitung der Festigkeitsberechnung von irgendwelchen Bauten beauftragte Ingenieur darüber Klage zu führen, daß, wenn er überhaupt zu Rate gezogen wird, er auf eine im Sinne der Standsicherheit zweckmäßige Planung keinen ausreichenden Einfluß mehr nehmen kann. Es bleibt ihm oft nichts anderes übrig, als durch mehr oder weniger gewagte und kostspielige Konstruktionen die Standsicherheit des Gebäudes zu gewährleisten. Als weiteres im höchsten Maße bedauerliches Moment kommt ebensooft hinzu, daß die ihm zur Verfügung stehende Zeit in fast allen Fällen reichlich knapp bemessen ist. Im Gegensatz hierzu muß die Zeit, die für die Planung zur Verfügung steht, als außerordentlich reichlich bezeichnet werden. Nicht selten werden kleinliche und belanglose Dinge mit ungeheuerem Zeitaufwand bearbeitet, und um Zeitversäumnisse einzuholen, wird bei dem anderen, d. h. bei dem Ingenieur, die Zeit in verantwortungsloser Weise gekürzt. Abgesehen von einer Festigkeitsuntersuchung, die sich in der genannten Form vollzieht, welche bereits dann, wenn ein Bauwerk zur Ausschreibung kommt, in ihren Grundzügen als abgeschlossen gelten kann, sind noch andere Verdingungsverfahren üblich. Entsprechende Firmen erhalten in öffentlicher oder beschränkter Submission Planunterlagen oder mitunter auch nur skizzenhafte Andeutungen, auf Grund deren sie Angebote abgeben sollen für das in Frage stehende Bauwerk. Die zur Verfügung stehende Zeit für die Durcharbeitung einer oberflächlichen statischen Untersuchung und Kalkulation ist meistens viel zu beschränkt, und da aber in der Regel ein ziemlich großer Arbeitshunger der einschlägigen Firmen besteht, wird mit allen Mitteln versucht, sparsame Konstruktionen auszudenken, um so den Auftrag hereinzubekommen. Zu welchen Differenzen in den Angebotssummen diese Submissionsverfahren führen, ist hinreichend bekannt, und nichts zeigt so eindringlich die Sinnlosigkeit dieses Verfahrens, als die hier zutage tretenden Differenzen in den Massen und in der preislichen Bewertung der entsprechenden Leistungen. Nicht selten nehmen die Maßnahmen, die geeignet sind, die Güte eines Bauwerkes weiter zu verringern, in folgender Form ihren Fortgang. Es werden diejenigen Firmen, welche für die Auftragserteilung evtl. in Frage kommen, noch einmal mit mehr oder weniger Erfolg in dem Sinne einer weiteren Preisreduzierung gegeneinander ausgespielt, und so ist es nicht selten der Fall, daß dann, wenn irgendein Auftrag zustande kam, bei der Auftragnehmerin die größten Bedenken auftauchen, wie denn die Arbeit zu Ende geführt werden soll, und zwei Faktoren sind es dann, die hier in üblem Lichte erscheinen.

Wird die Arbeit zu einem Pauschalbetrag oder zu bestimmt gearteten Einheitssätzen übernommen, so wird von dem mit der Festigkeitsuntersuchung betrauten Ingenieur verlangt, derartig billig zu konstruieren, wie es derselbe vielleicht im Interesse des Bauwerkes und seiner Funktionen auch dann nicht tun würde, wenn er es für sich selbst errichten, d. h. aus seiner eigenen Tasche bezahlen würde; mit anderen Worten, hier spielt jene Bauart eine Rolle, die man als »windig« im Gegensatz zu solide bezeichnet. Ein weiteres Übel der zu niedrigen Preise, das besonders zur Zeit sehr aktuell ist, besteht darin, daß auftragnehmende Firmen ihr Personal, die sozialen Lasten, laufende Unkosten für Bahntransporte, Postgebühren und zum Teil Steuern zahlen, während sie mit Materiallieferungen und ähnlichen Dingen im Rückstande bleiben, was durch Konkurse usw. hinreichend belegt wird. Daß nun die für zu niedrige Preise übernommenen Arbeiten sich dahin auswirken müssen, daß die Durchführung der Arbeit nicht so erfolgt, wie sie im Interesse der allgemeinen Sicherheit verlangt werden muß, ist nach den vorstehenden Darlegungen wohl selbstverständlich, und es kann wohl ebenfalls behauptet werden, daß alle gegenteiligen Versicherungen als nicht ganz zutreffend anzusehen sind, denn es ist unlogisch, daß irgend jemand auf die Dauer arbeiten kann und wird, um lediglich Geld zu verlieren. Ganz gleich nach welchen Gesichtspunkten man eine Preisbildung beurteilt, unerläßlich erscheint das Erfüllen der Forderungen, daß unter allen Umständen solche Preise zu zahlen sind, mit denen eine Arbeit in einwandfreier Weise durchgeführt werden kann und die im übrigen auch eine Verdienstspanne lassen, wenigstens zum Ausgleich von unvorhergesehenen Kosten, die mehr oder weniger umfangreich bei jeder Bauausführung auftreten. Ganz allgemein bemerkt erscheint es im Sinne einer gesunden Volkswirtschaft schädlich, wenn in irgendeinem Gewerbe auf die Dauer mit Verlusten gearbeitet wird und durch Konkurse weitere Wirtschaftsgruppen beunruhigt werden.

Fehlerhafte Planbearbeitungen.

Die große Zahl der Bauunglücke und Baukatastrophen hat gezeigt, daß in den weitaus meisten Fällen von einer höheren Gewalt, die den Einsturz herbeigeführt haben soll, nicht gesprochen werden kann und daß die Ursachen in fehlerhaften Planbearbeitungen lagen. Es sind also im Grunde genommen Fragen der Statik und Festigkeitslehre, und hierbei hat, insbesondere im Eisenbau, das Problem der Stabknickung, worüber noch zu sprechen sein wird, eine ausschlaggebende Rolle gespielt. Mit Rücksicht auf den Charakter der Schäden sollen diese für Eisenbeton- und Eisenbauten getrennt betrachtet werden.

a) Fehlerhafte Planbearbeitungen bei Eisenbetonbauten.

In erster Linie ist hier zu erwähnen, und das gleiche gilt in beschränkterem Umfange für Eisenbauten, daß die Untersuchung eines Tragwerkes an einem solchen statischen System durchgeführt wird, welches der Berechnung leicht zugänglich ist oder für welches dieselbe mit vorhandenen Tabellen-Werken durchgeführt werden kann, wobei aber den physikalischen Eigenschaften des Tragwerkes, wie sie sich durch die Ausführung ergeben, mehr oder weniger ungenügend Rechnung getragen wird. Unter allen Umständen muß verlangt werden bei Planung und Ausführung, daß Rechnungs- und Ausführungssystem miteinander im Einklang stehen; ist also z. B. an irgendeiner Stelle eine Einspannung, eine elastische oder vorübergehende Stützung od.dgl. zu erwarten, so muß dieser Umstand, zum mindesten annähernd, bei der Art- und Stärkenbemessung der Eisenarmierungen beachtet werden, was auch in der Regel ohne besonders große Umstände und Kosten möglich ist. Im übrigen sind für die Praxis möglichst einfache und klare statische Systeme anzustreben, denn nur hierbei ist der Kräfteverlauf leicht übersehbar, so daß ziemlich allgemein eine einwandfreie und schnelle Durcharbeitung der Berechnung und Durchbildung der Konstruktion erwartet werden kann, und wenn dann entsprechend der Planung eine Ausführung erfolgt, darf angenommen werden, daß unvorhergesehene Schäden durch Setzungen, Überlastungen, Temperatureinwirkungen und Schwinden des Betons in mäßigen Grenzen bleiben.

Weiter erscheint es mehr oder weniger schülerhaft, wenn die Eisendeckungen von Querschnitten nach Zentimeter von Längen bestimmt werden, und zwar auf Grund von ganz bestimmt vorausgesetzten Lastwirkungen. Geringe Reserven dürften an fast allen Plätzen erwünscht und begründet sein, eben mit Rücksicht darauf, daß die Kraftwirkungen und die Güte der Ausführung nicht in vollem Umfange von vornherein erfaßt werden.

Insbesondere will es scheinen, daß vielfach die Schubbewehrung, soweit sie aufgebogene Eisen anbelangt, zu wünschen übrigläßt. Gleichviel welche theoretischen Erörterungen hieran geknüpft werden, vom praktischen Standpunkte erscheint es durchaus erwünscht, daß aufgebogene Eisen ziemlich gleichmäßig dicht in den gefährdeten Zonen verteilt werden.

In gleicher Weise ist bei der Planung dafür zu sorgen, daß die Querschnittsabmessung von Balken und Stützen derartig ist, daß die vorgesehenen Eisen einwandfrei untergebracht werden, um zu ermöglichen, daß die Betonarbeiten in der gleichen einwandfreien Weise ausgeführt werden können. Als ein weiterer Übelstand bleibt noch zu erwähnen, daß nicht gleichlaufend mit der Aufstellung einer statischen Berechnung deren erste Prüfung erfolgt. Es kann hierdurch bei beschleunigter Ausführung vorkommen, daß es sich erst später herausstellt, daß irgendein Tragwerk ungenügend dimensioniert ist.

b) Ausführungsfehler bei Eisenbetonbauten.

Die Möglichkeit, daß durch fehlerhafte Ausführungen erhebliche Schäden entstehen können, ist gerade im Eisenbetonbau im weitesten Umfange gegeben, und insbesondere hierauf gründet sich die unerläßliche Forderung, der in der Regel nur ungenügend Rechnung getragen wird, daß mit der Ausführung von Eisenbetonbauten nur solche Unternehmen betraut werden dürften, welche über genügende Erfahrungen und Vertrautheit mit dieser Bauweise verfügen. Irgendwelche und zu irgendeiner Zeit auftretende Schäden können die mannigfaltigsten Ursachen haben. Zunächst muß man mitunter feststellen, daß für die Schalung zu schwache Hölzer und Schalbretter verwandt werden. Die Folge davon ist, daß das Schalgerüst während des Arbeitsvorganges »federt«, und diese Bewegungen können sich nur nachteilig auf den in dem Abbindungsprozeß begriffenen Beton auswirken, wodurch natürlich dessen Festigkeit beeinträchtigt werden kann. Insbesondere sei hier auf die Stärke der Steifen aufmerksam gemacht, deren mittlerer Durchmesser bei den üblichen Ausführungen, bei denen eine Stütze auf 1 m² Decke kommt, und den üblichen Geschoßhöhen etwa 10 cm mittleren Durchmesser betragen soll. Weiter können Schäden bei Rahmenbauten dadurch entstehen, daß das Schalgerüst nicht genügend stark hergestellt ist und bei dem Betonierungsvorgang seitlich nachgibt. Große nachteilige Einflüsse bei Bauten im Freien können dann entstehen, wenn insbesondere in Herbstzeiten unmittelbar auf einer feuchten Bodenoberfläche die Schalung aufgestellt wird. Abgesehen davon, daß der Boden mit wechselndem Feuchtigkeitsgehalt arbeitet, sind stärkere Setzungen zu erwarten, und daher empfiehlt es sich, den Schalboden etwa 1 m unter Geländeoberfläche zu legen, vorausgesetzt, daß nicht durch andere geeignete Maßnahmen für dessen Festigkeit in einer höheren Lage gesorgt wird. Schließlich sei noch darauf hingewiesen, daß das Aufstellen der Schalung auf durchfeuchtetem Boden in der Frostzeit besondere Gefahren in sich birgt, da in diesen Fällen bestimmt mit einem stärkeren Arbeiten des Bodens zu rechnen ist, und dadurch die noch in Schalung stehenden Decken vollkommen in ihrer Festigkeitsstruktur zerstört werden können.

Um sich vor Schäden zu hüten, die auf die Eiseneinlagen zurückzuführen sind, erscheinen folgende Punkte beachtenswert. Abgesehen davon, daß die richtige Anzahl der Eisen mit entsprechenden Querschnitten vorhanden ist, ist es eine unerläßliche Forderung, daß insbesondere bei Deckenbauten die Eisen in ihrer richtigen statischen Lage zur Verlegung kommen und in dieser gesichert werden. Bei den Decken kann man folgende fehlerhafte Eisenmontagen beobachten. Die Stege der Balken sind derart ausbetoniert, daß der Beton mitunter schon einen Tag und länger bogenförmig über die Höhe der Schalung heraustritt. Dann werden die Deckeneisen, wie sie von dem Waggon kommen, d. h. ohne daß sie gebogen werden, an die entsprechende Verwendungsstelle auf der Decke gebracht, und die notwendige Aufbiegung wird in salopper Weise mit einem Kniehebel ausgeführt. Daß hierbei nicht von einer Einhaltung der erforderlichen statischen Höhe die Rede sein kann, ist wohl selbstverständlich, und damit entfallen auch sämtliche Voraussetzungen, welche über die Sicherheit der Decke gemacht worden sind. Eine derartige Ausführung muß in Anbetracht der Empfindlichkeit der Spannungen in bezug auf die Änderung der ohnehin geringen Abmessungen als außerordentlich fahrlässig bezeichnet werden. Bei Balkeneisen beobachtet man ebenfalls häufig (bei entsprechenden Firmen) ein unsachgemäßes Verlegen. Die Eisen liegen, falls sie sich in mehreren Lagen befinden, so übereinander, daß es sehr schwer möglich ist, sie mit Beton einwandfrei zu umhüllen, und die Folge davon ist nach der Ausschalung zutagetretendes Freiliegen der Eisen, bzw. wird, da ein ungleichmäßiges Stampfen zu erwarten ist, in dieser Zone der Beton verschiedene Dichte und Güte erhalten. Weitere Übelstände bestehen darin, daß Eisen mit gegenüber der Planung verwechselten Enden in die Schalung gebracht werden, und hierdurch entstehen Fehler in bezug auf die erforderliche Momentendeckung. Schließlich sei noch einmal auf Ausführungen mit ungenügenden Abmessungen des Betonquerschnitts hingewiesen, die zur Folge haben, daß die geplanten Eisen kaum und ohne genügende Betondeckung untergebracht werden können.

Eines der interessantesten und wichtigsten Kapitel betrifft die Zusammensetzung des Mischgutes und die Güteeigenschaften des Zementes und der Zuschlagstoffe. Je nach den örtlichen Verhältnissen würde es Sache einer erfahrenen Bauleitung sein, die zur Verwendung zuzulassende Zementsorte und auch das Zuschlagmaterial von vornherein festzulegen, und ebenso wären Angaben über die Konsistenz des Mischgutes zu machen. Hiermit wären die Grundlagen für eine einwandfreie Ausführung in bezug auf das Mischgut festgelegt, und die Güte würde dann nach menschlichem Ermessen durch die wiederholt von allen Fachkreisen, die etwas mehr als oberflächliche Kenntnisse von der Bedeutung dieser Frage haben, geforderte ständige Baukontrolle sichergestellt. Einstweilen spielen bei der Herstellung des Mischgutes Kostenfragen die Hauptrolle, und schließlich ist es nicht zuletzt Sache der Bauherren, die in ausreichender Weise auf die Wichtigkeit dieser Fragen aufmerksam gemacht worden sind, hier eine Änderung herbeizuführen.

Zuletzt soll noch an einige Arbeitsvorgänge gedacht werden, die ebenfalls zu großen Schäden führen können und auch schon geführt haben. Es ist teilweise bei Rippendecken folgende Ausführung üblich. Im ersten Arbeitsgang des Betonierens werden die Rippen zwischen den zu trockenen und nicht angenäßten Deckensteinen mit Betonmaterial verfüllt, nachdem selbstverständlich die Deckeneisen ausgelegt waren. Ist eine größere Fläche in dieser Art verfüllt, wird mitunter nach Stunden die Deckenplatte hinterher aufgebracht, und hier haben Unglücksfälle erwiesen, daß eine Verbindung zwischen Deckenplatte und dem unteren Betonmaterial der Rippen bzw. der Deckensteine nicht stattgefunden hat. Nach erfolgtem Einsturz konnten glatte und saubere Abscherungen zwischen den oberen Platten und den unteren Deckenteilen deutlich festgestellt werden. Ebenso hat sich als nachteilig bei Steindecken mit dünnen Fugen die Verwendung von Rundeisen gezeigt. An den Auflagerstellen bzw. in der Zone der aufgebogenen Eisen ist häufig bei dem Vergießen eine frühzeitige Schließung der Mörtelfugen eingetreten, und die Folge davon ist, daß sich die Decke an den Auflagern derartig verhält, als ob die Trageisen frei in der Decke liegen würden, und dementsprechend haben sich bereits manche Folgen eingestellt oder sie sind bei dieser Art Ausführung zu erwarten. Gleichwichtig wie die vorgenannten Dinge ist die Frage der Arbeitsfugen. Es wurden Ausführungen beobachtet, die lediglich dadurch als fehlerhaft und im Sinne der Sicherheit als gefährlich bezeichnet werden müssen, weil durch einen verkehrten Arbeitsvorgang der Bildung von Rißfugen geradezu Vorschub geleistet wurde. Bei der Verbindung von massigen Betonkörpern mit leichteren armierten Tragteilen ist immer darauf zu achten, daß die Einbindungseisen in den geschlossen herzustellenden großen Massen einbetoniert werden und nicht aus »praktischen Gründen« ein anderer Arbeitsvorgang gewählt wird, als er aus statischen Gründen bedingt ist. Weiter besteht hier die unerläßliche Forderung, daß in Arbeitspausen bei Traggliedern nur an solchen Stellen und in solcher Form unterbrochen wird, daß die neu zu betonierenden Tragteile soweit als möglich einen rein mechanischen Halt an den Auflagerstellen finden bzw. durch rein mechanische Vorkehrungen bestimmte Kraftwirkungen sichergestellt werden. Gegen diese Regeln wird sehr häufig verstoßen, und in allen Fällen kann man hier persönliche Unfähigkeit von den mit der Ausführung betrauten Fachleuten feststellen.

c) Fehlerhafte Planbearbeitungen bei Eisenbauten.

In gleicher Weise wie bei Eisenbetonbauten zeigt auch eine längere Beobachtung von Planbearbeitungen bei Eisenbauten, daß auch hier beachtenswerte Fehler gemacht werden. Zunächst kann man bei Fachwerkgliedern feststellen, daß des öfteren die in Rechnung gesetzten Trägheitsmomente nur auf dem Papier stehen[1]). Daß Querschnittsteile, deren Zusammenwirken dadurch vorausgesetzt wird, daß sie Beiträge zu einem gemeinsamen Trägheitsmoment liefern, auch so verbunden sein müssen, daß sie die bei der Biegung (und diese ist immer zu erwarten, also auch bei Fachwerkstäben) auftretenden Schubkräfte aufnehmen können, wird zum Teil überhaupt nicht oder in ungenügender Weise beachtet. Soweit nicht bei schwierigeren Konstruktionen besondere Maßnahmen getroffen werden, sollte

[1]) Um Irrtümern vorzubeugen sei bemerkt, daß diese Darlegungen auch heute noch durchaus aktuell sind.

es als grundsätzliche Regel gelten, Fachwerkstäbe durch Futterstücke in geringen Abständen zu verbinden, und jedes Futterstück sollte mindestens zwei Niete erhalten. Der eben erwähnte Mangel gilt natürlich in gleicher Weise für Stäbe, die in erster Linie für Fachwerkwirkung bestimmt sind.

Ein weiterer Mangel tritt oft mit Rücksicht auf die Durchbiegung an den zu niedrig gewählten Trägern des allgemeinen Hochbaues zutage, und über die Bedeutung des Einflusses der Durchbiegung findet man in dem entsprechenden Schrifttum mitunter sonderbar anmutende Auffassungen. Es wird dort empfohlen, die Träger mit einer Überhöhung auszuführen, so daß bei einer Belastung, welche der ständigen und der halben Nutzlast entspricht, der Träger sich in horizontaler Lage befindet. Diese Auffassung kann sicherlich nicht ausschlaggebend sein. Der Hauptzweck einer geringen Durchbiegung kann doch in erster Linie nur der sein, eine möglichst steife Decke zu bekommen, d. h. also, die dynamischen Einflüsse, gegenüber denen die Bewohner ebenso empfindlich sind wie das Tragwerk selbst, sollen auf ein gewisses, nicht schädliches Maß herabgedrückt werden und abgesehen hiervon dürften zu weiche Decken, wie wir die nicht genügend steifen Decken nennen wollen, erhebliche Rißbildungen zeigen, die aber dann auf andere Ursachen, als auf zu starke Bewegung der Trägerteile in der Regel zurückgeführt werden. Es will scheinen, daß in diesem Zusammenhange die außerordentlich niedrig angesetzten Nutzlasten bei Wohngebäuden Deckenstärken zur Folge haben, welche vom dynamischen Standpunkte aus, als unzureichend zu bezeichnen sind. Zusammenfassend ist also zu sagen, daß es nicht der Zweck ist, die Unterkante des Trägers bei einer bestimmten Belastung in einer bestimmten Höhe zu haben, sondern das Maß der Durchbiegung selbst mit Rücksicht auf dynamische Einwirkungen genügend klein zu halten. Ebenso werden, wo es sich um Sicherheitsfragen handelt, ästhetische Fragen unter deren Berücksichtigung gelöst werden müssen oder, wenn es nicht anders geht, sich den genannten Forderungen zu unterordnen haben. Was die häufig zu beobachtende starke Überhöhung bei Blechträgern anbelangt, so scheint es berechtigt, die dort vorausgesetzten Wirkungen in Zweifel zu ziehen. Will man eine Überhöhung geben, so dürfte es empfehlenswert sein, gerade dieses Maß soweit als möglich zu beschränken und mehr Wert auf eine möglichst große Stehblechhöhe des Trägers zu legen.

Ebenso befriedigt die baupolizeiliche Vorschrift nicht, daß bei Trägern von mehr als 7,0 m Länge, also beispielsweise 7,01 m, die Durchbiegung nachzuweisen ist, während dies bei Trägern von geringerer Länge, also z. B. 6,99 m, nicht mehr gefordert werden kann. Diese Inkonsequenz läßt sich vermeiden, wenn in allen Fällen der Nachweis einer genügend kleinen Durchbiegung gefordert wird, wofür die allereinfachsten Methoden genügen. Die Innehaltung einer genügend kleinen Durchbiegung wird auch den Massivdecken zugute kommen, denn die hier häufig zu beobachtenden Rißbildungen werden dadurch in günstigem Sinne beeinflußt. Mit Rücksicht auf praktische Vorkommnisse soll hierbei nicht unerwähnt bleiben, daß unter Umständen bei sehr weit gespannten und sehr gering belasteten Trägern das vorausgesetzte statische Zusammenwirken zwischen verschiedenen Bauteilen überhaupt aufhören kann, so daß die gemachten Voraussetzungen über die Sicherheit einer Konstruktion vollkommen hinfällig werden.
In den Fällen letztgenannter Art ist auch dem Kippen von Trägern Rechnung zu tragen. Dieses ist ein Stabilitätsvorgang, der noch sehr wenig in der Praxis Beachtung gefunden hat. Die grundliegenden Untersuchungen hierüber gehen auf Prof. Dr. Prandtl zurück, und man vergleiche hierzu insbesondere Föppl, »Drang und Zwang«, sowie einen kurzen Auszug, der sich in Vianello-David, »Der praktische Eisenbau«, befindet. Weiter beobachtet man bei Blechträgern eine fehlerhafte Durchbildung von Stößen. Hier ist in der Regel eine ungenügende Deckung des Stehbleches festzustellen.

Ein weiterer Punkt, über den nicht genügend Klarheit herrscht und der noch zu manchen Untersuchungen Anlaß geben kann, betrifft die Stehblechstärken. Hier sind Angaben in der maßgebenden Literatur vorhanden, die aber in der Regel zu derartig starken Stehblechstärken führen, die in praxi des hohen Gewichts und der Kosten wegen nicht zur Ausführung gekommen sind und bei Offertabgaben auch nicht beachtet werden. Nicht selten findet man, daß die Stehblechstärken bei niederen und hohen Trägern fast gleich gewählt werden und der beachtenswerten Änderung der Höhe nicht genügend Rechnung getragen wird. Nicht selten also kommt den Stegen dieser Art Trägern entsprechend den vorhandenen Theorien nicht die genügende Knicksicherheit zu. Desgleichen läßt die Durchbildung mancher Trägeranschlüsse viel zu wünschen übrig. Ganz zu verwerfen sind, zumal bei schweren und bewegten Lasten, weite und scharfe Ausklinkungen, und ebenso fehlerhaft ist die Durchbildung und Durchrechnung von Trägeranschlüssen, welche mit je einem gleichschenkligen und einem ungleichschenkligen Winkel durchgeführt werden. Hierzu ist zu bemerken, daß die erzeugten Nietbilder sehr wohl dem Auge gefallen, daß aber die ganzen Anordnungen nach der konstruktiv-kritischen Seite und weiter vom Standpunkt der einfachsten Gesetze der Mechanik vollkommen unbefriedigend sind. Es ist notwendig, daß den bei Anschlüssen auftretenden Exzentrizitäten mehr als bisher in der entsprechenden Literatur Rechnung getragen wird.[1])

Allzuhäufig ist auch die konstruktive Durchbildung der Stützen des gewöhnlichen Hochbaues vollkommen unbefriedigend. Die Überleitung der von Trägern, Unterzügen usw. abgegebenen Lasten bei der Ausbildung der Kopf- und Fußkonstruktion befriedigt nur in wenigen Fällen, und dies scheint nur so erklärlich, daß die Hersteller dieser Konstruktionen nicht die genügenden Kenntnisse besitzen, um derartige Tragteile beurteilen zu können, und daß sich im übrigen die Prüfung der baupolizeilichen Unterlagen lediglich auf die Aufstellung der statischen Berechnung beschränkt. Es erscheint unerläßlich, bei der Durchbildung von Kopf- und Fußkonstruktionen im stärkeren Maße der Einwirkung von exzentrisch angreifenden Lasten Rechnung zu tragen.

Auch die Durchbildung der Bindebleche gibt zu Beanstandungen häufig genug Anlaß. Es werden Bindebleche in

---

[1]) Hierher gehört auch der, bei Fehlen von Gurtplatten oder Laschen zu einer Momentenaufnahme herangezogene, nur lotrechte Nietanschluß von Stehblechen. Die Zuweisung von Momenten an die Anschlußniete sollte besser unterbleiben. Die übliche Berechnung, wonach auf Grund von a n g e n o m m e n e n Spannungen das zu übertragende Moment ermittelt wird, ist zudem grundsätzlich falsch.

ziemlich großen Abständen angeordnet, dabei in geneigter Lage, als ob sie eine Diagonale bilden sollten, und dabei sind sie an jedem einzelnen Stabe mit nur einem Niet angeschlossen. Daß diese Bindebleche die von ihnen verlangte Wirkung nicht genügend sicher stellen, kann nach einigem Nachdenken mühelos gefolgert werden. Ebenso ist die Anordnung von gegenüberliegenden, gegenläufigen Diagonalen bei Stützstäben zu verwerfen.

Vom Standpunkte der praktischen Ausführung aus kommt den exzentrischen Anschlüssen von Fachwerkstäben noch eine besondere Bedeutung zu. Ein Stab wird dann als exzentrisch angeschlossen bezeichnet, wenn seine Schwerlinie nicht mit der dem Stabe zukommenden Systemachse zusammenfällt, oder wenn die Anordnung der Kraftniete nicht symmetrisch zu dieser Schwerachse erfolgt ist. Selbst wenn sämtliche vorgenannten Bedingungen alle erfüllt wären, kommt dem Stabe noch immer eine gewisse Exzentrizität zu, die eben darin liegt, daß die Nietkräfte immer in der Nähe der Oberfläche von Stabteilen und nicht in der Schwerachse des Querschnitts angreifen. Diese Dinge sollte man bei der Durchbildung von Druckstäben beachten, und all die Schwierigkeiten, die hier zutage treten, machen es verständlich, daß hierin die Ursachen der größten Baukatastrophen, genannt seien die Einstürze der Quebeckbrücke und der Binderkonstruktion des Gasbehälters am Großen Grasbrook in Hamburg, zu suchen sind. Ebenso zeigten größere Unglücksfälle ungenügende Durchbildung von Stabanschlüssen. In allen Fällen waren die verwendeten Knotenbleche zu schwach bzw. die Verbindung der Stäbe nicht einwandfrei durchgeführt, und nicht selten muß man sich darüber wundern, mit welchem Eifer bestimmte Knotenblechanschlüsse verteidigt werden, die in sich widerspruchsvoll sind und die elementarsten Regeln der Mechanik verletzen.

d) Fehlerhafte Ausführungen im Eisenbau.

Ausführungsfehler im Eisenbau, die man als solche bezeichnen muß und die zu Schäden, Unglücksfällen und Katastrophen geführt haben, sind vorstehend schon zum Teil eingehend beschrieben. Neben diesen Dingen wird man bei der Ausführung auch noch darauf zu achten haben, daß diese so erfolgt, daß jedes Tragglied die ihm zugedachte Funktion übernimmt, und zwar von vornherein und nicht erst dann, wenn es durch erhebliche Überbeanspruchungen und Deformationen anderer Tragglieder zu einer statischen Mitarbeit in beschränkterem Maße herangezogen wird. Dieses trifft insbesondere bei geschraubten Anschlüssen, Stößen usw. zu. Hier muß insbesondere verlangt werden, daß die Schrauben stramm und nicht locker sitzen, und das erfordert gleichzeitig ein Ineinanderpassen der Löcher und der Schraubenbolzen, und da dieses im allgemeinen nicht der Fall ist, können die gewöhnlichen Schraubungen nur bei weniger wichtigen Konstruktionen und bei ruhender Last benutzt werden. Bei Verstärkungskonstruktionen und solchen, die erheblichen Schwingungen bzw. dynamischen Einflüssen ausgesetzt sind, müssen sie als ungeeignet zurückgewiesen werden. Ferner ist bei Ausführungen darauf zu achten, daß mit Rücksicht auf die Rostgefahr die Füße von Stützen nebst ihrer Verankerung einwandfrei in fettem Zementbeton eingebettet werden. Die Befestigung von eisernen Stützen mit Steinschrauben stellt in der Mehrzahl der Fälle eine unbefriedigende, veraltete Ausführung dar. In fast allen Fällen und soweit dieses durchführbar ist, sind längere Ankerschrauben, auch mit Rücksicht auf die Montage, durchaus am Platze. Um der Rostbildung in befriedigender Weise entgegenzuwirken, ist einer guten Entwässerung, soweit durch diese Konstruktion Glieder in Mitleidenschaft gezogen werden können, die größte Beachtung zu schenken. Aus dem gleichen Grunde empfiehlt es sich, bei Skelettbauten nach Möglichkeit die Tragstützen durch eine dünne Zementschicht zu schützen, dabei ist es gleichgültig, ob diese Schutzschicht durch den Mörtel des Ausfachungsmauerwerks oder durch Ausgußbeton gebildet wird.

Sachverzeichnis.

L.

M.

N.

O.

P.

Q.

R.

S.

T.

U.

V.

W.

Z.

Der Eisenbau

Ein Handbuch für Brückenbauer und Konstrukteure.

Von L. Vianello. In 3. Auflage umgearbeitet und erweitert von Dr.-Ing. L. David.

628 Seiten, 640 Abbildungen. 8°. 1927. Brosch. M. 27.-, in Leinen gebunden M. 28.30.

„Das Buch ist ein außerordentlich nützlicher Behelf für den Statiker und für den konstruierenden Eisenbauer und kann daher wärmstens zur Anschaffung empfohlen werden.“ (Zeitschrift d. österreichischen Ingenieur- und Architekten-Vereins)

„. . . Die geschickte Auswahl des Stoffes, die knappe, übersichtliche Darstellung der wichtigsten Rechnungsverfahren, die gesunden Grundsätze, die für die Bearbeitung von Entwürfen aufgestellt werden usw., heben das Buch weit über viele andere, nach bewährten Mustern zusammengestellte Handbücher hervor und machen es zu einer wissenschaftlichen Leistung, der eine erfreuliche Reinheit der Sprache noch besonders anzurechnen ist. Die durch die neue Bearbeitung gesteigerten Vorzüge des Werkes im Verein mit einer vorzüglichen Ausstattung werden ihm sicher zahlreiche neue Freunde zuführen.“ (Ges.-Ing.)

Praktischer Eisenbetonbau

unter besonderer Berücksichtigung des Hochbaues.

Von Mag.-Oberbaurat Dr.-Ing. Luz. David, unter Mitarbeit von Dipl.-Ing. H. Perl.

662 Seiten, 327 Abbildungen, 4 Tafeln. 8°. 1929. Brosch. M. 27.-, in Leinen gebunden M. 28.30

„In diesem ausgezeichneten Buche sind alle für das Veranschlagen von Eisenarbeiten wichtigen Angaben nebst ausführlichen Tabellen enthalten. Ferner hat der Verfasser die Frage der praktischen Kornzusammensetzung des Betons und die der Baustelleneinrichtung so eingehend behandelt, wie es bisher in keinem anderen Buche geschehen ist.“ (Bauwerkszeitung)

„In dem Buche ist ein außerordentlich reichhaltiges, sorgfältig gesammeltes und verarbeitetes Material über den Eisenbetonbau enthalten, das vor allem praktisch sehr wertvoll ist und dem warm zu empfehlenden Buche rasch zahlreiche Freunde werben wird.“ (Schweizerische Bauzeitung)

„. . Die Zusammenstellungen werden dem mit ihnen arbeitenden Konstrukteur sehr bald ein gern benütztes Handwerkszeug sein. Für eilige Kostenanschläge sind diese Angaben sehr wertvoll und werden sicher Freunde finden. Im ganzen handelt es sich um ein Werk von einem Praktiker für Praktiker und solche, die es werden wollen.“ (Zeitschr. Zement)

Baukrane

Ein Handbuch für Bauausführende und Krankonstrukteure mit dem besonderen Ziele der Vermittlung zwischen den Bedürfnissen der Baustelle und den Erzeugnissen der Kranbauindustrie.

Von Dipl.-Ing. R. Cajar, Mag.-Oberbaurat.

283 Seiten, 254 Abbildungen, 6 Tafeln. Gr.-8°. 1930. Brosch. M. 14.40 in Leinen gebunden M. 16.20.

„Wir möchten nicht unterlassen, Ihnen für die Abfassung des ganzen Buches unseren Glückwunsch auszusprechen, da wir der Ansicht sind, daß dieses Gebiet, auf dem derart ausführliche Unterlagen bisher noch nicht vorlagen, in einwandfreier und übersichtlicher Weise einmal zusammengefaßt ist. Durch die Beifügung von den zahlreichen Konstruktionsbeispielen gewinnt das Buch auch für den Konstrukteur an erheblichen Wert. Die klaren Abbildungen zeigen besonders die vielfache Verwendung der Fördermittel und die eventuell hier noch zu behandelnden Probleme. (Reichskuratorium für Wirtschaftlichkeit)

„Für die Baumaschinenindustrie enthält das Buch eine Reihe wertvoller Einzelheiten, so daß es von ihr begrüßt werden wird. (Prof. Dr. Garbotz)

Baumaschinen

Eine Maschinenkunde für das Hoch- und Tiefbauwesen.

Von Prof. Hans Feihl.

338 Seiten, 460 Abbildungen, 2 Tafeln. Gr.-8°. 1929. Brosch. M. 16.20, in Leinen gebunden M. 18.-.

„Dem Studierenden technischer Hoch- und Mittelschulen, dem Bauingenieur, aber auch dem technischen Kaufmann, die sich einen guten Überblick über die Baumaschinen verschaffen wollen, leistet das Werk vorzügliche Dienste. Besonders gern dürfte es auch der Baumeister zur Hand nehmen. Kurz, für alle beteiligten Kreise bildet das Werk des Herrn Kollegen Feihl eine unerschöpfliche Fundgrube, nach dem sie oft greifen dürften, und das hier wärmstens empfohlen wird. Das Buch sollte in keiner technischen Bücherei, die Wert auf Vollständigkeit legt, fehlen. Möge der fleißigen, mühevollen und wertvollen Arbeit ein guter Absatz beschieden sein."

(Maschinenkonstrukteur)

„Alles in allem genommen, kann man das vorliegende Werk von Prof. Feihl als ein äußerst praktisches Handbuch über Baumaschinen bezeichnen, das nach unserer Ansicht in der Bibliothek keines Baufachmannes fehlen sollte.

(Deutsche Kunststein- und Zementwaren-Zeitung)

Zur Behandlung baustatischer Aufgaben als Randwertprobleme

Von Dr.-Ing. Karl Schäfer

79 Seiten. 47 Textabbildungen. Gr.-8°. 1931. Brosch. M. 5.-

Eine mathematisch gehaltene Einführung in die Statik der Baukonstruktion. Betrachtet sind nur Stabwerke und die Lösung der Aufgaben erfolgt nach einheitlichen Gesichtspunkten. Hierbei bilden stets die beherrschenden Differentialgleichungen und die, für ein besonderes Problem charakteristischen Randbedingungen den Ausgangspunkt der Untersuchungen. Es zeigt sich, wie bei dieser Untersuchungsmethode die Einflußlinie, hier Greensche Funktion genannt, beherrschend in den Vordergrund der Entwicklung tritt.

Kostenrechnung im Baugewerbe

Von Dr. Rud. Falk

153 Seiten, 10 Abbildungen, 9 Tafeln. Gr.-8°. 1929. Brosch. M. 7.50

„Die Stellen, die sich mit der Normung des Rechnungswesens der einzelnen Geschäftszweige befassen, sollen an diesem Buche nicht vorübergehen, aber auch der Geschäftspraktiker hat ein Lebensinteresse daran, sich mit den Darlegungen dieses Buches zu seinem eignen Nutzen eingehend zu befassen."
(Beleg und Bilanz)

Über den Schallschutz durch Baukonstruktionsteile

Von Dr.-Ing. H. Reiher

28 Seiten, 9 Abbild., 6 Zahlentafeln. Din A 4. 1932. Brosch. M. 4.80

Die Berechnung von Fachwerkträgern mit biegungsfestem Obergurt

Genaue und genäherte Verfahren zur Ermittlung der Biegungsmomente und Stabkräfte von Fachwerkträgern mit zentrischen und exzentrischen Stabanschlüssen.

Von Dr.-Ing. Günther Worch

103 Seiten, 66 Abbildungen. Gr.-8°. 1928. Brosch. M. 5.80

FSC
www.fsc.org
MIX
Papier | Fördert gute Waldnutzung
FSC® C083411

Kolibri 360 GmbH
Ferdinand-Jühlke-Straße 7
99095 Erfurt, Deutschland
produktsicherheit@kolibri360.de